植物真菌病害及抗药性

冯宝珍　著

中国原子能出版社

图书在版编目（CIP）数据

植物真菌病害及抗药性/冯宝珍著.--北京：中国原子能出版社，2019.5
ISBN 978-7-5022-9790-9

Ⅰ.①植…　Ⅱ.①冯…　Ⅲ.①植物病源真菌－防治－研究②植物病源真菌－抗药性－研究　Ⅳ.①S432.4

中国版本图书馆 CIP 数据核字（2019）第 092822 号

内 容 简 介

真菌病害是农业生产上的重要问题，研究植物病原的致病机制对于研究植物抗病育种、开发新型农药、实现植物保护和农业可持续发展具有重要意义。如何有效地防止和延缓抗药性问题的产生和发展，如何有效地对病原菌的抗药性问题进行治理，保证植物真菌病害的化学防治效果，成为国内外植物保护学者普遍关心的问题。作者根据自己在植物病理学方面以及植物病原菌抗药性方面研究的结果和前人研究的大量文献资料撰写了本书。本书主要内容包括了植物病害概念、真菌病害致病机理、农药基础知识、植物真菌病抗药性发生机理、抗药性研究方法以及病原菌抗药性治理等方面。

植物真菌病害及抗药性

出版发行	中国原子能出版社（北京市海淀区阜成路 43 号　100048）	
责任编辑	张　琳	
责任校对	冯莲凤	
印　　刷	北京亚吉飞数码科技有限公司	
经　　销	全国新华书店	
开　　本	787mm×1092mm　1/16	
印　　张	17.75	
字　　数	318 千字	
版　　次	2019 年 9 月第 1 版　2024 年 9 月第 2 次印刷	
书　　号	ISBN 978-7-5022-9790-9　　　**定　价** 87.50 元	

网址：http://www.aep.com.cn　　　E-mail：atomep123@126.com
发行电话：010－68452845

前　言

真菌病害是农业生产上的重要问题,随着分子生物学的发展,挖掘病原菌致病基因,研究植物病原的致病机制,对于研究植物抗病育种,开发新型农药,实现植物保护和农业可持续发展具有重要意义。化学防治是植物真菌病害防治的重要手段,但是抗药性问题一直是化学防治中存在的难题。由于抗药性问题引起的防治效果下降,甚至防治的完全失败造成了极大的经济损失。因此,如何有效地防止和延缓抗药性问题的产生和发展,如何有效地对病原菌的抗药性问题进行治理,保证植物真菌病害的化学防治效果,成为国内外植物保护学者普遍关心的问题。

近几十年来,国内外的研究者已经对植物病原真菌分离鉴定、致病基因克隆、致病机理、抗药性发生、抗药性机理及抗药性治理策略进行了广泛深入的研究。随着分子生物学的进步与发展,植物病理学研究及病原菌抗药性的研究也达到了分子生物学水平。作者根据自己在植物病理学方面以及植物病原菌抗药性方面研究的结果和前人研究的大量文献资料撰写了本书。作者研究的方向之一为植物真菌病原致病性,另一个方向为病原菌抗药性的分子机理。因此,撰写了《植物真菌病害及抗药性》一书,一方面把常见的植物真菌病害及致病机理研究成果进行整理,另一方面把真菌病害对杀菌剂抗药性方面的研究成果归纳总结,为从事植物病害及抗药性方面的同行提供一定参考。

本书主要内容包括了植物病害概念、真菌病害致病机理、农药基础知识、植物真菌病抗药性发生机理、抗药性研究方法以及病原菌抗药性治理等方面。本书作者长期从事植物病害致病机制及病原抗药性研究,主持国家青年基金项目"番茄灰霉菌(*Botrytis cinerea*)对啶酰菌胺抗药性风险评价及抗药机理研究"(31501665)、山西省自然科学基金项目"辣椒疫霉漆酶致病机理研究"(2013021024-6)、山西省高校科技开发项目"强致病性辣椒疫霉菌 NPP 基因克隆"(20121025)及山西省"131"领军人才资助项目"番茄灰霉菌抗药性分析"等项目。书中部分结果也为研究项目成果,在此对项目组成员表达真诚的谢意。此外,本书相关研究内容还得到山西省"服务产业创新学科群建设计划"项目(特色农产品发展学科群)、山西省"1331

工程"食品科学与工程优势特色学科建设项目(098-091704)以及运城学院校级重点学科建设项目的资助,在此一并表示感谢!

在撰写过程中,本书吸收并借鉴了很多相关作者的著作、文献、期刊、论文等资料,在此对他们谨表最诚挚的谢意。同时,由于学科发展迅速,资料浩瀚,本书涉及的内容比较广泛,加之作者的水平有限,书中难免会有一些缺点错误,欢迎各位读者批评指正,不胜感激。

冯宝珍

2019 年 1 月

目　　录

第1章　植物病害概述 ……………………………………………… 1

1.1　植物病害概念 ………………………………………………… 1

1.2　植物病害症状 ………………………………………………… 3

1.3　病　征 ………………………………………………………… 6

1.4　病害发展过程 ………………………………………………… 8

1.5　植物病害诊断 ………………………………………………… 11

1.6　植物病害防治 ………………………………………………… 19

参考文献 …………………………………………………………… 29

第2章　真菌病害 …………………………………………………… 30

2.1　真菌概述 ……………………………………………………… 30

2.2　真菌植物病害 ………………………………………………… 34

2.3　真菌致病机制 ………………………………………………… 57

2.4　辣椒疫霉基因组 NPP 基因家族功能分析 ………………… 78

2.5　辣椒疫霉漆酶基因功能分析 ………………………………… 122

2.6　辣椒疫霉漆酶基因 Pclac3 克隆表达分析 ………………… 135

2.7　辣椒疫霉 NPP 效应子基因家族生物信息学分析 ………… 142

参考文献 …………………………………………………………… 150

第3章　农药 ………………………………………………………… 167

3.1　农药概述 ……………………………………………………… 167

3.2　杀菌剂的作用机制 …………………………………………… 177

3.3　科学使用农药 ………………………………………………… 187

参考文献 …………………………………………………………… 189

第4章　植物病原真菌抗药性 ……………………………………… 191

4.1　抗药性概念 …………………………………………………… 191

4.2　抗药性机制 …………………………………………………… 193

参考文献 …………………………………………………………… 203

第 5 章　真菌抗药性研究及抗性机理分析 ……………………… 209

　　5.1　真菌抗药性研究方法 …………………………………… 209

　　5.2　灰霉菌对啶酰菌胺抗药性机理研究方法 ……………… 219

　　5.3　番茄灰霉菌对啶酰菌胺敏感性分析 …………………… 229

　　5.4　番茄灰霉菌啶酰菌胺抗性菌株生物学特征分析 ……… 234

　　5.5　番茄灰霉菌对啶酰菌胺抗药机理分析 ………………… 240

　　参考文献 …………………………………………………… 248

第 6 章　抗药性治理 …………………………………………… 256

　　6.1　抗药性监测 ……………………………………………… 256

　　6.2　抗性治理的方法 ………………………………………… 260

　　6.3　抗药性治理的分子生物学原理 ………………………… 264

　　参考文献 …………………………………………………… 273

第1章 植物病害概述

1.1 植物病害概念

1.1.1 植物病害

植物在生长、发育、储藏、运输的过程中,受不良环境的影响或其他生物的侵染,在生理上、组织上、形态上发生一系列变化,造成产量降低、品质变坏,带来一定的经济损失,称为病害。

当植物处在不良的环境条件下或受其他生物侵染,植物就有可能发生病害。这种不良环境或致病生物就是引起植物发病的原因。一般把引起植物病害发生的原因称为病原。

植物在受到不良环境影响或其他生物侵染之后,生理上会发生一些变化,如呼吸加强、代谢途径改变等,逐渐引起组织坏死、增生等变化,最后导致局部或整体的死亡、畸形、萎蔫等形态的改变。一般把生理上的变化叫生理病变,组织的变化叫组织病变,形态的变化叫形态病变。从生理病变到组织病变,最后导致形态病变,整个过程叫病理程序。所有的病害都有这个变化过程。因此病理程序是鉴别植物发生病害还是植物受到伤害的重要依据。如缺少氮肥,首先表现在生理上缺氮素,含氮有机物合成受阻,叶绿素合成减少,光合组织叶绿体形成减少,最后表现在形态上是植株颜色变黄、生长受阻等。缺少氮肥,受害植物本身具有病理程序这一系列变化过程,因此缺氮是病害,常称为缺素症。植物在突然的高温下死亡,由于没有生理变化,组织坏死和形态上的死亡同时出现,而不是从生理上、组织上到形态上的逐步变化,一般不叫病害。由此看来,病理程序是鉴别病害还是伤害的依据,具有病理程序的植物受害称为病害,没有病理程序的植物受害称为伤害。虫伤、机械伤、烫伤等,都是伤害。

定义植物病害,是从生产和经济的观点出发,有些植物由于受生物因素或非生物因素的影响,植物发生病变,但没有给人类带来经济损失,而是给人类带来了经济效益,一般不称为植物病害。例如,茭白感染一种黑粉

— 1 —

菌,因受病菌的刺激,幼茎肿大形成肥嫩可食的组织,食用价值更高;杂花郁金香是感染了病毒所致,而这种郁金香很好看,人们把它视为一个新的品种来栽培;韭黄和蒜黄是在弱光下栽培的蔬菜。虽然这些都是"病态"的植物,但是却提高了经济利用价值,因此一般不作为病害。

1.1.2 病原

引起植物发病的原因叫病原。病原有两类:一类是引起植物病害的不良环境,这类病原不具有传染性,因此也称为非传染性病原或非侵染性病原;另一类是引起植物病害的生物,这类病原具有传染性,因此称为传染性病原或侵染性病原。

1. 非侵染性病原

这类病原包括物理的和化学的因素。由于量的不适,导致植物发病。由非侵染性病原引起的植物病害没有侵染过程,不能相互传染,故称为非侵染性病害或非传染性病害。这类病原不会造成传染,一旦环境条件改变,病害即停止发生或慢慢好转。

常见的非侵染性病原主要有以下几类:温度过高过低、湿度过大或干旱、农药过量或成分不合适、工业废水或大气造成的环境污染、肥料过多或不足、光照不良或过强、盐碱害或缺氧等。

2. 侵染性病原

这类病原包括所有能引起植物病害的生物,因此这类病原常称为病原生物或病原物。各种病原物的营养都是来自所依附的植物而不能自养,故又属于寄生物。被病原物寄生的植物通常叫作寄主植物,简称寄主。

侵染性病原种类很多,大致可分为以下几类:真菌、原核生物(细菌)、病毒、线虫和寄生性种子植物等。由病原物侵染植物引起的植物病害都有侵染过程,能相互传染,故称为侵染性病害或传染性病害,也称寄生性病害。

1.1.3 病害三角

植物与病原物同时存在于自然生态系统中,在长期共同进化过程中相互选择、彼此适应,往往能达到一定的动态平衡,一般不会导致病害发生。但在农田生态系统中,人类农事操作活动常无意识地改变着生态系统的组成和结构,造成栽培植物与病原物平衡失调,因而引起病害发生。由此可见,感病植物和病原同时存在是植物病害发生的基本条件。然而,植物和病原又同时处于一定的生态环境之中。环境条件不仅分别影响植物和病原,而且还影响着两者间的相互作用。当周围环境对植物生长发育有利而不利于病原发展时,植物的抗病能力增强,病原物致病力被削弱,植物不易发生病害;相反,如果环境有利于病原发展、不利于植物生长时,植物的抗病能力减弱,则植物有可能发病。

综上所述,植物病害需要病原、寄主及一定环境条件配合才能发生,三者相互依存、缺一不可。任何一方的变化均会影响另外两方,这三者之间的关系称为病害三角或病害三要素。

后来有人提出四角关系或三角锥关系(图1-1-1)。这是因为,在自然或野生的植病体系中,人类没有参加生产活动时,植物病害虽然发生,但它的发生是维持在不发生—发生—不发生的动态平衡中。而在农业植病系统中,人在病害发生中具有很大的作用,很多重要病害的发生是由人为因素造成的。例如,20世纪70年代美国推广T型不育系玉米,造成玉米小斑病的大流行,损失价值达10亿多美元。但在防治病害上,人类也起着十分重要的作用。如70年代小麦黄矮病大流行得以控制等。由此可见,农业植病系统中人的作用是很大的,有时,它可以对病害的控制或流行起决定性的作用。因此,把这个概念与人类的活动结合起来,将有助于提高防治水平。

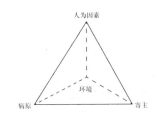

图1-1-1 植物病害三角关系或四角关系

1.2 植物病害症状

植物感染病原物或受非生物因子的危害,经过生理病变和组织病变后,最后在形态上表现出不正常的变化,这种病变后的形态特征称为症状。症状可分为病状和病征。

病状是感病植物发病后本身所表现出来的不正常状态。常见的病害病状很多,变化也很大,为了便于描述,人为地将植物病害病状大体分为五种类型,即变色、坏死、腐烂、萎蔫和畸形等。

1. 变色

植物感病后,病部细胞内的叶绿素不能正常形成,或其他色素(如花青素、胡萝卜素等)形成过多,而使发病植物局部或全株色泽异常,称为变色。植物变色,尤其是叶片变色,是植物病害最常见的病状。较明显的变色病状主要有 4 种。

①花叶整株或局部叶片色泽深浅不匀,浓绿与黄绿相间,边缘清晰,并进一步发展为叶面凹凸不平的斑驳,多见于病毒病,如瓜类病毒病。

②叶肉全部褪色而叶脉保持绿色,或仅叶脉褪色呈半透明状的明脉,多为缺素症和病毒病所表现的病状。

③黄化整株或叶片部分或全部均匀褪绿,色泽变成鲜黄或呈白色,多为病毒病或缺素症所表现的特征,如翠菊黄化病、果树缺铁症等。

④着色植物叶片或器官的叶绿素非正常消失,花青素增加,而变成紫色、红色等,一些生理性病害和病毒病常表现着色病状,如棉花茎枯病、谷子红叶病。

2. 坏死

坏死是感病植物局部或大片组织的细胞死亡。特征也有显著差异。由于病原和受害组织的性质不同,其表现特征也存在差异。

(1)斑点

常见的有黑色,或称病斑,多发生在茎叶和果实上,通常为局部组织坏死,病斑颜色不一,褐色、灰色、白色等。有时病斑上还有同心轮纹,病斑的形状各异,常见的有圆斑、条斑、梭斑、角斑、轮纹斑等,如水稻胡麻斑病、月季黑斑病。冻害、药害和烟害也会造成斑点。

(2)枯焦

表现为芽、叶、花、穗等全部或局部组织变褐枯死,或是病斑互相融合连片,从而产生形状极不规则的枯焦病状,如棉花枯萎病、黄萎病。

(3)穿孔

于叶片病斑组织边缘形成离层,使病部脱落而产生穿孔,如桃穿孔病。

(4)疮痂和溃疡

如果斑点表面粗糙,称为疮痂。由真菌或细菌引起,其局部组织坏死,常深达形成层,有的局部细胞增生而稍微突起,形成木栓化的组如柑橘疮痂病。溃疡多在木本植物枝干或果实等部位发,形成凹陷病斑,病斑四周有木栓化愈伤组织形成,中间呈开裂状,并在坏死的皮层上出现黑色的小颗粒或小型的盘状物,称为溃疡。一般由真菌、细菌或日灼等引起。如柑橘溃疡病、马铃薯疮痂病。

(5)炭疽

多在叶片、果实和新梢上形成的局部坏死病斑,于坏死组织上产生黑色小颗粒或黏液状物,称为炭疽;炭疽多由真菌引起。如麦冬炭疽病。

(6)立枯

植物幼苗得病后,近土茎基部组织坏死缢缩,地上部逐渐枯死,但不倒伏,如多种植物幼苗立枯病。

(7)猝倒

植物幼苗近土茎基部组织坏死,以致迅速倒伏而死,如各种植物幼苗猝倒病。

3. 腐烂

腐烂是坏死的特殊形式,指植物的根、茎、叶、花、果实等细胞组织大面积死亡和解体。由于组织分解的程度不同,腐烂分为干腐、湿腐和软腐。组织腐烂时,若组织解体缓慢,病部组织向外释放的水分及时蒸发,则形成干腐;若组织解体较快,不能及时失水,则形成湿腐;若病部组织中胶层受到破坏和降解,细胞离析,而后发生细胞消解,则称为软腐,如甘薯软腐病、大白菜软腐病等。根据腐烂的部位,腐烂分为根腐、基腐、茎腐、果腐、花腐等,还伴有各种颜色变化的特点,如褐腐、白腐、黑腐等。腐烂一般由真菌或细菌引起。

4. 萎蔫

萎蔫是由于植物缺水而使枝叶萎垂的现象。一般由真菌、细菌或生理原因引起。但病理性萎蔫和因缺水引起的生理性萎蔫不同,病理性萎蔫是由于植物根茎组织或维管束系统遭到病原物的破坏及毒害,使水分无法输送到叶面所致,不会因灌溉而恢复。萎蔫可以表现为全株性的或局部性的,常因发病部位以及病害发展速度不同而异,如番茄青枯病、棉花枯萎病等。

5. 畸形

畸形是植物受害部位的细胞和组织的过度增生或增大或生长分裂抑制所造成的植株全株或局部器官、组织的形态异常。如植物生长特别细长,叫作徒长;或节间缩短,植物矮小,形成矮缩;叶片变形,有卷叶、缩叶、细叶等症状;根、茎、叶的过度分化生长,常产生毛根、丛枝;植物部分细胞过度分裂生长,造成癌瘤、菌瘿等。细菌、真菌和病毒均可造成畸形病状。

1.3 病 征

1.3.1 植物病害病征的类型

病征是病原物在感病植物上所表现出来的特征。由真菌和细菌引起的植物病害,常在病害发展的一定阶段,于症状上产生病原的营养体及繁殖体,并构成肉眼可见的特异性表现,主要有五种类型。

1. 粉状物

粉状物是病原真菌在发病植物表面、表皮下或组织中产生的粉状物,以后破裂而散出。粉状物常因真菌类群不同而具有各自的特异性。

(1)白粉

在得病植物叶片正面表层产生的大量灰白色粉末状物,为白粉菌所致病害的特征。如小麦白粉病、黄瓜白粉病等。

(2)锈粉

初期在植物病部表皮下形成黄色、褐色或棕色病斑,表皮破裂后散出铁锈状粉末,称为锈粉,为锈菌所致病害特有的表现。如小麦锈病、菜豆锈病等。

(3)黑粉

在植物病部形成菌座,其内充满大量黑色粉末状物,或在茎秆、叶的表皮下产生的黑色粉末,胀破表皮后露出,为黑粉菌所致病害的特征,如禾谷类植物的黑粉病及黑穗病。

(4)白锈

先在得病植物的表皮下形成白色疱状斑,破裂后散出灰白色粉末,称为白锈。如十字花科植物白锈病。

2. 霉状物

霉状物是由真菌的菌丝、各种孢子梗及孢子在植物表面形成的肉眼可见的特征。根据霉层的质地可分为以下几类。

（1）霜霉

多生于病叶背面，由气孔生出白色至紫灰色似霜状的霉状物叫霉霜，为霜霉菌所致病害的特征，如葡萄霜霉病、黄瓜霜霉病等。

（2）霉层

霉层指除了霜霉和绵霉以外的其他产生于任何得病部位的霉状物，并具有各种色泽，分别称为灰霉、青霉、绿霉、黑霉和赤霉等，许多半知菌所致病害产生这类特征，如月季灰霉病、棉铃红粉病、小麦赤霉病等。

（3）绵霉

于植物病部产生大量的白色疏松棉絮状霉状物，称为绵霉。通常为水霉菌、腐霉菌以及根霉菌等所致病害的特征。如茄子绵疫病、水稻绵霉病、甘薯软腐病等。

3. 粒状物

病原真菌繁殖器官在植物病部形成大小、形状、色泽、排列方式等各不相同的小颗粒状物，多数呈针头状、暗黑色，即为真菌的子囊壳、分生孢子器、分生孢子盘等所构成的特征。如苹果树腐烂病、各种植物炭疽病病部的粒状物等。

4. 菌核与菌索

菌核是真菌菌丝体紧密交结在一起形成的一种特殊结构，其形态、大小差别很大，有的似鼠粪状，有的呈菜子状，多数黑褐色，常着生于植物受害部位。如水稻纹枯病、油菜菌核病等。

菌索是由真菌菌丝形成的绳索状结构，如根腐病、禾草白绢病等。

5. 菌脓

多数细菌性病害在潮湿时病部溢出含细菌菌体的脓状豁液，一般呈露珠状，或散布在病部表面成为菌液层，空气干燥时，脓状物风干后呈胶状。如水稻细菌性条斑病、黄瓜细菌性角斑病等。

植物病害的病状和病征既有区别，又互相联系，是症状统一体的两个方面。所有的植物病害都有病状，而病征只在真菌、细菌、寄生性种子植物和藻类所引起的病害上表现明显；病毒、植原体和类病毒等引起的病害无病征；线虫多在植物体内寄生，植物体外一般无病征；非侵染性病害也无病征。植物病害一般先表现病状，病状易被发现，而病征常在病害发展的某一阶段显现。

1.3.2　症状对病害诊断的意义

症状是植物和病原物在外界环境影响下相互作用的结果,是一种表现型。不同的病害症状不同,同种病害在不同的地区、不同的时间可以表现相似的症状。人们可以根据症状来认识和描述病害的发生和发展过程,选择最典型的症状来命名这种病害,如花叶病、叶枯病、腐烂病、丛枝病等,从这些病害名称就可以知道它的症状类型。当掌握了大量的病害症状表现,尤其是综合征和并发症的变化以后就更容易对某些病害作出初步诊断,如同医生为病人看病诊断并开处方一样,很快就能确定它属于哪一类病害、它的主要特征在哪里以及病因是什么等。因此,症状是人们识别病害、描述病害和命名病害的主要依据,在病害诊断中十分有用。但认识病害也不是那么简单,有许多不同种类的病害症状相似,如稻瘟病和水稻胡麻叶斑病。也有些病害虽然是同一种类,但在不同品种上、不同的部位、不同的环境条件下、不同的时期症状表现不同。如谷子红叶病,在紫秆品种上表现为红叶,在青秆品种上表现为黄叶;苹果轮纹病在苹果树上形成瘤状突起,造成粗皮,在苹果果实上形成轮纹状病斑;许多真菌病害在潮湿时病部形成霉状物,干燥时则霉状物不明显,如大白菜软腐病病叶在潮湿时呈软腐状,干燥时病叶呈透明薄纸状等。因此认识植物病害要加强不同病害的比较,注意症状的特殊变化,特别是对于新发生的病害和不太熟悉的病害,要注意症状结合病原物的识别,使诊断的病害确切无误。

1.4　病害发展过程

病原物从接触寄主植物的感病点开始到引起植物发病的连续过程,称为侵染过程,简称病程。通常把侵染过程分为4个阶段:接触期、侵入期、潜育期和发病期。

1. 接触期

接触期是指病原物的繁殖体依靠一定动力或介体传播到寄主植物感病点附近并与之发生接触的一段时间。这一时期的长短因病原生物种类不同而异。有的在接触寄主的同时立即侵入,如各种病毒病害。有的接触时间很长,如小麦腥黑穗病的冬孢子自小麦收获时即与麦种接触,并在麦种表面休眠。直到小麦播种后才萌发侵入寄主的幼芽鞘。病原物的活动主要有两种方式。一是被动接触,如真菌的孢子、细菌及病毒等可以依靠各种自然动力(气流、雨水及介体)或人为传带,被动地传到植物感病部位。二是主动接触,是指土壤中的某些病原真菌、细菌和线虫受植物根部分泌物的影响,主动地向根部移动积聚。在接触期,病原物存在于复杂的生物和非生物环境中,易受到各种因素的影响,是病原物侵入过程中最薄弱环节,也是防治病原物侵染最有利的阶段和最佳时间,尤其是保护性杀菌剂在此时使用效果最好。

2. 侵入期

侵入期是指从病原物与寄主的感病点接触,到与寄主建立寄生关系为止的时期。

(1)病原物的侵入途径

因病原物的种类不同而有差异,主要有以下三种途径。

①伤口侵入。植物表面的机械伤、虫伤、冻伤、自然裂缝、人为创伤等都可成为病原生物侵入的途径。植物病毒、病原细菌和一些病原真菌可通过不同形式造成的伤口侵入寄主。植物病毒侵入细胞所需要的伤口必须是受伤细胞不死亡的微伤口。伤口侵入的真菌或细菌有的仅以伤口作为侵入的途径;有的还需利用伤口渗出的营养物质,刺激萌发或增强侵染能力。如小麦赤霉病菌先在花后残留于小穗的花药和花丝上进行腐生生活,然后侵入小穗为害。

②自然孔口侵入。植物表面的气孔、皮孔、水孔、腺体等自然孔口都可作为病原物的侵入途径。如葡萄霜霉菌的游动孢子、小麦条锈菌的夏孢子均从气孔侵入,水稻白叶枯病菌从水孔侵入,梨火疫病菌则从蜜腺侵入,苹果炭疽病菌的分生孢子可从皮孔侵入。不同的病原生物侵入寄主的方式也不同,真菌饱子可萌发产生芽管从气孔侵入寄主,或芽管形成附着胞和侵染丝,以侵染丝从气孔侵入。病原细菌个体能在水中游动,可随水滴或植物表面的水膜进入自然孔口。病毒不能从自然孔口侵入。

③直接侵入。直接侵入是指病原生物直接穿透植物的保护组织——角质层、蜡层、表皮及表皮细胞而侵入寄主。许多病原真菌、线虫及寄生性种子植物可以直接侵入。

(2)病原物侵入所需要的时间和数量

病原菌侵入所需的时间差异很大。植物病毒病和病原细菌,有的一旦与寄主适当部位接触就立即侵入;但病原真菌孢子要萌发形成芽管才能侵入,一般需要几小时,很少超过 24 h。如马铃薯晚疫病菌和小麦秆锈病菌侵入时间最短,仅 2～3 h,稻瘟病菌 4～6 h。

病原物的侵入要有一定的数量,才能完成侵染和发病,侵入所需的数量因病原物的种类和侵入部位而异。小麦锈菌单个夏孢子就能侵入;小麦腥黑穗病菌在感病品种上,每粒麦种带有100个冬孢子才能感染,而在较抗病品种上则要有500~5 000个冬孢子才能发病。烟草花叶病毒接种要有10^4~10^5个粒体才能在心叶烟上产生一个局部病斑。

(3)环境条件

温度和湿度对病菌孢子的萌发、生长和侵入均有一定的影响。在一定范围内,湿度影响孢子能否萌发和侵入,温度影响萌发和侵入的速度。对大多数气流传播的真菌湿度越高对侵入越有利,在水滴中萌发率更高。如小麦条锈菌的夏孢子在水滴中萌发率很高;白粉菌的分生孢子一般可在湿度比较低的条件下萌发范围内才能萌发,在适温条件下萌发最快,在水滴中萌发得反而不好。真菌孢子在一定的温度,一般最适温度为20~24℃。如葡萄霜霉病菌的孢子囊,在20~24℃的适温下萌发仅需1 h,在4℃条件下则需12 h,而越冬的葡萄霜霉病菌的卵孢子萌发最低温度是11~13℃。因此,可根据春季气温预测霜霉病开始发病的时期。相反,气候干燥有利于传毒昆虫繁殖,病毒病为害重。

光照对侵入也有影响,禾本科植物在黑暗条件下气孔完全关闭,不利于有关病菌的侵入。

3. 潜育期

病原物与寄主建立寄生关系起到表现症状为止的时期为潜育期。潜育期是病原物在寄主体内繁殖和蔓延的时期,病原生物要利用寄主植物的营养进行生长和扩展;而寄主植物则对病原物的为害产生一定的反应。潜育期是病原物与寄主植物经过一定时间的相互作用,导致植物受害表面化,表现出肉眼可见症状的时期。

不同种类的病原物对植物的器官、组织具有一定的选择性。有的病原物分布仅局限在侵入点附近,形成局部点发性感染,只能造成局部侵染病害,这种现象称为局部侵染,如真菌性叶斑病等。如白粉菌的菌丝体大都在植物表面生长,产生吸器伸进表皮细胞吸取养分。有的从侵入点蔓延,可从侵入点向各个部位蔓延,引起全株性感染,称为系统性侵染,如棉花枯黄萎病、番茄青枯病、烟草花叶病、枣疯病等。大多数的病原真菌的菌丝体,可直接穿透植物寄主细胞,也可在细胞间生长。引起萎蔫症状的真菌和细菌,是在维管束木质部生长。大多数病原细菌在细胞间隙发展蔓延。待细胞被破坏后才进入细胞内生长。病毒和类病毒在细胞内定植,其蔓延是通过胞间连丝由一个细胞扩展到另一个细胞。植原体在维管束韧皮部和木质部生长。

　　潜育期的长短差异很大,因病害类型、寄主植物的特性、病原物的致病性和环境条件等不同而不同,一般为 10 d 左右。水稻白叶枯病在适宜的条件下潜育期为 3 d。小麦散黑穗病的潜育期将近 1 年。一般寄主植物生长健壮,抗病力增强,潜育期延长。在环境条件中以温度对潜育期的影响最大,温度越接近病原物要求的最适温度潜育期越短,反之则长。

4. 发病期

　　发病期是指症状出现后病害进一步发展的时期。

　　此时标志着病原物生长发育达到了一定阶段,并在植物受害部位上产生新的繁殖体,从而表明一个侵染过程的结束,或下一个侵染过程的开始。

　　发病期是病原物大量繁殖、扩大为害的时期。有些病害的症状与病原物几乎是同时出现的,如锈病和黑粉病等;大多数真菌病害是先出现病状,过一段时间才形成病原物,有时要经过休眠期病原物的敏殖体才产生或成熟。在病原物繁殖体的形成过程中,受环境条件影响很大,高湿和适温有利于繁殖体的产生,有利病害的流行。如稻瘟病的分生孢子在饱和湿度下最易产生,如相对湿度降至 80% 以下时,则几乎不能形成。从病原物侵染过程可以看出,病原生物与寄主植物相互作用的每一个环节都具有一定的特异性,并需要一定的环境条件相配合。如条件适合,病害发展顺利;反之则影响病害发展,甚至病害不能发生。研究病原物的侵染过程,掌握其规律性,抓住侵染过程中的薄弱环节,可为病害的防治和预测预报提供科学依据。

1.5　植物病害诊断

　　植物病害的诊断是根据植物发病表现的症状、所处场所和环境条件,经过必要的调查、检验与综合分析,对植物病害的发生原因(病因)做出准确判断的过程,植物病害的诊断程序一般包括:①全面细致地观察发病植物的症状;②调查询问病史与有关档案;③采样检查(镜检与剖检等)病原物形态;④进行必要的专项检测;⑤综合分析病因,得出适当结论。植物病害的诊断目的就是查明和确定病因,只有正确诊断病害发生的原因,确定病原物种类,才能根据病原物的特点和发生规律提出相应的对策和措施,及时有效地防治病害,减少病害造成的损失。

　　对常见病害一般通过观察症状、镜检病原和查阅有关文献资料即可确定,对少数不常见或新病害,不能仅凭病部发现的生物就下结论,通常还应进行病原物的分离培养和鉴定,但有许多专性寄生性病原物不能进行人工离体培养,这类病害的诊断比较困难。现代生物技术的发展和应用,不仅可以诊断各种病原物所致的病害,而且在病害显症之前便可进行诊断,简便快捷,并可缩短病害诊断所需的时间。

1.5.1　植物病害的田间诊断

植物病害的田间诊断是指在病害发生现场对植物病害进行实地观察和分析的诊断。在植物病害的诊断中,首先要区分是属于侵染性病害还是非侵染性病害。

1. 侵染性病害

所谓侵染性病害即由生物病原物侵染引起的植物病害,包括真菌病害、细菌病害、病毒病、线虫病害等。

侵染性病害有以下特点:由生物因素引起;可以在植物个体间相互传播,病害发生数量由少到多传播蔓延;田间往往有发病中心;具有特异性的症状,在组织外部或内部一般能查到病原物。虽然有些真菌和细菌病害、所有的病毒病害和原生动物的病害植物表面没有病征,但症状特点仍然是明显的。

2. 非侵染性病害

所谓非侵染性病害即由某些不良的环境因素引起的植物病害。非侵染性病害有以下特点:由非生物因素引起;不能在植物个体间互相传播;没有明显的发病中心;病害的发生与当地某些物理、化学因素以及环境、栽培措施具有一定的相关性。有些非传染性病害还具有可逆性,当不良因素消除后,症状会消失。在观察时,还应详细调查记载病害发生的普遍性和严重性,病害发生的速度,在田间的分布、发生时期、病株的特征(色泽、质地、状态)、受害部位等;调查与观察并取得地形、土壤、昆虫活动和环境条件以及发病前后的天气变化;了解寄主植物的品种、生育期、种苗来源、前茬作物、长势以及施肥、喷药、灌排水等农事操作情况,而后进行综合分析,对病害做出初步推断。

1.5.2　植物病害的实验室诊断

实验室诊断是田间诊断的补充和验证,病原菌常规检测和鉴定的方法有显微镜鉴定和保湿法。

1. 显微镜鉴定

显微镜鉴定是利用显微镜观察病原物形态特征或病组织的内部病理变化,首先用挑针从植物病组织上挑取少许病征或将病部制成切片,放在载玻片上,加一滴蒸馏水或乳酚油,并盖上盖玻片,将载玻片放在显微镜载物台上调好光圈,先在低倍镜下(4×10 倍)找到视野,看清楚物像后,再调至高倍镜(10×40 倍)仔细观察,如果是真菌病害,注意观察病原物的菌丝有无分隔;子实体的形状,着生部位,颜色;孢子的大小,形状颜色分隔数目等;有些半知菌类,其分生孢子在孢子梗上着生方式是分类鉴定的重要依据。如果挑取不当,往往观察不到这一特征。这时,可用透明胶带,剪取小片,使有胶的一面轻贴孢子和孢子梗,取出后将带有孢子的胶质面向下,滴加附载剂,加盖玻片进行显微镜观察。细菌侵染所致病害的病部,无论是维管束系统受害的,还是薄壁组织受害的,都可以在徒手切片中看到有大量细菌从病部喷出,这种现象称为喷菌现象。萎蔫型的维管束组织病害的喷菌量多,可持续几分钟到十多分钟。薄壁组织病害的喷菌状态持续时间较短,喷菌数量亦较少。喷菌现象为细菌病害所特有,是区分细菌病害和真菌、病毒病害的最简便的手段之一。

病毒病害的显微观察,可检查患病植物中的内含体,例如烟草花叶病叶片,用镊子撕取一层表皮置于载玻片上的小水滴中盖上盖玻片后,在显微镜下直接观察,在烟草的表皮细胞或表皮毛状体中可见六边形结晶状的内含体。马铃薯病毒侵染细胞后会产生特殊的风轮状内含体,病毒病还可用化学方法测定病组织中某些物质的积累,作为诊断的依据。例如黄化型病毒病可以从叶脉或茎部切片中观察到韧皮部细胞的坏死。植物感染病毒病后组织内往往有淀粉积累,可用碘化钾溶液测定其显现的深蓝色淀粉斑。病毒病的病毒粒体只能在电子显微镜下才能观察到。

线虫病害的病原鉴定,一般是将病部产生的虫瘿或肿瘤切开,挑取线虫制片或做病组织切片镜检。根结线虫的观察还可将植物的根放在载玻片上,加一滴碘液(碘 0.3 g,水 100 mL),用另一块玻片放在上面轻压,线虫即被染成深褐色,根组织呈淡黄色。

由螺原体或菌原体侵染所致病害,用光学显微镜不可能看到菌体,必须用电子显微镜才能看清楚。

2. 保湿培养

保湿培养是将感病组织放在能够保持较高湿度的容器或装置内培养,

以促进病组织表现典型症状或产生病征。方法是取一个洁净的培养皿或搪瓷盘(大小依要培养的病组织体积而定),底部铺一层吸水纸或脱脂棉,加水使其充分湿润,将新鲜的病组织用清水洗干净,放入培养皿或搪瓷盘中,也可先放置玻璃棒,再将病组织放在玻璃棒上,盖上培养皿或搪瓷盘,置于25℃左右的恒温培养箱内或室内,培养1~2 d后取出检查,一般侵染性病害的病组织经保湿培养后即会出现明显病状和病征。再挑取病征在显微镜下观察鉴定。

对常见病害一般通过观察症状、镜检病原和查阅有关文献资料即可确定,对少数不常见或新病害,不能仅凭病部发现的病原物就下结论,通常还应进行病原物的分离培养和鉴定,但有许多专性寄生性病原物还不能进行人工离体培养,这类病害诊断比较困难。在有条件的实验室,还要有针对性地采用可溶性蛋白和同功酶的凝胶电泳、血清学反应、脂肪酸组分分析和细胞壁碳水化合物的组成分析等生理生化方法以及生物学方法、生物化学反应法、免疫学技术和分子生物学技术来进行病害的诊断。

1.5.3 柯赫氏法则

在植物上发现一种病原物,如果原来已知这种病原物能引起某种病害,就可以参考专门手册鉴定这种病原物,病害的诊断就可完成。但如果是一种不熟悉的或新的病害,那就需要遵循柯赫氏法则来完成诊断与鉴定。柯赫法则又称柯赫假设,通常是用来确定侵染性病害病原物的操作程序,具体步骤如下:

①在病植物上常伴随有一种病原生物存在;

②该微生物可在离体的或人工培养基上分离纯化而得到纯培养;

③将纯培养接种到相同品种的健株上,表现出相同症状的病害;

④从接种发病的植物上再分离到其纯培养,性状与原来的记录②相同。

如果对一个病害的病原物用柯赫法则进行验证,并得到确实证明,那么这个分离到的微生物就可确定是引起这种病害的病原物。但有些专性寄生物如植物线虫、病毒、植原体、霜霉菌、白粉菌和一些锈菌等由于目前还不能在人工培养基上培养,以往被认为不适合于应用柯赫法则,但现在已证明柯赫法则也同样适用于这些生物所致病害的诊断,只是在人工接种时,对于线虫病害要首先分离到足够的线虫,然后进行接种;对于病毒病害,要首先搞清该种病毒的传播途径,然后直接采取从带病毒汁液的枝条、昆虫等接种。当接种后的植株发病,再从病株上取病毒汁液,用同样的方法进行接种;对于霜霉菌、白粉菌和一些锈菌等病,可以直接从病组织上取孢子进行接种;当得到同样的结果后即可证实该病的病原为病原。

柯赫法则同样也适用于对非侵染性病害的诊断,只是以某种怀疑因素来代替病原物的作用,例如当判断是缺乏某种元素引起病害时,可以补施某种元素来缓解或消除其症状,即可确认是某元素的作用。

1.5.4 植物病害诊断要点

总的原则是,严格按植物病害的诊断程序进行。包括全面细致地观察检查病植物的症状、调查询问病史和相关情况、采集样品对病原物形态或特征性结构进行观察、进行必要的专项检测、综合分析病因;同时要注意综合征、并发症、继发症、潜伏侵染与隐症现象等的辨析。病原鉴定按柯赫氏法则进行。

1. 非侵染性病害诊断

①植物虫害害虫如蚜虫、棉铃虫等啃食、刺吸、咀嚼植物引起的植株非正常生长和伤害。无病原物,有虫体可见。

②生理性病害植物受不良生长环境限制以及天气、种植习惯、管理不当等因素影响,植物局部或整株或成片发生异常,无虫体和病原物可见。大多数非侵染性病害属此类。可分为药害、肥害和天气灾害等。

药害:因过量施用农药或误施、飘移、残留等因素对作物造成的生长异常、枯死、畸形现象。又可分为:杀菌剂药害,因施用含有对作物花、果实有刺激作用成分的杀菌剂造成的落花落果以及过量药剂所产生植株及叶片畸形现象;杀虫剂药害,因过量和多种杀虫剂混配喷施农作物所产生的烧叶、白斑等现象;除草剂药害,除草剂超量使用造成土壤中残留,下茬受害黄化、抑制生长等现象,以及喷施除草剂飘移造成的近邻作物受害畸形现象;激素药害,因气温、浓度过高,过量或喷施不适当造成植株畸形、畸形果、裂果、僵化叶等现象。

肥害:因偏施化肥,造成土壤盐渍化,或缺素造成的植株烧灼、枯萎、黄叶、化果等现象。又可分为:缺素症,施肥不足、脱肥或过量施入单一肥料造成植物缺乏微量元素现象;中毒症,过量施入某种化肥或微肥,或环境污染造成的某种元素中毒。

天气灾害:因天气的变化,突发性天灾造成的危害。又可分为:冬季持续低温对作物生长造成的低温障碍;突然降温、霜冻造成的危害;因持续高温对不耐热作物造成的高温障碍;阴雨放晴后的超高温强光下枝叶灼伤;

暴雨、水灾植株泡淹造成的危害等。如当水分失调时，水多引起根部窒息腐烂，地上部分发黄，花色浅；水少时造成植物地上部萎蔫。高温可造成灼伤；低温造成冻害或组织结冰而死；冬春之交，高低温交替，昼夜温差大，也可使树干阳面发生灼伤和冻裂。

③植物遗传性疾病先天的植物不正常。有的植物种质由于先天发育不全，或带有某种异常的遗传因子，播种后显示出遗传性病变或称生理性病变，例如白化苗、先天不孕等，它与外界环境因素无关，也无外来生物的参与，这类病害是遗传性疾病，病因是植物自身的遗传因子异常。无虫体和病原物可见。

2. 侵染性病害

侵染性病害一般不表现大面积同时发生，不同地区、田块发生时间不一致；病害田间分布较分散、不均匀，有由点到面、由少到多、由轻到重的发展过程；发病部位(病斑)在植株上分布比较随机；症状表现多数有明显病征，如菌物、细菌、线虫、寄生性种子植物等病害。病毒、菌原体等病害虽无病征，但多表现全株性病状，且这些病状多数从顶端开始，然后在其他部位陆续出现；多数病害的病斑有一定的形状、大小；一旦发病后多数症状难以恢复。在此基础上，再按不同病原物的病害特点和鉴定要求，进行诊断和鉴定。

(1)菌物病害

①菌物病害的诊断要点。菌物病害症状多为坏死、腐烂和萎蔫，少数为畸形。大多数在病部有霉状物、粉状物、点状物、锈状物等病征。一些菌物的维管束病害，茎干的维管束变褐，保湿培养后从茎部切面长出菌丝。对于常见病害，通过这一步就可确定病害种类。对于不能确定的病害，通过刮、切、压、挑等方法制片，观察孢子、子实体或营养体的形态、类型、颜色及着生情况等。镜检时，病征不明显的，进行保湿培养；保湿培养后仍没有病征的，可选用合适的培养基进行分离培养。另外，镜检或分离时，要注意区分次生或腐生的菌物或细菌，较为可靠的方法是从新鲜材料或病部边缘制片镜检或取样分离，必要时还要通过柯赫氏法则进行验证。

②病原鉴定要点。一般情况通过病菌形态观察可鉴定到属；对常见病害，根据病原类型，结合症状和寄主可确定病原菌物的种及病名；对于少见或新发现的菌物病害，必须经过病原菌致病性测定后，根据其有性、无性孢子和繁殖器官的形态特征，经查阅有关资料核对后才能确定病原的种；有些病原菌物需要测定其寄主范围才能确定其种、变种或专化性；对寄生专化性强的菌物，需要测定其对不同寄主品种或鉴别寄主的反应，才能确定

其生理小种。菌物的分类和鉴定工作,早期完全依赖于形态性状,主要以孢子产生方式和孢子本身的特征和培养性状来进行分类。除此,生理生化和生态性状也有较为广泛的应用。

常用的生理生化方法有可溶性蛋白和同功酶的凝胶电泳、血清学反应、脂肪酸组分分析和细胞壁碳水化合物的组成分析等。另外,有些菌物的生活习性和地理分布等生态性状,也是分类鉴定的参考依据。现代分子生物学技术的不断发展为菌物的分类和鉴定提供了许多新的方法,弥补了传统分类的不足,特别是对于形态特征难以区分的种类的鉴定具有重要意义。这些技术主要包括 DNA 中 G+C mol% 含量的比较、核酸分子杂交技术、rDNA 序列分析技术、核糖体基因转录间隔区(ITS)分析技术、脉冲场电泳技术、限制性片段长度多态性分析技术(RFLP)、RAPD 技术、简单重复序列分析技术、扩增片段长度多态性技术(AFLP)等。

(2)细菌病害

①细菌病害的诊断要点。大多数细菌病害的症状有一定特点,初期病部呈水渍状或油渍状,半透明,病斑上有菌脓外溢。细菌病害常见的症状是斑点、腐烂、萎蔫和肿瘤。菌物也能引起这些症状,但病征则与细菌病害截然不同。喷菌现象是细菌病害所特有的,因此可取新鲜病组织切片镜检有无喷菌现象来判断是否为细菌病害。用选择性培养基来分离细菌,进而接种测定过敏反应也是很常用的方法。此外,通过酶联免疫吸附测定(ELISA)和噬菌体检验也可进行细菌病害的快速诊断。

②病原鉴定要点。一般常见病经过田间观察、症状诊断和镜检为细菌时,就可确定病名和病菌种名。少见或新的细菌病害,通过镜检和柯赫氏法则验证后,在确定病原细菌的属、种时,还要观察记载和测定细菌形态、染色反应、培养性状、生理生化、血清学反应、DNA 中 G+C mol% 等,有的还需进行噬菌体测定及核酸杂交等分子生物学技术进行鉴定。

(3)菌原体病害

①菌原体病害的诊断要点。菌原体包括植原体和螺原体,病害的特点是植株矮缩、丛枝、小叶、黄化,系统性侵染,无病征。可通过嫁接、介体昆虫作为传播途径,观察其有无侵染性。只有在电镜下才能看到菌原体。植原体可结合治疗试验判断,病株注射四环素以后,初期病害的症状可以隐退消失或减轻,对青霉素不敏感。

②病原鉴定要点。通过以上诊断确定属后,结合寄主,查阅资料,采用分子生物学方法进一步做种类鉴定。

(4)病毒病害

①病毒病害的诊断要点。病毒病的特点是无病征,症状主要表现为变

色(花叶、斑驳、环斑、黄化等)、畸形(矮缩、蕨叶等)、坏死,无病征,多为系统性侵染,症状多从顶端开始表现,然后在其他部位陆续出现。以花叶、矮缩、坏死为多见。在电镜下可见到病毒粒体和内含体。必要时,再结合汁液摩擦、嫁接或蚜虫接种等方法进行传染性试验,就可以初步确定为病毒病。ELISA是目前广泛采用的病毒病快速诊断方法。植物病毒常混合侵染,鉴定时,首先要进行病毒的分离和纯化,一般方法有:利用寄主植物分离,利用不同传播途径分离,利用病毒的理化性状分离,少数还可采用电泳和色层分析等方法进行分离。分离后应通过柯赫氏法则验证、镜检或血清学方法测试。对于新的病毒病害,还需要做进一步的鉴定试验。

②病原鉴定要点。病毒一般通过生物学性状观察、血清学检测、电子显微镜观察和物理化学分析等方面的综合结果进行鉴定。生物学性状观察的目的是确定病原的侵染性,并证明病毒与病害的直接相关性,内容包括症状表现、寄主范围、鉴别寄主、传染方式、交互保护作用等。电子显微镜观察的主要内容有病毒和内含体的形态、大小及细胞病理解剖结构。物理化学分析主要内容包括分子量、沉降系数、致死温度、稀释终点、体外保毒期、包膜有无、蛋白外壳结构、氨基酸组成、核酸类型和数量等。根据以上几方面的测定结果,与有关文献报道的病毒比较分析,最后确定其种类。

(5)线虫病害

①线虫病害的诊断要点。线虫病害症状表现为植株矮小、叶片黄化、萎蔫、坏死、根部腐烂、局部畸形(根结、叶扭曲)等。有的在植物根表、根内、根际土壤、茎或籽粒中可见到线虫。对于病部产生肿瘤或虫瘿的线虫病,可以做切片用光学显微镜观察;为了观察得更清楚,也可用碘液对切片进行染色,线虫可染成深褐色,植物组织呈淡黄色。对于不产生肿瘤或虫瘿,在病部难以看到虫体的病害,可采用漏斗分离法,收集到线虫后进一步观察鉴定;也可通过叶片染色法,观察线虫是否存在。观察时要注意线虫是否有口针,以和腐生线虫区别;同时还要考虑线虫数量的大小,因为某些线虫必须有足够的群体数量才能引起明显症状;另外有些线虫可引起二次侵染,要注意区分,必要时进一步试验验证。

②病原鉴定要点。根据观察到的线虫形态特征(体形、大小、口针、食道、肠、生殖器官、腺体、体段比例等),结合寄主、致病性的特点,与相关资料进行对照、比较和分析,然后确定其种类。症状有虫瘿或根结、胞囊、茎(芽、叶)坏死、植株矮化黄化、呈缺肥状,在发病植物的根表、根内、根际土壤、茎或籽粒中可镜检到植物寄生线虫。分子生物学方法也应用于线虫的病原鉴定。

(6)寄生性种子植物病害

寄生植物所致病害表现为植株矮化、黄化、生长不良,在病植物上或根际可以看到其寄生植物,如菟丝子、列当、寄生藻等。可进行形态鉴定或分子生物学鉴定。

1.6　植物病害防治

1.6.1　植物病害综合治理

在植物病害系统中,寄主植物、病原物、环境条件之间构成了病害三角关系。在农业生态系统中,人为干预对植物病害的发生发展起着重要作用,有时起着决定性作用,即人类活动的能动性可加重病害或减小病害发生程度。因此,人们在植物病害系统中要处理好各种因素之间的相互关系和作用,使病害不发生,或使病害所造成的危害降低到最小限度。

植物病害的防治原理就是采取各种经济、安全、简便易行的有效措施对植物病害进行科学预防和控制,力求防治费用最低、经济效益最大、对植物和环境的不良作用最小,既有效预防或控制病害的发生发展,达到高产、稳产和增收的目的,又最大限度地保护农业生态环境,为农业生产的可持续发展创造必要条件。

植物各种病害的性质不同,防治的重点也有所不同。防治侵染性病害的主要措施是:①消除病害的侵染来源;②增强寄主的抗病性,保护寄主不受病原物的侵染;③创造有利于寄主而不利于病原物的环境条件。非侵染性病害的防治措施是:①改善环境条件;②消除不利因素;③增强寄主抗病性。

防治病害的途径很多,通常分为避病、杜绝、铲除、保护、抵抗和治疗 6 个方面。每种防治途径发展出许多防治技术,分属于植物检疫、农业防治、抗病性利用、生物防治、物理防治和化学防治等不同领域。

植物病害的防治要认真执行"预防为主,综合防治"的植保方针,预防为主就是要正确处理植物病害系统中各种因素的相互关系,在病害发生之前采取措施,把病害消灭在未发生前或初发阶段,从而达到只需较少或不需投入额外的人力物力就能有效防治病害的目的,在目前的条件下,预防病害发生应是根本性的。

综合防治是对有害生物进行科学管理的体系。它有两个含义,一方面是防治对象的综合,即根据当前农业生产的需要,从农业生产全局和生态系统的观点出发,针对多种病害,甚至包括多种其他有害生物进行综合治理;另一方面是防治方法的综合,即根据防治对象的发生规律,充分利用自然界抑制病害和其他有害生物的因素,合理应用各种必要的防治措施,创造不利于病原生物发生的条件,控制病害或其他有害生物的危害,以获得最佳的经济、生态和社会效益。这一综合防治定义与国际上常用的"有害生物综合治理"(integrated pest management,IPM)、"植物病害管理"(plant disease management,PDM)的内涵一致。植物病害管理是通过制定合理的策略和方案,应用多种病害防治措施,将病害控制在经济损害水平之下。

1.6.2 植物检疫

植物检疫是植物保护措施中最具有前沿性的一项传统措施,但又不同于其他的病虫防治措施。植物保护工作包括预防、杜绝或铲除、免疫、保护和治疗 5 个方面。植物检疫是植物保护领域中的一个重要部分,其内容涉及植物保护中的预防、杜绝或铲除的各个方面,也是最有效、最经济、最值得提倡的一个措施,甚至是某一有害生物综合防治计划中的唯一具体措施。

1. 任务

进出境动植物检疫的宗旨是防止动物传染病、寄生虫病和植物危险性病、虫、杂草以及其他有害生物传入、传出国境,保护农、林、牧、渔业生产和人体健康,促进对外经济贸易的发展。植物检疫任务是:①禁止检疫性有害生物随着植物及其产品由国外输入或由国内输出;②将国内局部地区已经发生的检疫性有害生物封锁在一定范围内,防止传入未发生地区,采取措施消灭;③当检疫性有害生物传入新地区时,采取紧急措施,就地消灭。

2. 实施机构和管理部门

植物检疫由植物检疫机构实施。农业部(国务院农业主管部门)主管全国农业植物检疫工作,各省、自治区、直辖市农业主管部门主管本地区的农业植物检疫工作。农业部所属的植物检疫机构和县级以上地方各级农业主管部门所属的植物检疫机构负责执行农业植物检疫任务。林业部和各级地方林业主管部门主管全国和地方森林植物检疫工作。国内植物检疫现行主要法规是《植物检疫条例》、该条例的实施细则以及各省(区、市)

拟定的植物检疫实施办法等。植物检疫机构依据上述法规开展国内植物检疫工作。国内植物检疫依据限定性有害生物实行针对性检疫。全国性农业和森林植物检疫名单和应施检疫的植物、植物产品名单由农业部和林业部分别制定。各省(区、市)可根据本地区需求,制定补充名单。上述两类名单都是全国各级植物检疫机构实施检疫的依据。

我国进出境检疫由国务院设立的国家动植物检疫机关(国家动植物检疫总局)统一管理,在对外开放的口岸和进出境检疫业务集中的地点设立口岸动植物检疫局实施检疫。与国内植物检疫体制不同,进出境动植物检疫机关统筹管理进出境农业、林业植物检疫以及动物检疫,其主要法律依据是《中华人民共和国进出境动植物检疫法》。

1.6.3 农业防治

1. 概念

农业防治(agricultural control)是利用科学的栽培管理技术措施,改善环境条件,使之有利于寄主植物生长发育和有益生物的繁殖,而不利于病虫害发生发展,直接或间接地消灭或抑制病虫的危害,从而把病虫所造成的经济损失控制在最低限度。它是综合防治的基础,对病虫害的发生具有预防作用,符合植保工作方针。切实可行的农业防治措施,融合了作物丰产栽培技术,对人畜安全,不污染环境,易于被群众所接受,它防治规模大,方法简便、经济,不需要过多的额外投入,易与其他措施配套,且推广有效,常可在大围内减轻有害生物的发生程度。但农业防治必须服从丰产要求,不能单独从有害生物防治的角度去考虑问题。农业防治措施往往在控制一些病虫害的同时,引发另外一些病虫害,因此,实施农业防治时必须针对当地主要病虫害综合考虑,权衡利弊,因地制宜。此外,农业防治具有较强的地域性和季节性,且多为预防性措施,在病虫害已经大发生时,防治效果不理想。

2. 措施

(1)使用无病种苗

许多植物病害的病原菌,经种苗携带而传播扩展。种子质量较差时,造成作物长势弱,增加病原菌的侵染危害。生产上应建立无病种苗繁育基地,采用工厂化生产组培脱毒苗,做到种苗无病化处理等。

(2)改进种植制度

种植制度、农田环境与病害发生有着十分密切的关系。合理的种植制度可以提高土壤肥力,促进作物良好生长,增强其抗病能力;栽培不同的作物以及耕作栽培技术的变化,可以改变农田环境使之不利于病虫发生。比如实行轮作、间作、套作等。

（3）田园卫生

田园卫生是通过深耕灭茬、拔除病株、铲除发病中心和清除田间病残体等措施,减少病原物接种体数量,从而达到减轻或控制病害的目的。早期彻底拔除病株是防治玉米和高粱丝黑穗病、谷子白发病等许多病害的有效措施。对于以当地菌源为主的气传病害,例如稻瘟病、马铃薯晚疫病、黄瓜疫病、番茄溃疡病等,一旦发现中心病株就要立即人工铲除或喷药封锁。对于小麦全蚀病、棉花黄萎病等土传病害,在零星发病阶段,也应挖除病株,病穴消毒,防止蔓延。

作物收获后彻底清除田间病株残体,集中深埋或烧毁,能有效地减少越冬或越夏病原体数量。如在果树落叶后,应及时清园。在冬季修剪时,还要剪除病枝,摘除病僵果,刮除病灶。露地和保护地栽培的蔬菜,常多茬种植,应在当茬蔬菜收获后,及时清除病残体。深耕可将土壤表层的病原物休眠体和带菌植物残屑掩埋到土层深处,也起到减少菌源量的作用。水稻栽秧前,捞除漂浮在水面上的菌核,对减轻纹枯病的发生有一定的作用。病害发生严重的多年生牧场,往往采用焚烧的办法消灭地面病残株。此外,还应禁止使用未充分腐熟的有机肥。

（4）加强栽培管理

通过调整播期、优化水肥管理、合理调节环境因素和改善栽培条件等栽培措施,可创造适合于寄主生长发育而不利于病原物侵染繁殖的条件,减少病害发生。

播种期、播种深度和种植密度均对病害的发生有重要影响。早稻过早播种,容易引起烂秧;大麦、小麦过早播种,常导致土传花叶病严重发生;冬小麦播种过晚或过深,出苗时间长,病菌侵染增多。在小麦秆黑粉病和腥黑穗病流行地区,田间过度密植,通风透光差,湿度高,有利于叶病和茎基部病害发生,而且密植田块易发生倒伏更加重病情。

为了减轻病害发生,提倡合理调整播种期和播种深度,合理密植。合理调节温度、湿度、光照和气体组成等要素,创造不适于病原侵染和发病的生态条件,对于温室、塑料棚、日光温室、苗床等保护地病害防治和贮藏期病害防治有重要意义,需根据不同病害的发病规律,妥善安排。黄瓜黑星病发生需要高湿、高温,塑料大棚冬春茬黄瓜栽培前期以低温管理为主,通过控温抑病,后期以加强通风排湿为主,通过降低棚内湿度和减少叶面结露时间来控制病情发展;在秋冬季栽培中则采取相反措施,先控湿,后控温。

　　合理施肥是指要因地制宜地和科学地确定肥料的种类、数量、施肥方法和时期的施肥技术。它不仅有利于农作物生长,同时还在防治病虫害上起重要作用。在肥料种类方面,应注意氮、磷、钾肥配合使用,平衡施肥。偏施和过迟、过量施用氮肥会造成作物叶色浓绿,枝叶徒长,组织柔软,将降低作物的抗病性。

1.6.4　抗病品种的利用

　　选育和利用抗病品种是防治植物病害最经济、最有效的途径,也是实现持续农业的重要保证。人类利用抗病品种控制了大范围流行的毁灭性病害。它既有利于农作物连年稳产高产优质,节省大量人力物力,降低农业投资,又不污染环境,有利于提高人类的健康水平。我国许多主要病害,如水稻稻瘟病、白叶枯病,小麦秆锈病、条锈病、白粉病,玉米大斑病、小斑病,马铃薯晚疫病等都是通过抗病品种得到有效遏止的。对许多难以运用农业措施和农药防治的病害,特别是土壤病害和病毒病害,选育和利用抗病品种几乎是唯一切实可行的防治途径。为了有效地利用植物抗病性,必须做好抗病性鉴定、抗病育种和抗病品种的合理利用3个方面的工作。

1.6.5　生物防治

　　生物防治(biological control)是利用生物或生物的代谢产物来控制植物病害的方法。从主要流行学效应上看,生物防治通过减少初始菌量和降低流行速度来阻滞植物病害流行。与其他防治方法相比,生物防治具有不污染环境、持效期长等特点,但是见效慢、防治对象少。由于农药残留、病原抗药性等问题的出现,以及人们对于生态环境安全、食品安全的需求日益增长,生物防治在植物病理学研究和植物病害治理中受到人们的广泛重视。

1. 生物防治的机制

　　生物防治的机制是指利用生防因子(biocontrol factor)控制植物病害的原理。病原生物、寄主植物、有益微生物、环境组成的生态系统中,有益微生物和病原生物、寄主植物之间的关系复杂,使得生物防治的机制随着这种关系而不同。生物防治的机制主要有抗生作用、竞争作用、溶菌作用、重寄生作用、捕食作用和交互保护作用等。生防因子在控制植物病害的过程中,可能是某一生物防治机制起主要作用,也可能是多种机制共同作用。

(1)抗生作用

抗生作用(antibiosis)是指一种微生物产生抗生物质或有毒代谢物质,可抑制或杀死另一种微生物的现象。例如,绿色木霉(*Trichoderma viride*)产生胶霉毒素(gliotoxin)和绿色菌素(viridin),对立枯丝核菌(*Rhizoctonia solani*)、核盘菌(*Sclerotinia scleroiorum*)、终极腐霉(*Pythium ultimum*)等多种病原菌具有拮抗作用。有些抗生物质已经人工提取作为农用抗生素使用,例如,吸水链霉菌井冈变种(*Streptomyces hydroscopicus var. jinggangensis*)产生的井冈霉素已被广泛用于防治禾谷类作物纹枯病;春日链霉菌(*Streptomyces kasugaensis*)产生的春日霉素用于防治水稻稻瘟病,效果明显。

(2)竞争作用

竞争作用(competition)是指同一生境中的两种或多种微生物群体间,对生存所需营养和空间的争夺现象,主要包括营养竞争和空间竞争。营养竞争主要是对病原物所需要的水分、氧气和营养物质的竞争。荧光假单胞杆菌(*Pseudomonos fluorescence*)可大量消耗土壤中的氮素和碳素营养,可用于防治丝核菌属和腐霉属菌物引起的植物病害。根围(rhizo-sphere)和叶围(phyllosphere)有益微生物对于水分和营养物质的竞争利用可起到抑制相应部位病原物的作用,另外,一些根围和叶围微生物如荧光假单胞杆菌、枯草芽孢杆菌(*Bacillus subtilis*)等还可促进植物生长并诱导植物抗病性。空间竞争主要是对于侵染位点的竞争,如当土壤中施用的生防微生物抢先占领了病原物的侵染位点,病原物就不能从该位点完成侵染过程,从而达到防治病害的目的。

(3)溶菌作用

溶菌作用(lysis)是指病原物的细胞壁由于内在或外界因素的作用而溶解,导致病原物组织破坏或菌体细胞消解的现象。溶菌作用包括自溶(autolysis)和外溶(exolysis)两种方式。溶菌作用在植物病原菌物和细菌中普遍存在。研究表明,中生菌素(农抗-751)对水稻纹枯病菌、大白菜软腐病菌、马铃薯青枯病菌等具有溶菌作用;枯草芽孢杆菌 S9 对立枯丝核菌、终极腐霉、西瓜枯萎病菌(*Fusarium oxysporum* f. sp. *niveum*)具有溶菌作用。

(4)重寄生作用

重寄生作用(hyperparasitism)是指一种寄生物或植物病原物被其他寄生物寄生的现象,后者称为重寄生物。重寄生物可以是菌物、病毒、细菌或放线菌等,如哈茨木霉(*Trichodxrma harzianum*)、绿色木霉(*T. virile*)、钩状木霉（*T. humatum* ）、盾壳霉（*Coniothyrium minitans*）、淡紫拟青霉（*Paecilomyces lilacinus*）、噬菌体等。寄生性植物本身也可发生病害，引起寄生性植物发病的病原物也是重寄生物，例如可使菟丝子发病的炭疽病菌。

（5）捕食作用

捕食作用（predation）是指一种微生物直接吞食或消解另一种微生物的现象。土壤中的一些原生动物和线虫可以捕食菌物的菌丝和孢子以及细菌等，从而影响土壤中病原物的种群密度。食菌物线虫大多专门取食菌物，如燕麦滑刃线虫（*Aphelenchus dvenae*）可寄生腐霉菌和疫霉菌。食线虫菌物的一些菌丝分枝特化为菌环（constricting ring）套住消解线虫，或菌物在线虫虫体内寄生危害，从而起到防病作用。

（6）交互保护作用

交互保护作用（cross-protection）是指预先接种一种弱毒微生物，诱发植物产生抗病性，保护植物不受或少受后来接种的强毒病原物侵染和危害的现象。第一次接种称为"诱发接种"（inducing inoculation），第二次接种称为"挑战接种"（challenge inoculation）。不仅同种病原物的不同菌系或株系存在交互保护作用，而且不同种类、不同类群的微生物（菌物、细菌、病毒等）之间也可交互接种，诱发植物抗病性。例如，利用非病原菌燕麦冠锈菌接种小麦叶片可诱导其对小麦叶锈病菌致病小种的抗病性；利用从番茄植株上分离的非致病的尖镰孢菌（*Fusarium oxysporum f. sp. lycopersici*）处理棉花植株可诱导其对棉花枯萎病菌（*F. oxysporum f. sp. vasinfectum*）的抗病性。

2. 生物防治措施及其应用

生物防治主要用于防治土传病害和根部病害，也用于防治叶部病害和采后病害。生物防治主要有两类措施：一是向环境中大量释放外源有益微生物；二是通过调节环境条件，提高环境中已有的有益微生物的群体数量和拮抗活性。

用于防治菟丝子的生防菌剂"鲁保一号"是利用寄生菟丝子的炭疽病菌制成的。在菟丝子危害初期，将菌剂配成悬浮液，喷洒到菟丝子上，菌物孢子吸水萌发侵入，使菟丝子感病逐渐死亡，可有效减少菟丝子数量，降低其危害，防治效果一般在 $70\%\sim90\%$，高者可达 100%。

目前，生物防治主要是直接利用有益微生物活体或具有生物活性的代谢产物作为防治植物病害的制剂。如中国农业大学植物生态工程研究所用植物内生芽孢杆菌开发出的益微制剂，对植物具有促生作用，可调节植物体表微生物区系，减轻病原物的侵染危害，对水稻稻瘟病、小麦纹枯病、苹果早期落叶病等都表现出良好的控制效果,该制剂在我国得到了大面积推广应用,收到了良好的经济效益、生态效益和社会效益。

1.6.6 物理防治

物理防治主要利用热力、冷冻、干燥、电磁波、超声波、核辐射、激光等手段抑制、钝化或杀死病原物,达到防治病害的目的。各种物理防治方法多用于处理种子、苗木、其他植物繁殖材料和土壤。核辐射则用于处理食品和贮藏期农产品,处理食品时需符合法定的安全卫生标准。

干热处理法主要用于蔬菜种子,对许多种传病毒、细菌和菌物都有防治效果。不同植物的种子耐热性有差异,处理不当会降低萌发率。豆科作物种子耐热性弱,不宜干热处理。含水量高的种子受害也较重,应先行预热干燥。黄瓜种子经70℃干热处理2~3 d,可使绿斑驳花叶病毒失活。番茄种子经75℃处理6 d或80℃处理5 d,可杀死种传黄萎病菌。用热水处理种子和无性繁殖材料,通称"温汤浸种",可杀死在种子表面和种子内部潜伏的病原物。热水处理利用植物材料与病原物耐热性的差异,选择适宜的水温和处理时间以杀死病原物而不损害植物。用55℃的温汤浸种30 min,对水稻恶苗病有较好的防治效果。

谷类、豆类和坚果类果实充分干燥后,可避免菌物和细菌的侵染。冷冻处理也是控制植物产品(特别是果实和蔬菜)收获后病害的常用方法、冷冻本身虽不能杀死病原物,但可抑制病原物的生长和侵染。

核辐射在一定剂量范围内有灭菌和食品保鲜作用。微波是波长很短的电磁波,微波加热适于对少量种子、粮食、食品等进行快速杀菌处理。此外,一些特殊颜色和物理性质的塑料薄膜已用于蔬菜病虫害防治。如蚜虫忌避银灰色和白色膜,用银灰反光膜或白色尼龙纱覆盖苗床,可减少传毒介体蚜虫数量,减轻病毒病害。夏季高温期铺设黑色地膜,吸收日光能,使土壤升温,能杀死土壤中多种病原菌。

1.6.7 化学防治

化学防治是使用农药防治植物病害的方法。农药处理植物或其生长环境后,可减少、消除或消灭病原物,或可改变植物代谢过程,提高植株抗病力,从而达到预防或治疗植物病害的目的。它具有高效、速效、使用方便、经济效益高等优点。但是,化学防治使用不当会对植物产生药害,能够引起人畜中毒,杀伤有益微生物,导致病原物产生抗药性,造成环境污染。

所以,提倡使用高效、低毒、低残留的农药。当前化学防治是防治植物病虫害的关键措施,在面临病害大发生的紧急时刻,甚至是唯一有效的措施。

1. 植物病害农药类型

用于植物病害防治的农药主要有杀菌剂和杀线虫剂。杀菌剂对菌物或细菌有抑菌、杀菌或钝化其有毒代谢产物等作用。按照杀菌剂防治病害的作用方式。可区分为保护性、治疗性和铲除性杀菌剂。保护性杀菌剂在病原菌侵入前施用,可保护植物,阻止病原菌侵入。治疗性杀菌剂能进入植物组织内部,抑制或杀死已经侵入的病原菌,使植物病情减轻或恢复健康。铲除性杀菌剂对病原菌有强烈的杀伤作用,可通过直接触杀、熏蒸或渗透植物表皮而发挥作用。铲除剂能引起严重的植物药害,常于休眠期使用。内吸杀菌剂兼具保护作用和治疗作用,能被植物吸收,在植物体内运输传导,有的可上行(由根部向茎叶)和下行(由茎叶向根部)输导,多数仅能上行输导。杀菌剂品种不同,能有效防治的病害范围也不相同。有的品种有很强的专化性,只对特定类群的病原菌物有效,称为专化性杀菌剂;有些则杀菌范围很广,对分类地位不同的多种病原菌物都有效,称为广谱杀菌剂。现有杀菌剂品种化学成分很复杂,主要有有机硫、有机磷、有机砷、取代苯类、有机杂环类以及抗菌素类杀菌剂。

杀线虫剂对线虫有触杀或熏蒸作用。触杀是指药剂经体壁进入线虫体内产生毒害作用。熏蒸是指药剂以气体状态经呼吸系统进入线虫体内而发挥药效。有些杀线虫剂还兼具杀菌杀虫(昆虫)作用。

2. 化学防治方法

在使用农药时,需根据药剂、作物与病害特点选择施药方法,以充分发挥药效,避免药害,尽量减少对环境的不良影响。施药方法确定后,还应精确计算用药量及配药浓度,严格掌握使用过程中的技术要领,保证施药质量。只有这样,才能充分发挥药效,达到经济、安全、有效的目的。杀菌剂与杀线虫剂的主要使用方法有以下几种。

(1)喷雾法

利用喷雾器械将药液雾化后均匀喷在植物和有害生物表面,要求雾滴细微,能够均匀覆盖植株表面。为提高药剂的防效,有时可加入一些助剂,以增加药剂的展布性和黏着性。喷雾法根据喷出的雾滴粗细和药液使用量不同,又分为常量喷雾(又称大容量雾喷,雾滴直径 $100\sim200\ \mu m$)、低容量喷雾(雾滴直径 $50\sim100\ \mu m$)和超低容量喷雾(雾滴直径 $15\sim75\ \mu m$)。农田多用常量和低容量喷雾,两者所用农药剂型均为乳油、可湿性粉剂、可溶性粉剂、水剂和悬浮剂(胶悬剂)等,兑水配成规定浓度的药液喷雾。常量喷雾所用药液浓度较低,用液量较多;低容量喷雾所用药液浓度较高,用量较少工效高,但雾滴易受风力吹送飘移。

(2)喷粉法

喷粉法即利用喷粉器械喷撒粉剂的方法。该法工作效率高,不受水源限制,适用于大面积防治。缺点是耗药量大,易受风的影响,散布不易均匀,粉剂在茎叶上勃着性差,同时,喷出的粉尘污染空气和环境,对施药人员也有毒害作用,现已很少使用。

(3)种子处理

种子处理可以防治种传病害,并保护种苗免受土壤中病原物侵染,用内吸剂杀菌剂处理种子还可防治地上部病害。常用的有拌种法、浸种法、闷种法和种衣法。拌种剂(粉剂)和可湿性粉剂用于拌种。乳剂和水剂等液体药剂可用湿拌法,即加水稀释后,喷布在干种子上,拌和均匀。拌过药剂的种子可保藏较长时间。拌种法应用方便,处理种子的工效高,对种传病害防效高,但药剂用量较大,药剂的渗透力也不及浸种法。浸种法是用规定的药剂浓度和时间浸泡种子,具有药剂用量少、保苗效果好等优点,但工效较低,而且种子处理后多需晾干后方可播种。闷种法是用少量药液喷拌种子后堆闷一段时间再播种,对杀死种子内部的病原物有较好的效果,但闷过的种子必须立即播种,同时,闷种法对播后的幼苗不起保护作用。种衣法采用极少的水将药剂调成糊状,然后均匀拌种或机械化喷洒于种子表面,使种子表面包上一层药浆或药膜,或用干药粉与潮湿的种子相拌,所附的药剂可缓慢释放,持效期延长。

(4)土壤处理

在播种前将药剂施于土壤中,主要防治植物根病。土壤施药方法有浇灌、穴施、沟施和翻混等方法。杀线虫剂和某些易挥发、具有熏蒸作用的杀菌剂,一般采用点施和翻混的方法。将药剂施到 $10\sim15$ cm 深的土层内,药剂便在土壤中扩散,并与病原物接触,达到杀菌目的,但需要间隔 $10\sim30$ d 后方可播种,否则会产生药害。挥发性小的杀菌剂多采用穴施、沟施、拌种或于作物生长期浇灌于作物根部。还可采用撒药土法,撒布在植株根部周围。药土是将乳剂、可湿性粉剂、水剂或粉剂与具有一定湿度的细土按一定比例混匀制成的。

(5)熏蒸法

通过利用烟剂或雾剂杀灭有限空间内空气中的病原物来防治植物病害。用于土壤熏蒸时,用土壤注射器或土壤消毒机将液态熏蒸剂注入土壤内,在土壤中以气体形态扩散。有些药剂需要在熏蒸时将地表用塑料密封覆盖,土壤熏蒸后需按规定等待一段较长时间,然后去除覆盖物,待药剂充分散发后才能播种,否则易产生药害。雾剂使用时,药剂气化成雾状小液滴,这些小颗粒或小液滴长时间飘浮于空气中,接触病原物的概率高,防病效果好。适用于温室和塑料大棚等保护地蔬菜病害的防治及仓库的消毒。

(6)果品贮藏期处理

用浸渍、喷雾、喷淋和涂抹等方法直接处理果品和其包装纸来防治果品贮藏期的病害。采用药剂处理果品,应严格控制果品上的农药残留,以确保食品安全。

为了充分发挥药剂的效能,应做到安全、经济、高效,提倡合理使用农药。按照药剂的有效防治范围与作用机制以及防治对象的种类、发生规律和危害部位的不同,合理选用药剂与剂型,做到科学合理用药。

参考文献

[1]方中达.植病研究方法[M].3版.北京:中国农业出版社,1998.

[2]费显伟.园艺植物病虫害防治[M].北京:高等教育出版社,2006.

[3]高必达.植物病理学[M].北京:科学技术文献出版社,2003.

[4]李怀方,刘凤权,郭小密.园艺植物病理学[M].北京:中国农业大学出版社,2004.

[5]陆家云.植物病害诊断[M].2版.北京:中国农业出版社,1997.

[6]陆家云.植物病原真菌学[M].北京:中国农业出版社,2001.

[7]裘维蕃,等.植物病毒学[M].3版.北京:中国农业出版社,2001.

[8]王存兴,李光武.植物病理学[M].北京:化学工业出版社,2010.

[9]王金牛.植物病原细菌学[M].北京:中国农业出版社,2000.

[10]谢联辉.普通植物病理学[M].北京:科学出版社,2006.

[11]徐秉良,曹克强.植物病理学[M].北京:中国林业出版社,2012.

[12]许志刚.普通植物病理学[M].3版.北京:中国农业出版社,2003.

第2章　真菌病害

2.1　真菌概述

2.1.1　真菌概念

真菌是菌物界真菌门生物的统称。大多数学者从以下几点描述真菌与其他生物相区别的特征：①有真正的细胞核，为真核生物；②通过产生孢子的方式进行繁殖；③营养体简单，典型的营养体为菌丝体，少部分为原质团、单细胞；④无叶绿素或其他光合色素，营养方式为异养型，需要从外界吸收营养物质。

植物病原真菌是指那些可以寄生在植物上并引起植物病害的真菌。植物病害研究最早的是马铃薯晚疫病，它是由真菌（疫霉菌）引起的病害，该研究结果对植物病理学许多基本理论和概念的形成具有重要作用，孕育了植物病理学的诞生，并推动了植物病理学的发展。

真菌的分布广，在地球上的各种生态环境里，如土壤、农田、果园、森林、草原、空气、流水、海洋等到处都有真菌的存在。真菌的形态大小各异，小的通常要在显微镜下才能看得清楚，大的其子实体达几十厘米。真菌种类繁多，据估计，全世界有真菌 350 万种，已被描述的约 10 万种，引起植物病害的真菌在 8 000 种以上。

真菌这类庞大生物类群与人类有着密不可分的关系。其中有许多种真菌是对人类有益的：如粪肥的腐熟或各类有机物的分解；香菇、银耳、猴头等多种食用菌的栽培；酒精、柠檬酸、甘油、尘醇、醋类等化工原料的生产；头孢菌素、青霉素等医用抗生素类药物、抗癌物质以及植物生长激素的萃取；酱油、熬醋、豆腐乳甚至面包等食品的加工；白僵菌、绿僵菌、捕食线虫的真菌、防治菟丝子和重寄生的白粉寄生菌等在植物病虫害防治上的应用等，都是通过直接利用不同真菌有机体，或是间接开发其代谢产物的例证。

但是，也有很多种真菌类群对人类是有害的，它们不仅能使大量贮存物资如木材、纺织品、粮食霉烂，引起人类、家畜疾病，而且引起各种植物发生病害，造成极大损失。据不完全统计，在各类栽培植物的病害中，有 70%～80%植物病害是由真菌引起的，且其中不少病害种类破坏性较大。例如,常见的稻瘟病、小麦锈病、棉花枯萎病、玉米大小斑病、油菜菌核病、花生叶斑病、苹果树腐烂病、柑橘炭疽病、黄瓜霜霉病、番茄晚疫病、茶饼病、桑白粉病、烟草黑胫病、甘蔗凤梨病等,都是威胁当前农业生产的重要真菌性病害。

2.1.2　真菌营养体

绝大多数真菌的营养体为细丝状的丝状体,称菌丝体。少数是原质团和单细胞。

(1)菌丝体

多数真菌的营养体为丝状体,其上单根丝状体称为菌丝。组成真菌菌体的一团菌丝称为菌丝体。菌丝通常为圆管状,无色透明或暗色。粗细不一,一般直径为 $5\sim10~\mu m$,少数小至 $0.5~\mu m$,大到 $100~\mu m$。菌丝有无隔与有隔之分,低等真菌的菌丝没有横隔膜,称无隔菌丝(图 2-1-1),无隔菌丝体是一个多核、有细胞壁的大型丝状细胞,它们只有在细胞受伤或产生繁殖器官时才形成相应的隔膜。高等真菌的菌丝有横隔膜,称有隔菌丝(图 2-1-1)。有隔菌丝呈竹节状,有多个细胞。真菌菌丝体一般是由孢子萌发、产生芽管,进而发育形成的。菌丝多由顶端部分延伸而生长,但它的每一部分都有潜在的生长能力,任何一段菌丝均可发育成为新的菌丝体。

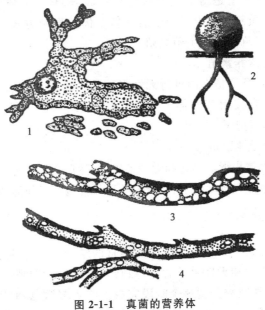

图 2-1-1　真菌的营养体

1. 变形体;2. 单细胞;3. 无隔菌丝;4. 有隔菌丝

（2）原质团

原质团为一些低等真菌的营养体,常是一团含有多核的原生质,称为原质团。它们没有细胞壁,仅具细胞膜且无一定形态,又称为变形体,如黏菌的营养体。

（3）营养体

单细胞营养体简单,但较变形体进化而成为有细胞壁的单细胞。有的于单细胞上生有假根,或者在营养体细胞间形成原始的丝状结构相连接,如壶菌的营养体。

菌丝体在一定的环境条件下或生长发育后期,可发生变态,形成特殊组织,对真菌获取营养和繁殖、传播及增强对不良环境的抵抗力等有极大的作用。菌丝的变态结构有吸器、假根、附着胞、附着枝、菌环和菌网等多种特殊的变态结构。

2.1.3　繁殖体

菌丝体生长发育到一定阶段后,一部分菌丝体分化为繁殖器官,大部分仍保持营养体的状态。真菌的繁殖分无性繁殖和有性繁殖两种。

1. 无性繁殖

真菌的无性繁殖是指不经过核配和减数分裂,营养体直接以断裂、裂殖、芽殖和原生质割裂的方式产生后代新个体的繁殖方式。真菌的无性繁殖主要有营养繁殖和无性生殖繁殖。

（1）真菌的营养繁殖

真菌的营养繁殖是真菌进行无性繁殖的一种形式,是营养体不形成分化的繁殖体,而直接由菌丝体分离、断裂等方式形成孢子,通常产生芽孢子、节孢子和厚垣孢子。

（2）真菌的无性繁殖

真菌的营养体先形成分化的无性繁殖体,然后再产生相应的无性孢子称为无性繁殖。通常有游动孢子、孢囊孢子和分生孢子三种类型(图 2-1-2)。

2. 有性繁殖

有性繁殖是通过两个性细胞或性器官的结合而产生孢子的繁殖方式。真菌经过营养阶段和无性繁殖后,多数转入有性生殖阶段。经过两个性细胞的质配、核配和减数分裂 3 个阶段完成。绝大多数真菌的营养体为单倍体,生殖一般包括质配、核配和减数分裂 3 个阶段。第一,配子囊或配子的原生质进行结合,称为质配;此时使两个亲和的性细胞核并存于同一细胞内,因而也叫双核期($n+n$)。第二,并存的两性核结合成双倍体核($2n$),称为核配。第三,双倍体核进行减数分裂,再形成单倍体(n)。

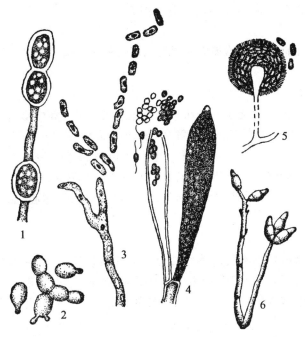

图 2-1-2　真菌无性孢子类型

1. 厚垣孢子;2. 芽孢子;3. 节孢子;4. 游动孢子;5. 孢囊孢子;6. 分生孢子

常见的有性孢子有以下几种:卵孢子、接合孢子、子囊孢子、担孢子(图 2-1-3)。

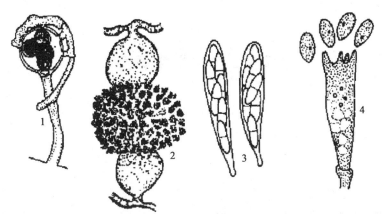

图 2-1-3　真菌的有性孢子

1. 卵孢子;2. 接合孢子;3. 子囊孢子;4. 担孢子

（1）卵孢子

是由两个异型配子囊结合而成的。厚壁，抵抗不良环境能力强。雌性配子囊个体较大，其内部有卵球形成，称为藏卵器，雄性配子囊个体较小，称为雄器。如鞭毛菌亚门卵菌的有性孢子。

（2）接合孢子

是由两个同型配子囊融合成的壁厚、色深的休眠孢子。如接合菌亚门真菌的有性孢子。

（3）子囊孢子

通常由两个异型配子囊——雄器和产囊体相结合，其内形成子囊。子囊为无色透明，棍棒状或椭圆形。每个子囊中一般形成 6～8 个子囊孢子，子囊孢子形态差异很大。子囊通常产生在有包被的子囊果内。子囊果一般有 4 种类型：球状无孔口的闭囊壳；球状或瓶状有真正壳壁和固定孔口的子囊壳；由子座溶解而成、无真正壳壁和固定孔口的子囊腔；盘状或杯状的子囊盘。

（4）担孢子

通常直接由性别不同的菌丝结合成双核菌丝后，双核菌丝顶端细胞膨大成棒状的担子，在担子上产生 4 个外生担孢子，称为担孢子。也有些菌的双核菌丝细胞壁加厚形成冬孢子，经休眠后，冬孢子萌发再产生担子和担孢子。如担子菌亚门真菌的有性孢子。

真菌的有性孢子大多在侵染植物后期或经过休眠期后产生。如一些子囊菌越冬后春天才形成成熟的子囊孢子。真菌有性生殖产生的结构和有性孢子具有度过不良环境的作用，是许多植物病害的主要初侵染来源。同时，有性生殖的杂交过程产生了遗传物质重组的后代，有利于增强其物种的生活力和适应性。

2.2　真菌植物病害

2.2.1　真菌分类地位

1. 真菌的分类系统

真菌是微生物的一个分支，随着科学研究的不断深入，尤其是电子显微镜、分子生物学等新技术的应用，真菌分类也随着生物分类系统的变化而变化。从真菌学诞生(1729 年)至今的 200 多年间,各种真菌分类系统层出不穷,较为有影响的、在国外和我国教科书或专著上曾经或正在使用的多是"三纲一类"的分类系统和"五个亚门"的分类系统。

(1)"三纲一类"的分类系统

该系统的代表人物是马丁(G. W. Martin),根据菌丝有无隔膜及有性孢子类型,将真菌门分为藻状菌纲、子囊菌纲、担子菌纲和半知菌类。19 世纪末到 20 世纪 60 年代中期,"三纲一类"的分类系统被世界各国真菌学家广泛接受和采用。这一分类系统的主要问题是藻状菌纲分类杂乱,所以 20 世纪 60 年代中期以后,真菌分类系统的变动主要集中在这一纲。

(2)"五个亚门"的分类系统

该系由安斯沃司(Ainsworth)等人创立。他在 1966 年和 1971 年提出将真菌门中分为 5 个亚门,即鞭毛菌亚门、接合菌亚门、子囊菌亚门、担子菌亚门和半知菌亚门。该系最突出的特点是采用了惠特克(Whittaker)的生物五界系统,将真菌独立为界(菌物界),包括黏菌门和真菌门两大类群的真菌。废除了"三纲一类"系统中的藻状菌纲,创建了鞭毛菌亚门和接合菌亚门,并将其他 3 个纲(类)提升为亚门。自 20 世纪 70 年代以来,该系统被世界各国真菌学家广泛接受和采用,在我国教科书或专著上也广为采用,并一直沿用至今。

(3)八界系统

Cavalier Smith (1981)提出将细胞生物分为八界,即原核总界(或细菌总界)的古细菌界(Archaebacteria)和真细菌界(Eubacteria),真核总界的原始动物界(Archaezoa)、原生动物界(Protozoa),藻物界(Chromista),菌物界(Fungi),植物界(Plantae)和动物界(Animalia)。在八界系统中,原来五界分类系统中的菌物界中卵菌和丝壶菌被归到新设立的藻物界(Chromista),黏菌和根肿菌被归到原生动物界(Protozoa)中,其他菌物则被归到菌物界(Fungi)中。《真菌词典》第 8 版(1995)和第 9 版(2001)均接受了这一分类系统,并将菌物界下分壶菌门(Chytridiomycota)、接合菌门(Zygomycota)、子囊菌门(Ascomycota)和担子菌门(Basidiomycota)。原来的半知菌门则不再成立为门,而是将已经发现有性态的半知菌均归入相应的子囊菌和担子菌中,对尚未发现有性态的半知菌列入丝裂孢子菌物(Mitosporic fungi)或无性菌物(Anamorphic fungi)类中。本书采用《真菌词典》第 9 版的菌物分类系统,将植物病原菌物放在原生动物界、藻物界和菌物界中,但有关菌物界内的分类体系则仍然按照 Ainsworth (1973)的分类系统,分门介绍。

2. 命名

种是生物分类的基本单位。关于真菌的命名，国际命名原则中规定一种真菌只能有一个名称，如果一种真菌的生活史中有有性阶段和无性阶段，按有性阶段命名是合法的。而半知菌中的真菌，只知其无性阶段，因而命名都是根据无性阶段的特征而定的。

真菌的命名采用国际通用的双名法，前一个名称是属名（第一个字母要大写），后一个名称是种名，种名之后为定名人的姓氏（可以缩写），如有更改学名者，最初的定名人应加括号表示。例如，丁香褐斑病菌为 *Cercospora lilacis*（Desmaz.）Sacc.。

2.2.2 植物病原真菌的主要类群

1. 根肿菌门（Plasmodiophoromycota）

原生动物界分为集孢黏菌门（Acrasiomycota），黏菌门和根肿菌门 3 个门，与植物病害有关的为根肿菌门。根肿菌门含有 1 纲 1 目 14 属，均为寄主细胞内专性寄生菌，少数寄生。藻类和其他水生菌物，多数寄生高等植物，常引起根部和茎部细胞膨大和组织增生。根肿菌门菌物的营养体是单细胞、无细胞壁的原质团；营养方式为吞噬或光合作用（叶绿体无淀粉和藻胆体）。无性繁殖时，由单倍体原质团形成薄壁的游动孢子囊，内生多个前端有两根长短不等尾鞭的游动孢子。有性生殖时，产生休眠孢子囊。

根肿菌属（*Plasmodiophora*）休眠孢子散生在寄主细胞内，呈鱼卵状，不联合成休眠孢子堆。常危害植物根部引起指状肿大，如引起十字花科植物根肿病的芸薹根肿菌（*P. brassacae*）。

2. 卵菌门（Oomycota）

卵菌门属于藻物界，卵菌营养体大多是发达的无隔菌丝体，少数为单细胞，二倍体；营养方式有死体营养型或活体营养型；细胞壁主要成分为纤维素。无性繁殖形成游动孢子囊，内生多个异型双鞭毛（1 根茸鞭和 1 根尾鞭）的游动孢子。有性生殖时藏卵器中形成 1 至多个卵孢子。卵菌可以水生、两栖或陆生。

卵菌门引起植物病害的主要有 4 个目，即水霉目（Saprolegniales）、腐霉目（Pythiales）、指梗霉目（Sclerosporales）和霜霉目（Peronosporales）。水霉目的主要特征是游动孢子具两游现象和藏卵器内含 1 至多个卵孢子。

典型的两游过程是:从孢子囊释放出的前端生有双鞭毛的梨形游动孢子经一段时间游动后转为休止孢,休止孢萌发后形成侧面凹陷处着生鞭毛的肾形游动孢子,肾形游动孢子再游动一个时期后休止,萌发出芽管。其他 3 个目的游动孢子无两游现象,藏卵器中只有单个卵孢子。

(1)绵霉属(*Achlya*)

水霉目成员。孢囊梗呈菌丝状,游动孢子释放时聚集在囊口休止。藏卵器内含 1 至多个卵孢子。绵霉广泛存在于池塘、水田或土壤中,少数为高等植物的弱寄生菌,如引起水稻烂秧的稻绵霉(*A. oryzae*)。见图 2-2-1。

图 2-2-1　绵霉属
(引自许志刚,2009)
1. 孢子囊和游动孢子释放;2. 雄器和藏卵器

(2)腐霉属(*Pythium*)

腐霉目成员。孢囊梗呈菌丝状。孢子囊球状或裂瓣状,萌发时产生泡囊,原生质转入泡囊内形成游动孢子。藏卵器内为单卵孢子。腐霉大多水生或两栖,死体营养或活体营养,可引起多种作物幼苗的根腐、猝倒以及瓜果的腐烂,如瓜果腐霉(*P. aphanidernatum*)。见图 2-2-2。

(3)疫霉属(*Phytophthora*)

腐霉目成员。孢囊梗分化不显著至显著。孢子囊近球形、卵形或梨形。游动孢子在孢子囊内形成,不形成泡囊。藏卵器内为单卵球。疫霉多为两栖或陆生,寄生性较强,可引致多种作物的疫病,如引起马铃薯晚疫病的致病疫霉(*P. infestans*)。见图 2-2-3。

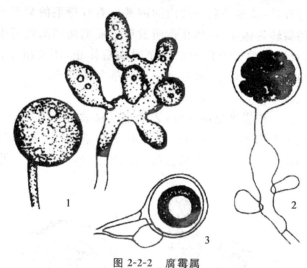

图 2-2-2　腐霉属

（引自许志刚，2009）

1. 孢囊梗和孢子囊；2. 孢子囊萌发形成泡囊；3. 雄器（侧生）和藏卵器

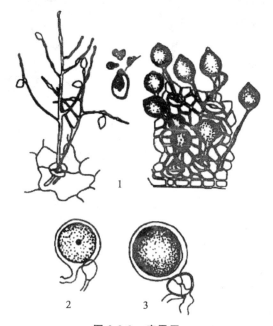

图 2-2-3　疫霉属

（引自许志刚，2009）

1. 孢囊梗、饱子囊和游动孢子；2. 雄器（侧生）和藏卵器；3. 雄器包围在藏卵器的基部

（4）霜霉属（*Peronospora*）

霜霉目成员。孢囊梗有限生长，形成二叉锐角分枝，末端尖锐。孢子

囊为卵圆形,成熟后易脱落,可随风传播,萌发时一般直接产生芽管,不形成游动孢子。藏卵器内为单卵球。霜霉菌陆生,活体营养,引致多种植物的霜霉病,如引起十字花科植物霜霉病的寄生霜霉(*P. parasitica*)。见图 2-2-4。

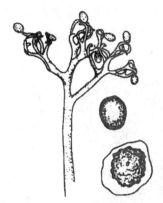

图 2-2-4 霜霉属
(引自许志刚,2009)
孢囊梗和孢子囊

(5)白锈属(*Albugo*)

霜霉目成员。孢囊梗平行排列在寄主表皮下,短棍棒形。孢子囊串生。藏卵器内为单卵球,卵孢子壁有纹饰。白锈菌陆生,活体营养型,引致植物的白锈病,如引起十字花科植物白锈病的白锈菌(*A. candida*)。见图 2-2-5。

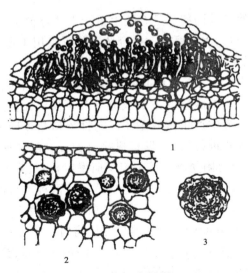

图 2-2-5 白锈属
(引自许志刚,2009)
1. 寄生在寄主表皮细胞下的孢囊梗和孢子囊;2. 病组织内的卵孢子;3. 卵孢子

（6）节壶菌属（*Physodernma*）

芽枝菌目成员。营养体为寄主组织内的陀螺状膨大细胞，其间有丝状体相连。休眠孢子囊呈扁球形，黄褐色，有囊盖，萌发时释放出多个游动孢子。高等植物的活体营养生物，侵染寄主常形成稍隆起的病斑，但不引致寄主组织过度生长，如引起玉米褐斑病的玉蜀黍节壶菌（*P. maydis*）（图 2-2-6）。

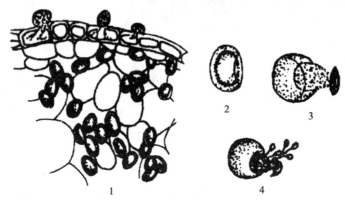

图 2-2-6　玉蜀黍节壶菌
（引自许志刚，2009）
1. 寄主体表的游动饱子和寄主体内的休眠孢子囊；
2. 休眠孢子囊；3、4. 休眠孢子囊萌发

3．接合菌门（zygomycota）

接合菌门菌物的共同特征是有性生殖产生接合孢子。接合菌为陆生，在自然界中分布较广，大多腐生。接合菌有的可以用于食品发酵和生产酶与有机酸；有的是昆虫和高等植物的共生菌；少数可寄生植物、人、动物引起病害。接合菌营养体为无隔到有隔菌丝体，有的接合菌菌丝体可以分化形成假根和匍匐丝。细胞壁的主要成分为几丁质。无性繁殖是以原生质割裂的形式在饱子囊中产生孢囊孢子。有性繁殖是以同型或异型配子囊以配子囊结合的方式进行质配，发育成接合孢子。配囊柄有的对生，有的钳生，接合孢子有时有附属丝。接合孢子萌发时，一般先形成芽管，芽管顶端膨大形成孢子囊。异宗配合时产生"＋""－"两种类型的孢子。接合菌在 Ainsworth（1973）分类系统中属于接合菌亚门，分为接合菌纲（Zygomycetes）和毛菌纲（Trichomycetes）。其中与植物病害关系密切的是接合菌纲中的毛霉目（Mucorales），主要包括根霉属（*Rhizopus*）、笄霉属（*Chomnephora*）、毛霉属（*Mucor*）和犁头霉属（*Absidia*）。

（1）根霉属（*Rhizopus*）

菌丝分化出假根和匍匐丝，孢囊梗单生或丛生，与假根对生顶端着生

球状孢子囊,孢子囊内有许多孢囊孢子;接合孢子呈球形,壁厚,配囊柄对生,无附属丝。其中的匍枝根霉(*R. stolonifer*)可引起瓜果和薯类的软腐病(图 2-2-7)。

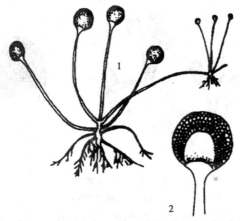

图 2-2-7　匍枝根霉菌
(引自许志刚,2009)
1. 孢囊梗、孢子囊、假根和匍匐菌丝;2. 放大的孢子囊

(2)毛霉属(*Mucor*)

菌丝分化出直立、不分枝或有分枝的孢囊梗,不形成匍匐丝与假根。常引起果实与贮藏器官的腐烂(图 2-2-8)。

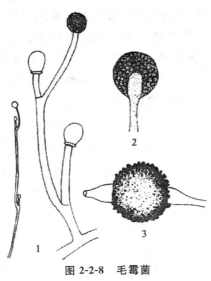

图 2-2-8　毛霉菌
(引自许志刚,2009)
1. 孢囊梗、孢子囊、假根和匍匐菌丝;2. 放大的孢子囊;3. 接合孢子

(3)犁头霉属(*Absidia*)

菌丝分化出匍匐丝与假根。孢囊梗着生在假根间的匍匐丝上；接合孢子有附属丝，配囊柄对生(图 2-2-9)。

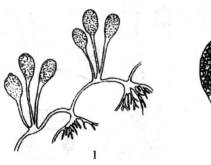

图 2-2-9　犁头霉属
(引自许志刚，2009)
1. 匍匐丝、假根、孢囊梗、孢子囊；2. 放大的孢子囊

4. 子囊菌门(Ascomycota)

子囊菌大都陆生，营养方式有腐生、寄生和共生。危害植物的子囊菌多引起根腐、茎腐、果(穗)腐、枝枯和叶斑等症状。子囊菌的营养体大多是发达的有隔菌丝体，少数(如酵母菌)为单细胞。许多子囊菌的菌丝体可以集合形成菌组织，即疏丝组织和拟薄壁组织，进一步形成子座和菌核等结构。子囊菌的无性繁殖主要产生分生孢子，有些子囊菌在自然界经常看到的是分生孢子阶段，但目前仍有许多子囊菌缺乏分生孢子阶段的报道。有关分生孢子的情况见半知菌类。有性生殖产生子囊和子囊孢子，大多数子囊菌的子囊产生在子囊果内，少数裸生。子囊果主要有以下 4 种类型。

①闭囊壳(cleistothecium)。子囊果的包被是完全封闭的，无固定的孔口。

②子囊壳(perithecium)。子囊果的包被有固定的孔口，容器状，子囊为单层壁。

③子囊盘(apothecium)。子囊果呈开口的盘状、杯状，顶部平行排列子囊和侧丝形成子实层，有柄或无。

④子囊座(ascostroma)。在子座内溶出有孔口的空腔，腔内发育成具有双层壁的子囊，含有子囊的子座称为子囊座。

子囊呈囊状结构，大多呈圆筒形或棍棒形，少数为卵形或近球形，有的子囊具柄。一个典型的子囊内含有 8 个子囊孢子。子囊孢子形状多样,有近球形、椭圆形、肠形或线形等。单细胞、双细胞或多细胞,无色至黑色,细胞壁表面光滑或具条纹、瘤突起、小刺等。呈单行、双行,或平行排列,或者不规则地聚集在子囊内。引起植物病害的主要有以下 9 个属:

（1）外囊菌属（*Taphrana*）

营养体为双核菌丝体。有性生殖时,双核菌丝在寄主角质层或表皮下形成一层厚壁的产囊细胞,产囊细胞发育成栅栏状排列的子囊层,无子囊果;子囊孢子芽殖产生芽孢子。如引起桃缩叶病的畸形外囊菌（*T. deformans*）（图 2-2-10）。

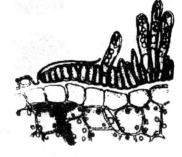

图 2-2-10　外囊菌属

（引自许志刚 2008）

（2）白粉菌属（*Erysiphe*）

核菌纲白粉菌目。闭囊壳内有多个子囊,子囊内含 2～8 个子囊孢子,附属丝为菌丝状。分生孢子串生或单生（图 2-2-11 ）。如二孢白粉菌（*E. cichoracearum*）危害烟草、芝麻、向日葵及瓜类植物等,在病部形成白色粉状物。

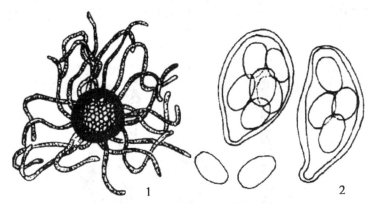

图 2-2-11　白粉菌属

（引自许志刚 2009）

1. 闭囊壳;2. 子囊和子囊孢子

（3）布氏白粉属（*Blumeria*）

属核菌纲白粉菌目。闭囊壳上的附属丝不发达,呈短菌丝状,闭囊壳内含多个子囊。分生孢子梗基部膨大为近球形,分生孢子串生。如禾布氏白粉菌（*B. graminis*）,引起禾本科植物白粉病（图 2-2-12）。

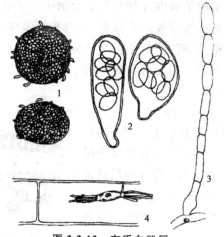

图 2-2-12 布氏白粉属
（引自许志刚，2009）

1. 闭囊壳；2. 子囊和子囊孢子；3. 分生孢子梗和分生孢子；4. 吸器

（4）长喙壳属（*Ceratocystis*）

属核菌纲球壳菌目。子囊壳呈长颈烧瓶形，基部球形，有一细长的颈部，顶端裂为须状。子囊壁早期溶解，难见到完整的子囊，无侧丝。子囊孢子小，单胞，无色，形状多样。如甘薯长喙壳（*C. fimbriata*）引起甘薯黑斑病(图 2-2-13)。

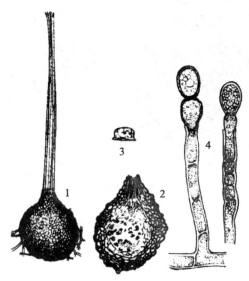

图 2-2-13 长喙壳属
（引自许志刚，2009）

1. 子囊壳；2. 子囊壳剖面；3. 子囊孢子；4. 分生孢子梗及分生孢子

（5）赤霉属（*Gibberella*）

子囊壳表生，洋葱状。单生或群生于子座上，壳壁呈蓝色或紫色。子囊棍棒形，有规则排列于子囊壳基部。子囊孢子梭形，无色，有 2～3 个隔膜。无性世代多为镰刀菌（*Fusarium*）。如玉蜀黍赤霉引起大麦、小麦及玉米等多种禾本科植物赤霉病（图 2-2-14）。

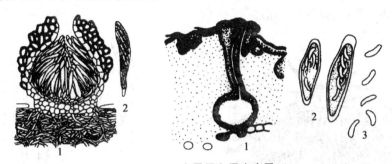

图 2-2-14　赤霉属和黑腐皮属
左：1. 子囊壳 2. 子囊；右：1. 子囊壳 2. 子囊 3. 子囊孢子

（6）黑腐皮壳属（*Valsa*）

子囊壳埋生于子座内，有长颈伸出子座。子囊为孢子单细胞，香蕉形（图 2-2-14）。其无性态为壳囊孢属（*Cytospora*）。死体营养或弱寄生，有些引起重要的植物病害，如引起苹果腐烂病的苹果黑腐皮壳（*V. mali*）。

（7）球座菌属（*Guignardia*）

座囊菌目成员。子囊座生于寄主表皮下，子囊束生，子座间无拟侧丝，子囊孢子卵形，单细胞。大多寄生于植物的茎、叶和果实，其中重要的病原物有引起葡萄黑腐病的葡萄球座菌（*G. bidwellii*）等（图 2-2-15）。

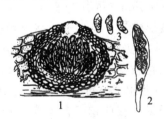

图 2-2-15　球座菌属
1. 假囊壳 2. 子囊 3. 子囊孢子

（8）黑星菌属（*Venturia*）

假囊壳多生于寄主表皮下，孔口周围有黑色刚毛。子囊平行排列，有拟侧丝。子囊孢子呈椭圆形，双细胞大小不等。大多危害果树的叶片、枝条和果实，引起黑星病，如引起苹果黑星病的苹果黑星菌（*V. inaequali*）和引起梨黑星病的纳雪黑星菌（*V. nashicola*）（图 2-2-16）。

（9）核盘菌属（*Sclerotinia*）

属盘菌纲柔膜菌目。在寄主表面形成圆形、圆柱形、扁平形等形状的菌核。菌核黑色，外部为褐色的拟薄壁组织，内部为淡黄色至白色的疏丝组织。具长柄的子囊盘产生在菌核上，漏斗状或杯盘状。子囊呈圆柱形，具侧丝。子囊孢子为单细胞，椭圆形或纺锤形，无色。核盘菌（*S. sclerotiorum*）引起多种植物的菌核病（图 2-2-16）。

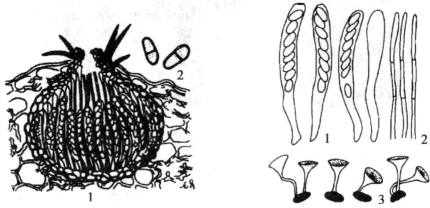

图 2-2-16　黑星菌属与核盘菌属
左：黑星菌属（引自许志刚 2009）1. 具刚毛的假囊壳；2. 子囊孢子；
右：核盘菌属（引自邢来君等，1999）1. 子囊；2. 侧丝；3. 子囊盘

5. 担子菌门

担子菌门菌物一般称作担子菌，是菌物中最高等的类群。其共同特征是有性生殖产生担子（basidium）和担孢子（basidiospore）。担孢子着生在担子上，每个担子上一般形成 4 个担孢子。高等担子菌的担子着生在具有高度组织化的结构上形成子实层，这种结构称作担子果（basidiocarp）。担子果常产生在腐朽木材、枯枝落叶上，常见的如木耳、银耳、蘑菇、灵芝等，都是担子菌的担子果。有些担子果可食用或作药用，但有的有毒。低等担子菌的担子裸生，无担子果。有些担子菌寄生于植物，引起严重病害。有少数担子菌与植物共生形成菌根。担子菌营养体是发达的有隔菌丝体。菌丝发育通常有两个阶段：由担孢子萌发的菌丝称为初生菌丝，属单倍体阶段（此时期短）；初生菌丝交配或通过担孢子之间的结合形成双核的菌丝称为次生菌丝。次生菌丝上常形成锁状联合，有的担子菌则没有。大多数担子菌是以次生菌丝在植物细胞间蔓延和扩展，其中锈菌在菌丝上产生指状吸器伸入细胞内吸取养分。无性繁殖不发达，通常以芽殖方式产生芽孢子、菌丝断裂方式产生节孢子或粉孢子，或产生分生孢子。例如，黑粉菌的

担子孢子常以出芽生殖的方式产生芽孢子。

有性繁殖产生担子和担孢子。典型担子由双核菌丝顶端细胞发展而来,呈棍棒状。而黑粉菌和锈菌的冬孢子萌发时也产生担子,这种担子是管状的,有分隔,特称为初菌丝或先菌丝(相当于典型的担子),其上形成的孢子称为担孢子。

根据 Ainsworth(1973)的分类系统,根据担子果的有无、担子果的发育类型,将担子菌门分为以下 3 个纲:冬孢菌纲(Teliomycetes)无担子果,在寄主上形成分散或成堆的冬孢子,是高等植物上的寄生菌;层菌纲(Hymenomycetes)担子果裸果型或半被果型。担子有隔或无隔,紧密排列形成子实层,大都是腐生菌,极少数是寄生菌;腹菌纲(Gasteromycetes)有担子果,被果型。担子无隔,形成子实层。

其中冬孢菌纲菌物广泛分布于世界各地,绝大多数是维管束植物的寄生菌,兼性寄生或专性寄生,引起系统性或局部性病害,是一类重要的植物病原菌。冬孢菌纲分为锈菌目(Uredinales)和黑粉菌目(Ustilaginales)。

(1)锈菌目

一般称作锈菌,寄主范围广,主要危害植物茎、叶,大都引起局部侵染,在病斑表面往往形成称作锈状物的病征,所引起的病害一般称为锈病,常造成农作物的严重损失。冬孢子由双核菌丝的顶端细胞形成,担子自外生型冬孢子上产生,担子有隔,担孢子自小梗上产生,成熟时强力弹射。通常认为锈菌是专性寄生的,但是已有少数锈菌如小麦禾柄锈菌(*Puccinia graminis* f. sp. *tritici*)等 10 多种

锈菌可以在人工培养基上培养。典型的锈菌具有 5 种类型的孢子,即性孢子、锈孢子、夏孢子、冬孢子和担孢子。冬孢子主要起休眠越冬的作用,冬孢子萌发产生担孢子,常为病害的初侵染源;锈孢子、夏孢子是再侵染源,起扩大蔓延的作用。有些锈菌还有转主寄生现象,需要在不同的寄主上完成生活史。锈菌引起农作物病害重要的属有:

柄锈菌属(*Puccinia*):冬孢子有柄,双细胞,深褐色,顶壁厚;性孢子器球形;锈孢子器杯状或筒状;锈孢子单细胞,球形或椭圆形;夏孢子黄褐色,单细胞,近球形,壁上有小刺。本属包含 3 000 多个种,其中有长生活史型和短生活史型,有单主寄生和转主寄生。柄锈菌属危害许多不同科的高等植物,许多重要的禾谷类锈病是由此属锈菌引起,如麦类秆锈病(*P. graminis*)、小麦条锈病(*P. striiformis*)和小麦叶锈病(*P. recondita*)等(图 2-2-17)。

单胞锈菌属(*Uromyces*):冬孢子单细胞,有柄,顶壁较厚;夏孢子单细胞,有刺或瘤状突起。寄生于多科植物,以豆科寄主为主,*U. appendicnlatus* 引起菜豆锈病,*U. vignae* 引起虹豆锈病,*U. fabae* 引起蚕豆锈病(图 2-2-17)。

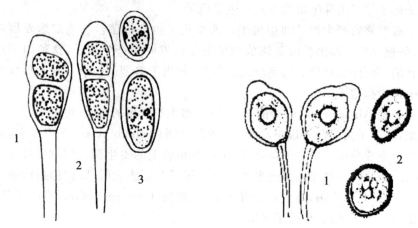

图 2-2-17 柄锈菌属和单孢锈菌属
左:柄锈菌属 1、2. 冬孢子;3. 夏孢子;
右:单孢锈菌属 1. 冬孢子;2. 夏孢子

胶锈菌属(*Gymonsporangium*):冬孢子双细胞,有可以胶化的长柄。冬孢子堆舌状或垫状,遇水胶化膨大,近黄色至深褐色。锈孢子器长管状,锈孢子串生,近球形,黄褐色,壁表面有小的疣状突起,转主寄生,无夏孢子阶段。此属锈菌大都侵染果树和树木。其中较重要的种,如侵染梨的梨胶锈菌(*G. haraeanum*)和引起苹果锈病的山田胶锈菌(*G. yamadai*)等都是转主寄生的。担孢子侵染蔷薇科植物,而锈孢子则侵害刺柏属、圆柏属植物(图 2-2-18)。

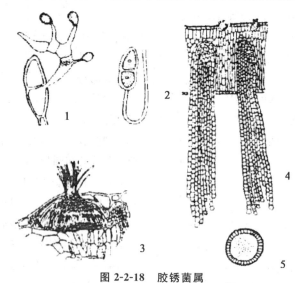

图 2-2-18 胶锈菌属
1. 冬孢子萌发生担子和担孢子;2. 冬孢子;3. 性孢子器和性孢子;
4. 锈孢子器和锈孢子;5. 锈孢子

(2)黑粉菌目

一般称作黑粉菌。绝大多数是高等植物寄生菌,多引起系统性侵染,也有局部性侵染,在病部往往形成黑粉状物的病征,所引起的病害一般称为黑粉病(smut)。无性繁殖不发达,担孢子可芽殖产生芽孢子。双核菌丝体的中间细胞形成冬孢子(厚垣孢子),许多冬孢子聚集成黑色粉状的孢子堆。冬孢子萌发形成担子和担孢子,担子有隔或无隔,担孢子直接生于担子上,无小梗,不能强力弹射。引起植物病害的主要有 3 个属:

黑粉菌属(*Ustilago*):冬孢子堆黑褐色,成熟时呈粉状;冬孢子散生,单胞,球形,壁光滑或有多种饰纹,萌发产生的担子(先菌丝)有隔膜;担孢子侧生或顶生,有些种的冬孢子直接产生芽管而不是形成先菌丝,因而不产生担孢子。黑粉菌属寄生在禾本科植物上较多,多危害花器,也可危害其他部位引起肿瘤。如小麦散黑粉菌(*U. tritici*)引起小麦散黑粉病,裸黑粉菌(*U. nudda*)引起大麦散黑粉病,玉蜀黍黑粉菌(*U. maydis*)引起玉米瘤黑粉病,大麦坚黑粉菌(*U. hordes*)引起大麦坚黑穗病(图 2-2-19)。

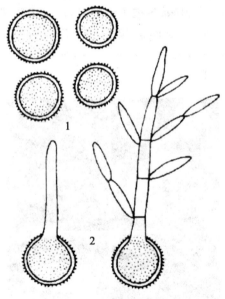

图 2-2-19　黑粉菌属

(引自方中达,1996)

1.冬孢子;2.冬孢子萌发产生担子和次生担孢子

轴黑粉菌属(*Shacelotheca*):冬孢子堆黑褐色,由菌丝体组成的包被包围在粉状或粒状孢子堆外面,成熟时呈粉状;孢子堆中间有由寄主维管束残余组织形成的中轴。冬孢子散生,单胞,球形,壁光滑或有饰纹,萌发产生的担子(先菌丝)有隔膜;担孢子侧生或顶生。多危害花器。引起玉米丝黑穗病、高粱散粒黑穗病、坚黑穗病和丝黑穗病(图 2-2-20)。

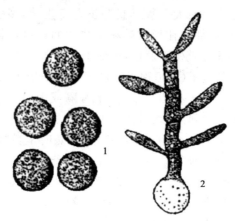

图 2-2-20　轴黑粉菌
1. 冬孢子；2. 冬孢子萌发

　　腥黑粉菌属(*Tilletia*)：粉状或团块状的孢子堆大都产生在植物的子房内,成熟后不破裂,常有腥味；冬孢子萌发时,产生无隔膜的先菌丝,顶端产生成束的担孢子。如小麦网腥黑粉菌(*T. caries*)、小麦光腥黑粉菌(*T. foetida*)和矮腥黑粉菌(*T. controversy*)分别引起小麦的网腥、光腥和矮腥黑穗病(图 2-2-21)。

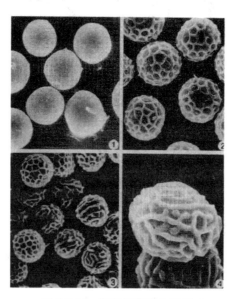

图 2-2-21　腥黑粉菌的冬孢子
(引自康振生,1996)
1. 光腥黑粉菌；2. 网腥黑粉菌；3. 矮腥黑粉菌；4. 矮腥黑粉菌

6. 半知菌类

在自然条件下至今尚未发现有性阶段的真菌,由于只了解其生活史的一半,因此把这类菌物称作半知菌(imperfect fungi)。一旦发现它们的有性阶段,将根据有性生殖的特点归入相应的类群中,已证明大多数属于子囊菌,少数属于担子菌或接合菌。实际上,许多半知菌已经发现了有性生殖阶段,但由于不常见或在病害循环中意义不大,故仍习惯将它们放入半知菌类。在《真菌词典》第 8 版(1995)和第 9 版(2001)中,已使用有丝分裂孢子菌物代替半知菌这一名称。但是由于使用习惯,人们仍然习惯称其为半知菌。

半知菌的营养体多数为发达的有隔菌丝体,少数为单细胞(酵母类)或假菌丝。菌丝体可以形成子座、菌核等结构,也可以形成分化程度不同的分生孢子梗。无性繁殖产生各种类型的分生孢子,其形状、颜色、大小、分隔等差异都很大,通常可分为单胞、双胞、多胞、砖格状、线状、螺旋状和星状 7 种类型。分生孢子梗可单独着生,也可以生长在一起,形成特殊的结构。把这种由菌丝特化而用于承载分生孢子的结构称为载孢体。载孢体主要有:分生孢子梗、分生孢子盘、分生孢子座、分生孢子器。

半知菌的分类目前主要以载孢体的类型、分生孢子的形成方式、分生孢子的形态进行分类。根据 Ainsworth (1973)的分类系统,将半知菌分为3 个纲,即芽孢纲(Blastomycetes)、丝孢纲(Hyphomycetes)和腔孢纲(Coelomycetes)。芽孢纲包括酵母菌和类似酵母的菌类,未发现植物病原菌;而丝孢纲和腔孢纲菌物含有大量的植物寄生菌,其中有些引起重要的植物病害。

(1)丝孢纲(Hyphomycetes)

丝孢纲是半知菌中最大的一个纲,约 1 700 属 11 000 种,大多数是高等植物的寄生菌。分生孢子梗散生、束生或着生在分生孢子座上,梗上着生分生孢子,但分生孢子不产生在分生孢子盘或分生孢子器内。根据分生孢子的有无和分生孢子梗集合成分生泡子体的类型分为无孢目(Agonomycetale)、丝孢目(Hyphomycetales)、束梗孢目(Stilbellales)和瘤座孢目(Tuberculariales) 4 个目。引起重要植物病害的属主要有以下几个:

丝核菌属(*Rhizoctonia*):不产生无性孢子。菌核着生于菌丝间,褐色或黑色,形状不一,表面粗糙,外表和内部颜色相似。菌丝多为直角分枝,淡褐色,近分枝处形成隔膜,略绕缩。是一类重要的具有寄生性的土壤习居菌(图 2-2-22)。最常见的是立枯丝核菌(*R. solani*),引起多种作物的立枯病和纹枯病,如水稻、小麦、玉米纹枯病。

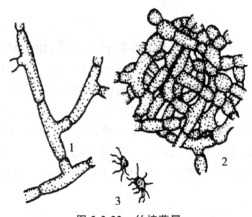

图 2-2-22 丝核菌属

（引自许志刚,2009）

1. 直角状分枝的菌丝；2. 菌丝纠结的菌组织；3. 菌核

　　小核菌属(*Sclerotium*)：菌核圆球形或不规则形，表面光滑或粗糙，外表褐色或黑色，内部浅色，组织紧密。菌丝大多无色或浅色(图 2-2-23)。主要危害植物地下部，引起碎倒、腐烂等，如齐整小核菌(*S. rolfsii*)引起 200多种植物的白绢病，如甘薯白绢病。

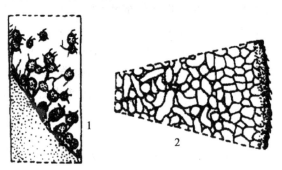

图 2-2-23 小核菌属

（引自许志刚,2009）

1. 菌核；2. 菌核剖面

　　葡萄孢属(*Botrytis*)：分生孢子梗褐色，顶端下部膨大成球体，上面有许多小梗，分生孢子着生小梗上聚集成葡萄穗状，单孢，无色，椭圆形(图 2-2-24)。如灰葡萄孢(*B. cinerea*)引起多种植物幼苗、果实及储藏器官的碎倒、落叶、花腐、烂果及烂窖。

　　梨孢属(*Pyricularia*)：分生孢子梗淡褐色，细长，直或弯，不分枝，顶端全壁芽生式产孢，合轴式延伸，呈屈膝状。分生孢子梨形至椭圆形，无色至橄榄色，2～3 个细胞，寄生性较强，主要危害禾本科植物(图 2-2-25)。如灰梨孢(稻瘟病菌 *P. grisea*)寄生水稻,引起稻瘟病。

轮枝孢属(*Verticillium*):分生孢子梗轮状分枝,产孢细胞基部略膨大。分生孢子为内壁芽生式,单细胞,卵圆形至椭圆形,单生或聚生(图 2-2-26)。如黑白轮枝孢(*V. alboatrum*)引起棉花黄萎病、首蓿黄萎病。

图 2-2-24　葡萄孢属
(引自许志刚,2009)

图 2-2-25　梨孢属
(引自谢联辉,2006)

图 2-2-26　轮枝孢属
(引自许志刚,2009)

曲霉属(*Aspergillus*):分生孢子梗直立,顶端膨大成圆形或椭圆形,上面着生 1～2 层放射状分布的瓶状小梗,内壁芽生式分生孢子聚集在分生孢子梗顶端呈头状。分生孢子无色或淡色,单胞,圆形(图 2-2-27)。如黄曲霉(*A. avus*)引起玉米、花生等霉烂,同时产生可致癌的黄曲霉毒素。

青霉属(*Penicillium*):分生孢子梗直立,顶端 1 至多次扫帚状分枝,分枝顶端产生瓶状小梗,其上着生成串的内壁芽生式分生孢子。分生孢子无色,单胞,圆形或卵圆形,表面光滑或有小刺,聚集时多呈青色或绿色(图 2-2-28)。该属有些种可引起谷物、甘薯等贮藏器官的霉烂,统称青霉病。

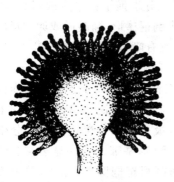

图 2-2-27　曲霉属
(引自邢来君等,1999)

图 2-2-28　青霉属
(引自许志刚,2009)

尾孢属(*Cercospora*)：菌丝体表生。分生孢子梗褐色至橄榄褐色，全壁芽生合轴式产孢，呈屈膝状，孢痕明显。分生孢子线形、针形、倒棒形、鞭形或蠕虫形，直或弯，无色或淡色，多个隔膜，基部脐点黑色，加厚明显(图 2-2-29)。如玉蜀黍尾孢(*C. zeaemydis*)引起玉米灰斑病。

平脐蠕孢属(*Bipolaris*)：分生孢子梗粗壮，褐色，顶部合轴式延伸。分生孢子内壁芽生孔生式，分生孢子通常呈长梭形，正直或弯曲，具假隔膜，多细胞，深褐色，脐点位于基细胞内。分生孢子萌发使两端伸出芽管(图 2-2-30)。如玉蜀黍平脐蠕孢(*B. maydis*)引起玉米小斑病；稻平脐蠕孢(*B. oryzae*)引起水稻胡麻叶斑病。

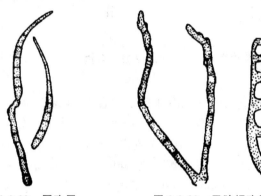

图 2-2-29　尾孢属　　　　　图 2-2-30　平脐蠕孢属

突脐蠕孢属(*Exserohilum*)：分生孢子梗散生或丛生，粗壮，褐色，顶部合轴式延伸。分生孢子内壁芽生孔生式，长梭形或倒棍棒形，直或弯曲，多细胞，深褐色，脐点明显突出，大斑突脐蠕孢(*E. turcicum*)引起玉米大斑病(图 2-2-31)。

链格孢属(*Alternaria*)：也称交链孢属。分生孢子梗单生或成簇，淡褐色至褐色，合轴式延伸或不延伸。顶端产生倒棍棒形、椭圆形或卵圆形的分生孢子，褐色，具横、纵或斜隔膜，顶端无喙或有喙，常数个成链(图 2-2-32)。如芸苔链格孢(*A. brassicae*)引起白菜类黑斑病。

镰刀菌属(*Fusarium*)：又称镰孢属。有性态大多属于子囊菌的赤霉属(*Gibberella*)。分生孢子梗无色，有或无隔，在自然情况下常结合成分生孢子座，在人工培养条件下分生孢子梗单生，极少形成分生孢子座。分生孢子有两种：大型分生孢子，多细胞，镰刀型，无色，基部常有一显著突起的足孢；小型分生孢子，单细胞，少数双细胞，卵圆形至椭圆形，无色，单生或串生(图 2-2-33)。两种分生孢子常聚集成薪孢子团；有的种类在菌丝上或大型分生孢子上产生近球形的厚垣孢子，厚垣孢子无色或有色，表面光滑或有小疣。在人工培养基上形成茂密的菌丝体，产生玫瑰红、黄、紫等色素，后期形成圆形的菌核。如禾谷镰孢(*F. graminearum*)引起小麦赤霉病。

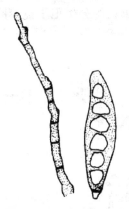

图 2-2-31　突脐蠕孢属
（引自许志刚,2009）
分生孢子梗及分生孢子

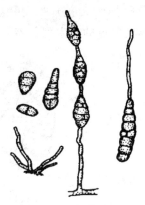

图 2-2-32　链格孢属
（引自许志刚,2009）
分生孢子梗及分生孢子

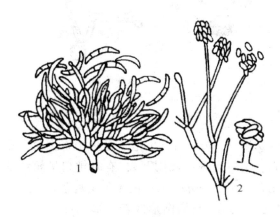

图 2-2-33　镰刀菌属
（引自许志刚,2009）
1. 大型分生孢子及分生孢子梗;2. 小型分生孢子及分生孢子梗

　　绿核菌属(*Ustilaginoidea*):分生孢子座形成于禾本科植物子房内,颖片破裂后外露,子座外部橄榄色,内部色浅,表面密生分生孢子。分生孢子梗细,无色。分生孢子球形,单生,单胞,表面有疣状突起,橄榄绿色(图 2-2-34)。如稻曲绿核菌(*U. oryzae*)引起稻曲病。

　　(2)腔孢纲(Coelomycetes)

　　腔孢纲菌物的特征是分生孢子着生在分生孢子盘或分生孢子器内。分生孢子梗短小,着生在分生孢子盘上或分生孢子器的内壁上。分生孢子盘或分生孢子器半埋生在寄主角质层或表皮细胞下,在病部往往形成小黑粒或小黑点,多借雨水分散而传播分生孢子。腔孢纲分为黑盘孢目和球壳孢目,870属约9 000种。黑盘孢目菌物形成黑色的分生孢子盘,球壳孢目菌物形成黑色的分生孢子器。

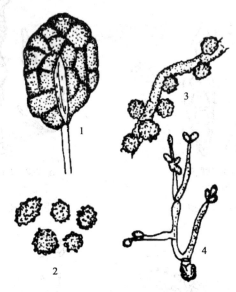

图2-2-34 绿核菌属
1. 受害谷粒形成分生孢子座;2. 分生孢子;
3. 分生孢子着生在菌丝上;4. 分生孢子萌发

炭疽菌属(*Colletotrichum*):分生孢子盘生于寄主角质层下、表皮或表皮下,黑褐色,在寄主组织内不规则开裂,有时排列呈轮纹形,分生孢子盘上有时生有黑褐色的刚毛。分生孢子梗无色至褐色,产生内壁芽生式分生孢子,分生孢子无色,单胞,长椭圆形或新月形,有时含1～2个油球,萌发之后芽管顶端产生附着胞(图2-2-35)。如棉刺盘孢菌(*C. gossypii*)引起棉花炭疽病。

茎点霉属(*Phoma*):包括原来的叶点霉属(*Phyllosticta*)。分生孢子器球形,褐色,分散或集中,埋生或半埋生,由近炭质的薄壁细胞组成,具孔口,在发病部位呈现小黑点。分生孢子梗极短;分生孢子单细胞,无色,很小,卵形至椭圆形,常有2个油球(图2-2-36)。有性态属于球腔菌属、格孢腔菌属、球座菌属。本属包括多种重要的植物病原菌,常引起叶斑、茎枯或根腐等常见症状,如大豆生茎点霉(*Phoma glycinicola*)引起大豆红叶斑病。

壳二孢属(*Ascochyta*):分生孢子器黑色,散生,球形至烧瓶形,具孔口。分生孢子卵圆形至圆筒形,双细胞,中部分隔处略隘缩,无色或淡色,内含1

个油球(图 2-2-37)。有性态属于球腔菌属或隔孢壳属。多数种是农作物、林木、药材、牧草、观赏植物等的病原菌,引起叶斑、茎枯和果腐等。如棉壳二孢(*A. gossypii*)引起棉花茎枯病。

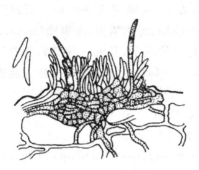

图 2-2-35　炭疽菌属
(引自许志刚,2009)
分生孢子盘及分生孢子

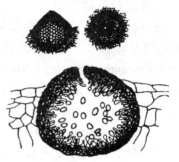

图 2-2-36　茎点霉属
(引自许志刚,2009)
分生孢子盘及分生孢子

色二孢属(*Diplodia*):分生孢子器散生或集生,球形,暗褐色至黑色,往往有疣状孔口;分生孢子初是单细胞,无色,椭圆形或卵圆形,成熟后转变为双细胞,顶端钝圆,基部平截,深褐色至黑色(图 2-2-38)。寄生于植物茎、果穗和枝条,引起茎枯和穗腐。如棉花色二孢(*D. gossypina*)引起棉铃黑果病,玉米色二孢(*D. zeae*)引起玉米干腐病。

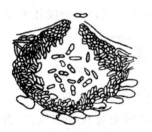

图 2-2-37　壳二孢属
(引自许志刚,2009)
分生孢子器及分生孢子

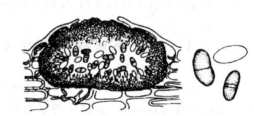

图 2-2-38　色二孢属
分生孢子器及分生孢子

2.3　真菌致病机制

许多病原物在与其寄主建立寄主性关系之前必须突破植物表面的腊质层、角质层、木栓质以及细胞壁,一些病菌通过化学信号确定寄主的位置,化学信号对繁殖体萌发,芽管的趋化性和侵染结构的分化都很重要,侵

▶植物真菌病害及抗药性

染结构的分化同时也受到寄主物理特征的影响。附着(adhesion)是病菌成功侵入寄主的前提,尤其是在一些需要病原菌通过机械力量穿透的寄主表面。但那些能降解植物表层,如腊质、角质和木栓质的酶在病菌侵入寄主过程中也起到关键作用。一旦穿透植物表层,病菌通常还必须突破细胞壁,为此病菌需要一系列的酶作用,包括果胶酶、纤维素酶、木聚糖酶(xyla-nases)以及降解木质素所需的各种酶。有些情况下,其他一些酶如蛋白酶和膜裂酶(membranlytic enzymes)在病菌的致病性或者毒性中同样也起重要作用。病原细菌的降解酶类的产生常受到整体性调控,在一些情况下自体诱导物(autoinducer)N-3-氧代己酰-L-高丝氨酸内酯(N-3-(oxo-hexanoyl)-L-homoserine lactone)参与这种调控。

利用分子遗传标记突变技术(tagger mutagenesis techniques)可以从真菌中鉴定出许多致病基因。其中,限制酶介导的插入技术(restriction enzyme mediated integration,REMI)是最常用的方法之一,该方法是一种突变技术,可以用于鉴定包括侵入步骤在内的致病性相关的基因。通过致病基因不仅可以了解真菌的致病过程,而且也为在分子水平控制病害提供有用线索,不同的致病基因导致不同的侵染过程,有些真菌依靠降解表皮和细胞壁侵入寄主;有些形成特化结构诸如附着胞穿透表皮;也有些依靠向触性或向化性从伤口或自然孔口侵入(Mendgen et al.,1996),侵入后的真菌以不同的营养方式与寄主互作,完成整个侵染循环。目前已知,在真菌中共发现了上百个致病基因,按照不同的作用方式可以划分成几大类。

2.3.1 与侵染结构产生有关的基因

附着胞是真菌的重要侵染结构,真菌进化出能在有限区域内产生巨大压力的一种方法,即产生黑化的附着胞,它紧紧附着在寄主表面,并在所附着的区域内对寄主施加巨大的压力。萌发的稻瘟病菌 *Magnaporthe grisea* 分生孢子对疏水性和硬度物理因子以及一些化学信号作出反应,分化形成黑化的附着胞。黑色素的形成至关重要,不能形成黑色素的浅色突变体没有侵染性(Jong et al.,1996)。环境和遗传因素决定附着胞的产生,附着胞内膨压很高,受膨压作用,附着胞表面伸出侵染钉穿透寄主表皮。致病型 *M. grisea* 中,附着胞含浓度很高的甘油,可达到摩尔级,同时壁上的黑色素(DHN)阻止胞内物质外流维持附着胞的高膨压。葫芦刺盘孢菌(*Colletotrichum lagenarium*)、豆刺盘孢菌(*C. lindemuthianum*)和禾生刺盘孢菌(*C. graminicola*)侵入寄主也需要黑色素(Rasmussen et al.,1989)。已发现灰梨孢菌和葫芦刺盘孢菌中至少有 3 个结构基因与黑色素合成有关。另外,一些基因控制着附着胞的发育。譬如在灰梨孢菌中,$mpg1$ 基因所编码的一种疏水蛋白是形成附着胞所必需的,抑制 $mpg1$ 基因表达将导致灰梨孢菌致病性降低,产孢能力也下降 100 倍左右;另外,通过互补分析,分离到 3 个基因 NPR1,NPR2,NPR3,它们编码的产物调节着 $mpg1$ 的转录。从灰梨孢菌分生孢子中克隆出一个 ACR1 基因,该基因序列与转录因子有部分同源,ACR1 基因突变后导致无法产生正常的分生孢子并影响附着胞形成。同样,灰梨孢菌编码膜蛋白的基因 $pth11$ 突变后,梨孢菌无法正确识别寄主叶面,影响了附着胞产生。最近,Balhadère 等(Balhadère et al. ,1999)通过 REMI 技术从灰梨孢菌中发现 4 个基因与分生孢子和附着胞形成有关。常见与侵染结构产生相关基因及来源见表 2-3-1。

表 2-3-1 常见与侵染结构产生相关基因及来源

基因	来源	基因银行号	功能
PKS1	*Colletotrichum-Lagenarium*	D83643	Polyketide synthase;melanin biosynthesis
SCD1	*C. lagenarium*	D86079	Scytalone dehydrogenase;melanin biosynthesis
THR1	*C. lagenarium*	D83988	Trihydroxynaphthalene reductase;melanin biosynthesis
sdh1/RSY	*Magnaporthe-grisea*	AB004741	Scytalone dehydrogenase;melanin biosynthesis
BUF	*M. grisea*	L22309	Polyhydroxynaphthalene reductase;melanin biosynthesis
Mpg1	*M. grisea*	L20685	Hydrophobin;appressorial formation,conidiation
PTH11	*M. grisea*	AF119670-2	Transmembrane protein;host-surface recognition
ACR1	*M. grisea*	—	Regulatory gene;spore germination
CAP20	*Colletotrichumgloeosporioides*	U18061	Expressed during appressorium formation

2.3.2 与角质层及细胞壁降解有关的基因

已有大量文献说明降解酶参与了致病性或毒性。早期工作集中于果胶酶,它不仅对侵入和破坏寄主结构材料有直接作用,而且间接地作为病原菌的营养来源。将果胶类物质解聚形成单体或聚合程度较低的寡聚体,可直接被吸收。但部分解聚产生的寡聚体可能成为防卫反应的诱导因子。近来另一些酶如脂肪酶,角质酶和蛋白酶在病原侵入其寄主的能力方面得到研究。

水解酶是真菌致病的重要酶,大部分是多基因家族或没有同源关系的基因编码的多肽。由于是多基因编码,一个基因突变后可能并不影响病原菌的致病力。Gao 等(1996)分析认为不同病菌有不同的侵染方式,侵染方式决定了是否需要这种酶参与侵染。一方面,活化的水解酶常伴随产生大量的寡聚糖,这些寡聚糖可以激发植物的防御反应;另一方面,被水解下来的植物胞壁蛋白也可以激发自身的防御反应,所以水解酶的作用很复杂。Rogers 等(1994)和 Stahl 等(1992)分别对腐皮镰孢菌(*Fusarium solani*)研究发现,当角质酶合成受抑制后,腐皮镰孢菌失去了致病能力。常见与细胞壁降解相关基因及来源见表 2-3-2。

表 2-3-2   与角质层及细胞壁降解有关的基因

基因	来源	基因银行号	功能
pelA and pelD	*Fusarium solani* f. sp. *pisi*	M94691,U13050	Pectate lyase;pectin degradation
PelB	*C. gloeosporioides*	AF052632	Pectate lyase
Bcpg1	*Botrytis cinerea*	U68715 T	Endopolygalacturonase
pecA	*Aspergillus flavus*	U05015	Endopolygalacturonase
Acpg1 CutA	*Alternaria citri* *F. solani* f. sp. *pisi*	AB047543 M29759	Endopolygalacturonase Cutinase

2.3.3 真菌毒素类

研究表明,许多真菌主要是通过毒素来伤害寄主植物的,这些毒素大多数属于低分子量的次生代谢产物,主要包括:环状肽类(HC2 毒素,引起玉米圆斑病；AB2 毒素，引起白菜黑斑病；AM2 毒素，引起苹果斑点落叶病）、脂类化合物（AK2 毒素，引起日本梨黑斑病；AF2 毒素，引起草莓黑斑病）、低聚糖（HS2 毒素，引起甘蔗眼斑病）和聚乙醇酰（HMT2 毒素，引起玉米小斑病；PM2 毒素，引起玉米黄叶枯病）等。

真菌产生毒素使寄主细胞的正常生理功能失调或直接杀死寄主细胞。根据寄主范围，真菌毒素分为非专化性毒素（nonspecific toxins）和寄主专化性毒素（host-specific toxins）。腔菌纲真菌大多数都产生寄主专化性毒素，卵菌则主要产生非寄主选择性毒素。相比较而言，真菌毒素比较容易测定。

多数情况下，认为毒素的产生是由单个毒素控制的，但是毒素基因常常成簇存在，但并非所有成簇的基因都与毒素有关，并且有些毒素基因发生改变，真菌仍能致病。譬如，玉米旋孢腔菌（*Cochliobolus carbonum*）合成 *HC*-毒素基因。*HC*-毒素合成涉及多个基因，这些基因成簇存在，大小是 600kb，簇上至少有 6 个基因的重复单位。与 *HC*-毒素产生有关的基因主要包括：*HTS*-1 基因，编码一种多肽合成酶，该酶负责将 4 个氨基酸残基装配成多肽四聚体构成 *HC*-毒素，而且装配过程不需要核糖体；*TOXC* 毒素基因，负责编码脂肪酸合成酶 β-亚基；*TOXF* 基因，编码支链氨基酸转氨酶，该酶是合成毒素和致病所必需的；*TOXG* 基因，编码丙氨酸消旋酶蛋白，该蛋白为 *HC*-毒素提供丙氨酸 D-型异构体。*TOXG* 基因所有拷贝突变后，组成 *HC*-毒素的氨基酸将改变，但突变体仍可致病；*TOXEp* 基因，属于调节基因，调控 *TOXA*、*TOXC* 和 *TOXD* 表达；*TOXA* 基因，编码 *HC*-毒素分泌蛋白；*TOXD* 的功能还不清楚（Cheng et al.，2000）。

表 2-3-3　与真菌毒素有关的基因

基因	来源	基因银行号	功能
TOXF	—	AF157629	Amino acid synthesis
TOXC	—	U73650	b subunit fatty acid synthase
ToxB	*P. tritici-repentis*	AY007692	Proteinaceous host-specific toxin
Tox2 locus	*C. carbonum*	—	HC-toxin biosynthesis
Ptr/ToxA	*Pyrenophora tritici-repentis*	U79662	Proteinacceous host-specific toxin
PKS1	*Cochliobolus heterostrophus*	U68040	Olyketide Synthetase；T-toxin biosynthesis

续表

基因	来源	基因银行号	功能
HTS1	*C. carbonum*	M98024	Peptide synthetase
AMT	*A. alternata* apple pathotype	AF184074	Non-ribosomal peptide synthase; AM-toxin biosynthesis
AKTR-2	—	AB035493	Regulatory gene
AKT2	pear pathotype	AB015352	Unknown
AKT1	alternata Japanese	AB015351	Carboxyl-activating protein

2.3.4 与信号传导有关的基因

真菌依靠信号级联放大对环境变化做出反应并调整基因表达。侵染过程中涉及的信号基因主要包括异三聚体 G 蛋白基因、促细胞分裂活化蛋白激酶(MAP)基因以及依赖于 cAMP 蛋白激酶基因。MAP 激酶是真核生物信号传导中的重要组成部分,而且在将外部刺激传递到细胞的机械部位的过程中起着至关重要的作用,最终产生应答反应。在动物和酵母中,它们形成级联由 MAPKKK、MAPKK 和 MAPK 三部分组成,其中 MAP-KKK 磷酸化 MAPKK、后者来磷酸化 MAPK。阻断信号基因表达将导致真菌致病性丧失或减弱,另一个影响是侵入后导致多营养效应(pleiotrophic effects)。

信号传导基因属于不同的家族,目前已经从灰梨孢菌克隆出 3 个 G 蛋白 α 亚基因和 3 个 MAP 激酶基因:G 蛋白 α 亚基因中只有 *magB* 和致病性有关;MAP 激酶的 *pmk1* 基因真菌突变体和 *mps1* 突变体不产生附着胞,也就没有致病性;*Hog1* 基因与 *pmk1* 和 *mps1* 不同,*Hog1* 真菌突变体对渗透压很敏感但仍产生附着胞并有致病性。虽然信号传导基因的氨基酸组成高度保守但是不同真菌的传导途径不同,不同途径之间的关系也不一样,所以,同一基因在不同真菌突变后的效果是变化的。灰梨孢菌 *PMK1* 突变体仍产生正常的菌丝和分生孢子,但影响了附着胞形成,从水稻叶片伤口接种也不致病。*CMK1* 是葫芦刺盘孢菌的致病基因,序列和 *PMK1* 基因同源。Talkano 等(2000)发现 *CMK1*-刺盘孢菌从伤口接种后致病性减弱,附着胞形成也受到影响,产孢能力下降,孢子萌发减少,附着胞褐化程度减弱。异旋孢腔菌 *CHK1* 基因与同源基因 *PMK1* 作用不同,*PMK1* 不影响生殖器官的接合,而 *CHK1* 的异旋孢腔菌不能受精并且致病性也降低。常见与信号传导有关的基因如表 2-3-4 所示。

表 2-3-4 与信号传导有关的基因

基因	来源	基因银行号	功能
magB	*M. grisea*	AF011341	a subunit of G protein
cpg-1	*Cryphonectria parasitica*	Q00580	a subunit of G protein
ctg-1	*Colletotrichum trifolii*	AF044894	a subunit of G protein
gpa3	*Ustilago maydis*	P87034	a subunit of G protein
cpgb-1	*C. parasitica*	U95139	b subunit of G protein
bdm-1	*C. parasitica*	AF140555	Binding b and g G protein components;
CMK1	*C. lagenarium*	AF174649	MAP kinase
Mps1	*M. grisea*	AF020316	MAP kinase
pmk1	*M. grisea*	U70134	MAP kinase
chk1	*C. heterostrophus*	AF178977	MAP kinase
CgMEK1	*C. gloeosporioides*	AB047033	MAP kinase
bmp1	*B. cinerea*	AF205375	MAP kinase
FsMAPK	*F. solani* f. sp. *pisi*	U52963	MAP kinase
fmk1	*F. oxysporum*	AF286533	MAP kinase
PTK1	*Pyrenophora teres*	AF272831	MAP kinase
EMK1	*C. gloeosporioides*	AF169644	Protein kinase kinase
ubc1	*U. maydis*	L33917	Regulatory subunit cAMP-dependent protein kinase
adr1	*U. maydis*	AF025290	Catalytic subunit cAMP-dependent protein kinase
CPKA/pth4	*M. grisea*	U12335	Catalytic subunit cAMP-dependent protein kinase

续表

基因	来源	基因银行号	功能
Ct-PKAC	*Coll. trifolii*	AF046921	Catalytic subunit cAMP-dependent protein kinase
SUM1	*M. grisea*	AF024633	Regulatory subunit, cAMP-dependent protein kinase
ukc1	*U. maydis*	AF041843	Serine/threonine protein kinase
clk1	*Colletotrichum lindemuthianum*	AF000309	Serine/threonine protein kinase
mac1	*M. grisea*	AF012921	Adenylate cyclase
uac1	*U. maydis*	L33918	Adenylate cyclase

2.3.5　与寄主代谢反应相关的基因

寄主产生许多次生代谢物抵抗真菌的侵染,包括组成型代谢物和诱导产生的植物抗毒素。真菌通过避开、降解或改变生理活动克服这些阻碍,以便顺利在寄主体内定植。

皂角苷和碱性糖苷属于组成型寄主防御物质。Bowyer 等(1995)发现引起禾谷类全蚀病的禾顶囊壳菌(*Gaeumannomyce graminis*)产生燕麦素酶分解燕麦根表皮细胞内的皂角苷燕麦素 A-1,编码该酶的基因突变后禾顶囊壳菌也就失去了对燕麦的致病力。由于小麦不产生燕麦素,所以无论有无该酶,禾顶囊壳菌均可以致病。

生氰糖苷类和β-硫代葡糖苷类也是寄主分泌的组成型防御物质。这两类代谢产物多存在于寄主受伤部位,诸如有毒氰化物、腈类和硫氰酸类。也有人发现它们的防御作用并不明显,许多含高浓度生氰葡糖苷和硫代葡糖苷的寄主照样对病菌很敏感。降解氰化物的酶在致病中的作用还不清楚。Wang 等(1999)对离体高粱细胞研究发现胶尾孢菌(*Gloeocercospora sorghi*)氰化物水解酶被抑制后该菌对氰化物的敏感性增强,但是在栽培的高粱上却并不如此,抑制酶活性后并不影响致病力(王金生,1998)。

真菌含有降解植物抗毒素的酶,目前已经克隆了其中一些酶的部分基因。Wasmann 和 VanEtten(1995)研究丛赤壳菌(*Nectria*)发现 6 个豌豆素脱甲基酶 *PDA1-6* 基因中,*PDA1* 基因突变引起病害严重度降低,另外几个基因的作用还不清楚。该酶可以降解植物抗毒素——豌豆素,如果丢失该基因的染色体,丛赤壳菌的致病力将大为降低。另外,Covert 等(1996)也在丛赤壳菌中鉴定出 4 个基因 *MAK*1-4 负责编码降解鹰嘴豆植物抗毒素的酶。抑制 *MAK*1 基因表达,丛赤壳菌致病性就会减弱。当 *MAK*1 构建到其他菌株后也会增强该菌的致病力。与 *PDA*1 基因不同的是,丢失 *MAK*1 染色体的菌株与 *MAK*1 基因突变的菌株比较,致病力差异不大(王金生 1998)。

转运蛋白对真菌致病性有重要影响。有些转运蛋白基因突变后,真菌的代谢过程发生改变造成无法泵出寄主毒素造成致病性减弱甚至丧失。Urban 等(1999)发现灰梨孢菌 ATP 盒式(ATP-binding cassette,ABC)转运蛋白基因 ABC1 突变后,梨孢菌致病性就会丧失,有毒化合物和植物抗毒素可以诱导 ABC1 基因表达。最近,Schoonbeek 等(2001)发现灰葡萄孢菌 ABC 转运蛋白基因 BcatrB 突变后增加了对葡萄藤中的植物抗毒素——白藜芦醇的敏感性。灰梨孢菌 *pth*9 非致病突变主要是缺乏海藻糖酶,因为该酶调节细胞内海藻糖的浓度,抵抗寄主体内胁迫环境,促进孢子萌发。灰梨孢菌 *pth*2 突变体缺乏肉碱乙酰转移酶,该酶转移脂肪酸乙酰 CoA 到线粒体。营养状况也影响着真菌侵染,控制营养性状的基因突变后,真菌变成营养缺陷型从而失去致病能力。Sweigard 等(1998)发现灰梨孢菌非致病突变是因为咪唑甘油磷酸脱氢酶基因 *pth*3 上插入了一段 DNA,造成组氨酸无法合成,通过 REMI 技术,在灰梨胞菌中发现了非致病甲硫氨酸营养缺陷型。Kahmann 和 Basse (1999)发现玉蜀黍黑粉菌(*Ustilago maydis*)营养缺陷型和丧失致病性有直接关系。尖镰孢菌(*Fusarium oxysporum*)精氨酸营养缺陷型也没有致病力。Baileya(2000)发现小禾壳多孢菌(*S. nodonum*)中鸟氨酸脱羧酶基因突变导致产生非致病小种。也有些真菌营养缺陷型可以诱导致病基因表达。这些基因除致病外可能还有其他的作用。如表 2-3-5 所示与寄主代谢反应有关的基因。

表 2-3-5　与寄主代谢反应有关的基因

基因	来源	基因银行号	功能
Avenacinase	*Gaeumannomyces graminis* var. *avenae*	U35463	Avenacinase;detoxification of oat saponin avenacin
PDA1	*Nectria haematococca*	X73145	Pisatin demethylase;pisatin detoxification
MAK1	*N. haematococca*	U35892	Maakiain detoxification

基因	来源	基因银行号	功能
ABC1	*M. grisea*	AF032443	Transporter; plant toxin efflux
BcatrB	*B. cinerea*	AJ006217	ABC transporter; plant toxin efflux
PEP5	*N. haematococca*	AF3135315	MFS transporter; pisatin efflux
pth9	*M. grisea*	AF027981	Neutral trehalase; stress protection
odc1	*Stagonospora nodorum*	AJ249387	Ornithine decarboxylase; polyamine biosynthesis
pth3	*M. grisea*	AF027980	Histidine biosynthesis
Aox1	*Cladosporium fulvum*	AF375246	Alcohol oxidase

2.3.6 其他致病基因

在真菌中还发现了一些致病基因,这些基因在数据库中找不到它的同源序列或者在寄主—病原菌互作中有独特的功能。通过紫外线诱变,从玉兰刺盘孢菌(*C. magna*)中发现 *path*-致病基因,抑制该基因表达则致病性丧失,但是该菌可以充当内寄生菌在寄主体内活动,保护寄主免受其他真菌的侵染(王金生,1998)。Redman 等(1999)对 14 400 个真菌侵染的寄主细胞进行插入突变扫描分析,发现了 176 个细胞表现非致病内寄生菌表型,可以提供寄主不同程度的耐病性。

CgDN3 是另一类新的致病基因,在盘长孢刺盘孢菌(*C. gloeosporioides*)中编码 54 个氨基酸残基的分泌蛋白,该基因的突变种不能从叶面直接侵入热带豆科牧草,但从伤口仍可以入侵;通过显微镜发现接种点有大量的枯死细胞,类似于寄主过敏性反应,表明 *CgDN3* 基因是避开寄主表达过敏性反应所必需的基因。在黄枝孢菌中发现 2 个分泌蛋白 ECP1 和 ECP2,这两种蛋白由致病基因编码,通过番茄单显性位点 *cf-ECP2* 发现 *ecp2* 基因编码的是无毒蛋白。在栽培 6 周的番茄苗上,任何一个基因的突变种接种都将导致致病性降低。同时,用缺失 *ecp2* 基因的突变种接种 2 周龄的番茄不表现症状(王利国等,2003)。

表 2-3-6 其他致病基因

基因	来源	基因银行号	功能
path-1	*Colletotrichum magna*	—	Endophyte-pathogen switch
pth8	*M. grisea*	AF027983	
pth1	*M. grisea*	—	GRR1 homologue;regulator of glucose repression
ccsnf1	*C. carbonum*	AF159253	Regulation of catabolite-repressed genes;glucose starvation
CLTA1	*C. lindemuthianum*	AF190427	Regulator of biotrophic/nectrotrophic switch
CgDN3	*C. gloeosporioides*	U94180	Suppressor/'antivirulence' gene?
PEP1	*N. haematococca*	AF294788	
—	*Colletotrichum graminicola*	AF263837	Signal peptidase subunit
PEP2	*N. haematococca*	AF294788	
Ecp1	*C. fulvum*	Z14023	
Ecp2	*C. fulvum*	Z14024	Avirulence gene product

  致病基因鉴定技术也很重要,随机插入突变比靶标突变更容易获得致病基因。当然,随机突变技术也存在一些问题,诸如非标记背景突变、多插入位点和插入点不具专一性等。现在,利用根癌农杆菌(*Agrobacterium tumefaciens*)转化和转座子标记技术可以部分克服这方面的问题。利用已知的基因组结构特征可以帮助了解其他致病基因,最有代表性的是棉阿舒囊霉菌(*Ashbya gossypia*)和灰梨孢菌。在这两类真菌的基因上有高度同源的外源 DNA 插入位点,每个基因都可以致突变,可以系统地研究在寄主上的致病性。ESTs (expressed sequence tags)技术在研究致病基因中也很有用途,通过 ESTs 表达分析可以了解真菌的代谢途径以及对胁迫的响应。通过 DNA 显微技术分析转录基因也可以了解真菌侵染不同阶段基因表达的变化,这是 Northern 分析做不到的。

  对于致病基因还没有一个公认的解释,最为认可的是将突变后致病性丧失或减弱的基因称作致病基因,但是也有不同的看法。真菌的寄主不同,有些基因受抑后可能导致在一个寄主上致病性丧失或减少,但在其他寄主上并非如此,镰孢菌 Tri5 基因就存在这种情况。另外,有些基因只在寄主生长的某一阶段属于致病基因。譬如黄枝孢菌(*C. fulvum*)*ecp22* 基因在培养 6 周的番茄苗上属于致病基因,而在 2 周苗上没作用。接种方法对研究致病基因也有重要影响,譬如角质酶基因突变后的腐皮镰孢菌缺乏致病性,但是,如果角质酶基因突变种接种量足够大,从气孔侵入的菌丝就可以成功感染寄主。有些致病基因具有寄主器官特异性,譬如灰梨孢菌侵染叶部所需的致病基因对根部没作用。不同真菌、不同侵染方式的致病基因数量可能会不一样(王金生,1998)。

2.3.7 效应蛋白研究进展

效应分子是病原物克服寄主防御系统的关键武器。效应分子包括病原物产生的一切能够压制或平衡寄主防御系统,改变寄主生理利于病原物侵入的分子。除了压制或破坏寄主防御系统,病原物必须获得寄主的养分利于自身增殖。比如病原物产生的一些特殊结构如吸器。

卵菌的植物和动物寄主都有着复杂的多重防御系统。因此,病原物必须能够克服这些防御系统才能成功侵入。植物体防御系统包括结构防御,组成性或者诱导化学防御以及程序性细胞死亡等。由于植物细胞都是固定的,每个细胞都是程序性的具备抵抗病原侵袭的能力。动物体中防御是通过特化的细胞自动实现的,包括淋巴细胞、吞噬细胞及杀伤细胞。植物及低等动物防御反应基本上是遗传的。实际上,植物和动物先天的防御机制具有很大的相似性(Nurnberger et al.,2004)。而高等动物(鱼类和高等脊椎动物)适应性的免疫,即对特殊病原物的感应及反应方面可以通过淋巴系统内部基因重排实现。很多卵菌植物病原基因组测序都已实现,这为我们更好地研究卵菌致病机制以及效应分子提供了极大的方便(Kamoun and Goodwin 2007;Tyler et al.,2006)。

(1)无毒基因(Avr)

植物体内大多数主要的抗性基因都能编码感应器,用于检测来自各种不同病原物产生的效应蛋白(Jones and Dangl,2006)。这些感应器由蛋白、核酸绑定位点(NBS)以及富含亮氨酸的重复序列组成。这些蛋白有胞内位置,对胞内效应子有特殊作用。植物病毒完成生活史的过程中就会产生胞内效应子。很多细菌通过 typeⅢ 或 typeⅣ 分泌系统向寄主胞内注入效应分子。而线虫和昆虫病害利用口针向寄主体内分泌效应蛋白。已经在很多种植物对卵菌抗性基因方面进行了研究,主要是马铃薯、西红柿的病原 *P. infestans*,大豆疫霉 *P. sojea*,拟南芥病原 *Hyaloperonospora Arabi-*

dopsis 以及莴苣霜霉病菌 *Bremia lactucae*（Tyler,2002）。这些抗性基因都编码 NBS-LRR 蛋白,例如拟南芥抗性基因的 Rpp1,Rpp2,Rpp4,Rpp5,Rpp7,Rpp8,Rpp13（Slusarenko and Schlaich,2003）；莴苣的 Dm3,Dm14,DM16（Shen et al. ,2002;Wroblewski et al. ,2007）；马铃薯抗晚疫病基因的 R1（Ballvora et al. ,2002）,Rb（Song et al. ,2003）,R3a（Huang et al. ,2005）,以及大豆疫病基因的 Rps2（Graham et al. ,2002）,Rps1k（Gao et al. ,2005）,Rps4 及 Rps6（Sandhu et al. ,2004）。

对抗性基因产物胞内定位显示卵菌必须向寄主胞质内分泌效应分子。其中最受关注的为 RXLR 家族,该家族显著特征就是存在一个 RXLR-deer 基序,有研究证明该基序是病原侵入寄主所必须具备的（Dou et al. ,2008a;Whisson et al. ,2007）。

表 2-3-7　已经克隆的卵菌无毒基因

物种	基因	特征及长度	作者
P. sojae	Avr1a	RXLR-dEER 121aa	Qutob et al. ,2009
	Avr1b-1	RXLR-dEER 139aa	Shan et al. ,2004
	Avr3a	RXLR-dEER 111aa	Qutob et al. ,2009
	Avr3c	RXLR-dEER 220aa	Dong et al. ,2009
	Avr4/6	RXLR-dEER 123aa	Dou et al. ,unpublished
P. infestans	Avr1	RXLR-dEER 208aa	Govers F et al. ,unpublished
	Avr2	RXLR-dEER 116aa	Whilsson S. et al. ,unpublished
	Avr3a	RXLR-dEER 147aa	Armstrong et al. ,2005
	Avr3b/10/11	Gene cluster	Jiang et al. ,2006
	Avr4	RXLR-dEER 287aa	Van Poppel et al. ,2008
	AvrBlb1/Avrstol	RXLR-dEER 152aa	Vleeshouwers et al. ,2008; Pieterse et al. ,1994
H. arabido psidis	Atr1	RXLR-dEER 311aa	Rehmany et al. ,2005
	Atr13	RXLR-dEER 187aa	Allen et al. ,2004

Whission 等（2007）用转无毒基因 Avr3 的马铃薯晚疫病菌 *P. infestans* 接种具 R3a 马铃薯能激发它们间的无毒反应,这说明 RXLR-deer 基序是无毒基因激发寄主抗性反应必需的。Dou 等（2008b）发现 Avrilb 基因具备 RXLR-dEER,用 Avrilb 的大豆疫霉转化子接种具有抗性基因 Rps1b 的大

豆植株时能激发抗性反应。有学者研究发现 RXLR-deer 基序的第 4 个氨基酸不是此蛋白功能必需的,第一个氨基酸被替换为赖氨酸后导致该蛋白功能下降,但是第三位的氨基酸亮氨酸是其功能必需的,替换或者删除该亮氨酸都会使 RXLR-dEER 的功能丧失(Dou et al.,2008b)。他们还发现 Plasmodium 的效应分子的 N 端替换 Avrilb 基因 N 端能够使改造后的基因成功侵入大豆细胞。但是关于 RXLR-dEER 基序怎么促使效应子进入寄主细胞膜机制还没有研究清楚。

(2)毒素

毒素包括病原物分泌的一些蛋白和小分子物质,能够引起寄主细胞死亡,为病原物提供养分。当然也有例外,有些细菌、真菌分泌的小分子也被称为毒素但不会引起细胞死亡,如 *Cochiobolus carbonum* 分泌的 HC 毒素(Wolpert et al.,2002)。还没有发现卵菌病原中有分泌诸如细菌真菌通过多肽合成以及非核糖体肽合成所产生的小分子类物质。在卵菌基因组序列以及 EST 数据库中都未发现编码多肽合成的基因;在 EST 数据库中仅发现了四个编码非核糖体肽合成的基因(Randall et al.,2005;Tyler et al.,2006)。但是发现了很多引起细胞死亡的蛋白。

(3)NPP 蛋白

NPP 蛋白也被称为 NEP1-like 蛋白(NLP),这是因为与本家族第一个被发现的成员基因序列存在很大的相似性。第一个被发现的此类蛋白来自镰刀菌(*Fusarisum oxysporium f. sp. erythroloxyli*)的具有坏死与乙烯诱导功能,称为 NEP1(Pemberton and Salmond 2004;Qutob et al.,2002)。此类蛋白在卵菌,真菌细菌中都有发现,只是细菌真菌基因组内数量较少,一般存在 1~4 个,而卵菌基因组中数量很多。比如大豆疫霉(*P. sojea*)里有大概 29 个此类基因,橡胶疫霉(*P. ramorum*)里有大约 40 个此类基因(Tyler et al.,2006)。鉴于目前对功能研究还不能说明 NPP 蛋白对疫霉毒性起到重要作用,但是分别对细菌(*Erwinia carotovora subsp. Carotovora*,*Erwinia carotovora subsp. atroseptica*)的 NPP 基因敲除的研究发现,再分别接种马铃薯块茎和茎,发现症状均有减轻(Mattinen et al.,2004;Pemberton et al.,2005)。Qutob et al.,(2002)研究发现 NPP 基因表达是在活体营养向死体营养转换的过渡时期,并且只能引起双子叶植物细胞死亡。

(4)PcF/ScR 蛋白

PcF 最初是从草莓疫病菌(*Phytophthora cactorum*)的培养液中分离出来的,能够引起草莓细胞死亡(Orsomando et al.,2001)。PcF 是一种分泌型的含有三个二硫键的羟脯氨酸蛋白(Orsomando et al.,2001)。在大豆疫霉及橡胶疫霉基因组序列以及 EST 数据库中都发现存在编码 PcF 的基因(Randall et al.,2005;Tyler et al.,2006)。大豆疫霉基因组中有两个 PcF-like 基因,橡胶疫霉基因组中有四个 PcF-like 基因,而在致病疫霉基因组中有五个基因称为(ScR91)(Bos et al.,2003)。此外 Liu 等(2005)发现四个二硫键的 ScR 基因家族被命名为 ScR74。但是这个基因家族在大豆疫霉及致病疫霉基因组中都以非重叠序列形式存在,分别有 14 和 11 个成员。但是橡胶疫霉基因组中不存在该家族成员。

（5）CRN 蛋白

CRN 蛋白即(Crinkers),皱缩坏死诱导蛋白,最初是从致病疫霉基因组 EST 中鉴定出来的(Torto et al.,2003)。将克隆的基因 CRN1,CRN2 在农杆菌内瞬时表达,接种烟草及西红柿叶片,导致叶片产生坏死及皱缩症状(Torto et al.,2003)。后来在橡胶疫霉、大豆疫霉以及致病疫霉基因组中都发现了 CRN 蛋白家族的存在(Torto et al.,2003;Tyler et al.,2006;Win et al.,2007)。在 *Aphanomyces euteiches* 及 *H. arabidopsidis* 基因组中都发现有 CRN 蛋白的存在(Gaulin et al.,2008;Win et al.,2007)。大豆疫霉基因中 CRN 基因达到 40 个,橡胶疫霉基因中也有 8 个,这说明 CRN 在大豆疫霉侵染过程中的作用非同一般(Tyler et al.,2006)。Win 等(2007)发现致病疫霉基因组中 16 个不同的 CRN 序列。

研究发现,CRN 蛋白能够与植物细胞质内部膜上物质互作,激发植物体的防御反应。大豆疫霉、橡胶疫霉、致病疫霉的 CRN 蛋白序列都没有 RXLR-dEER 基序,取而代之的是一个保守的 LxLFLAK 基序,暗示这两种保守结构域之间存在某种联系(Win et al.,2007)。在 *Aphanomyces euteiches*,CRN 序列保守区域为 F/LxLFLAK,因此到底保守域的哪一部分决定效应因子进入细胞以及在胞内哪一部分是否还继续起作用都是未知的。

CRN 蛋白在侵染过程的实际作用至今未知。但能作用到很多植物上,包括烟草、西红柿、大豆等。在专性寄生菌 *H. arabidopsis* 基因组中也有 CRN 蛋白存在,说明此蛋白不仅仅具备杀死寄主细胞的作用。引起寄主明显的症状诸如坏死皱缩,都需要 CRN 蛋白的过量表达,这也使人们怀疑使细胞死亡是不是 CRN 蛋白的正常功能。

（6）水解酶以及水解酶抑制子(hydrolase,hydrolase inhibitors)

卵菌也能分泌很多水解酶诸如葡聚糖酶、果胶酶、纤维素酶以及蛋白酶类物质以克服寄主植物的防御反应获取营养物质。对大豆疫霉以及橡胶疫霉基因组信息分析发现这两个基因组中存在大量编码胞外蛋白酶、糖类水解酶、果胶酶、几丁质酶以及酯酶的基因(Tyler et al.,2006)。这些基因中,20%～40%缺少同源基因,说明这些基因进化很快。同样植物体也有自身的葡聚糖酶及纤维素酶以破坏病原细胞壁并分泌蛋白酶去中和病原物分泌的蛋白酶效应子。因此,病原物基因组存在大量编码水解酶抑制子的基因(Tyler et al. ,2006)。

（7）蛋白酶抑制子(Proteinase inhibitors)

蛋白酶抑制剂广泛存在于生物体内,在许多生命活动过程中发挥必不可少的作用,特别是对蛋白酶活性进行精确调控。其中 Kazal 型蛋白酶抑制剂是最重要的、研究最为广泛的酶抑制剂之一,该类抑制剂一般由一个或几个结构域组成,每一个结构域都具有保守的序列和分子构象,同时发现该类抑制剂与蛋白酶作用的结合部位高度易变,它们大多数暴露于与溶剂接触的环上,其中 P1 部位是抑制作用的关键部位,抑制剂的专一性由 P1 部位氨基酸残基的性质决定,其他残基取代结合部位残基对抑制剂——酶的结合常数有显著的影响。Laskowski 算法可直接从 Kazal 型丝氨酸蛋白酶抑制剂的序列推测其与 6 种丝氨酸蛋白酶之间的抑制常数(Ki)。目前在生物体内发现大量的 Kazal 型蛋白酶抑制剂,并证实其有重要的生物学功能。Tian 等(2004)发现疫霉菌体内有很多 Kazal 蛋白酶抑制剂。致病疫霉中 EPI1 和 EPI10 能够阻止西红柿蛋白酶 P69B,(Tian et al. ,2004,2005;Tian and Kamoun,2005)。P69B 在西红柿防御反应中强烈表达,相应的 EPI1 和 EPI10 的表达量也增高,很可能是抑制子与蛋白酶之间发生了生理反应。

在大豆疫霉及橡胶疫霉基因组中分别有 4 个基因编码丝氨酸蛋白酶抑制子。在致病疫霉中已经鉴定了 2 个类似基因 EPIC1 和 EPIC2,并且在侵染的西红柿细胞中表达增强。西红柿丝氨酸蛋白酶 PIP1 被 EPIC2 绑定而受到阻止,并且 PIP1 受水杨酸诱导表达(Tian et al. ,2007)。

（8）葡聚糖酶抑制子(Glucanase inhibitor)

植物防御系统能够分泌 β-1,3 葡聚糖酶以降解真菌卵菌病原物细胞壁,或者以激发子的形式释放寡糖。疫霉葡聚糖酶抑制蛋白(GIPs)能够抑制来自激发子活性的寡糖(Rose et al. ,2002)。已经克隆了 3 个大豆 GIP序列(GIP1,GIP2 及 GIP3),并且已经证明 GIP1 与大豆内生葡聚糖酶EGaseA 紧密结合起到有效抑制作用(Rose et al. ,2002)。大豆疫霉中至少存在 3 个 GIP 基因(GIP1,GIP2,GIP3)。橡胶疫霉及致病疫霉基因组中也有同源基因表达序列(Damasceno et al. ,2008)。

2.3.8　NPP(NEP1-like protein)效应子研究进展

（1）NPP 的发现与存在

Jennings 等(2001)从 *Fusarium oxysporum* 的培养液中分离出一种

24 kDa 的胞外蛋白命名为 Nep1,该蛋白能使很多双子叶植物叶片坏死,产生乙烯。此后,Veit 等(2001)克隆了来自 *Pythium aphanidermatum* 的基因 PaNie,其原核表达纯化的蛋白能使胡萝卜,拟南芥及烟草等细胞死亡。Fellbrich 等(2002)分离纯化了 *Phytophthora parasitica* 培养液中的一种蛋白,并通过氨基酸测序克隆得到了 NPP1 基因。将此基因原核表达产物注射欧芹及拟南芥,发现诱导植物体内 pathogenesis-related(PR)蛋白产生,活性氧(ROS)及乙烯产生,细胞出现过敏反应坏死。Wang 等(2004)克隆了棉花黄萎病菌(*Verticillium dahliae*)的 VdNEP 基因,将表达产物接种棉花、烟草、拟南芥叶片后均出现萎蔫症状,故认为 VdNEP 是棉花与 *V. dahliae* 互作过程中重要的诱导因子。Qutob 等(2002)鉴定了菌丝、游动孢子、侵染大豆组织的表达序列标签,分离了大豆疫霉(*P. sojae*)Psoj-NIP 基因,该基因编码 25.6 kDa 的蛋白与来自其他物种的 NLPs(NeP1-like proteins)有很高的同源性。目前已知的微生物有卵菌腐霉属(*P. aphanidermatum*)(Pemberton et al. ,2004)、疫霉属(*Phytophthora spp.*),真菌镰刀菌(*F. oxysporum*)及链孢霉属(*Neurospora crassa*)(Galagan et al. ,2003)、革兰氏阳性菌的芽孢杆菌(*Bacillus halodurans*)、链霉菌属(*Streptomyces coelicolor*),革兰氏阴性菌欧文氏菌属(*Erwinia carotovora subspecies carotovora*,*E. carotovora subspecie atroseptia*)(Pemberton et al. ,2004)及弧菌属(*Vibrio pommerensis sp.*)(Jores et al. ,2003)的基因均能编码此类蛋白。

这些微生物间的亲缘关系很小,也不完全是植物病原。即使属于植物病原,它们的侵染方式及寄主特异性也变化各异。但是这些微生物(除 *V. Pommerensis sp.* 外)都能产生胞外酶,降解细胞壁(Bentley et al. ,2002;Takami et al. ,1999)。这可能由于 *V. Pommerensis sp.* 是来自海洋的细菌,其他生物来源于陆地(Jores et al. ,2003)。NPP 基因 G+C 含量与其基因组中 G+C 含量相当。但是也有例外,比如 *E. carotovora subspecie atroseptia* G+C 含量为 42.5%,而其基因组中为 50.9%;同样在 *V. Pommerensis sp.* 基因组中 G+C 含量为 50%~60%,但其 NPP 基因中为 25%~35%。目前只在微生物中发现 NPP 基因的存在。

(2)NPP 蛋白的活性

前人用纯化 NeP1 蛋白及其融合蛋白接种植物,发现均能诱导双子叶植物组织发生坏死反应,比如烟草、拟南芥、大豆等植物。测试的单子叶植物均未出现任何症状及防卫反应,可能是由于单子叶植物缺乏此类蛋白的识别因子。NPPs 之间的毒性水平也有差异,Qutob 等(2002)发现来自 *B. halodurans* 及 *S. coelicolor* 的 NPPs 对植物致病性较其他来源的要弱。

Fellbrich 等(2002)也发现浓度为 20 nM 时,24h NPP1 就能使 88%欧芹原生质体降解,2.5 μM 时 3~4 h 就能诱导拟南芥形成病斑。PaNie 能在 2μg/mL 引起胡萝卜细胞坏死。但是至今未知植物体中微生物分泌的 NPPs 的浓度以及是否具有生物活性。

NPP 蛋白结构的变化很容易影响活性。Fellbrich 等(2002)发现将 NPP1 蛋白在 65℃加热 15 min 会降低活性 92%。对 PaNie 蛋白 N 端去除 63 或者 106 个氨基酸然后在大肠杆菌(E. coli)内的表达产物不会对胡萝卜细胞悬浮液引起任何反应(Veit et al. ,2001)。同样对 NPP1 蛋白序列人为改造后的原核表达产物也不能引起烟草和西芹的任何坏死反应,而全长序列能引起细胞死亡和植保素的产生(Fellbrich et al. ,2002)。这 NPP 蛋白结构变化引起功能的敏感变化可以推断该类蛋白或许作为一种酶能够合成具有激发子活性的产物,或者与植物组织发生作用释放激发子活性的片段。它们可能需要保持一种特殊构象,同等地与植物组织中的接受者互作。

继 Jennings 等(2001)报道 Nep1 蛋白能使很多双子叶植物叶片发生坏死反应之后,又有很多研究报道植物受 NPPs 处理表现乙烯产生,MAP 激酶活化,植保素合成,PR 基因诱导产生,胞质 Ca^{2+} 释放等。Veit 等(2001)克隆了来自 Pythium aphanidermatum 的基因 PaNie,进行原核表达纯化的蛋白能使胡萝卜,拟南芥及烟草等细胞死亡。Fellbrich 等(2002)分离纯化了 Phytophthora parasitica 基因组 NPP1 基因将其原核表达产物注射欧芹及拟南芥,发现诱导植物体内 pathogenesis-related(PR)蛋白产生,活性氧(ROS)及乙烯产生,细胞出现过敏反应坏死。Keates 等(2003)用 NeP1 处理斑点矢车菊、蒲公英、拟南芥后,电镜结果显示测试植物细胞壁角质层变薄,叶绿体降解。Bailey 等(2005)先对不同生长时期的可可叶片多个抗逆基因表达趋势进行了评估,并且分别用 NeP1 和 P. megakarya 游动孢子处理各生长时期的可可叶片,然后对处理叶片中各抗逆基因表达趋势进行检测,发现在叶片不同生长时期各抗逆基因表达水平不同,NeP1 和 P. megakarya 处理叶片中抗逆基因表达模式相似,认为 NeP1 可能是一种感病因子。Wang 等(2004)克隆了棉花黄萎病菌(Verticillium dahliae)的 VdNEP 基因,将表达物接种棉花、烟草、拟南芥叶片后均出现萎蔫症状,认为 VdNEP 是棉花与 V. dahliae 互作过程中重要的诱导因子。Qutob 等(2002)鉴定了菌丝、游动孢子、侵染大豆组织的表达序列标签,分离了大豆疫霉(P. sojae)PsojNIP 基因,该基因编码 25.6 kDa 的蛋白与来自其他物种的 NPPs(NeP1-like proteins)有很高的同源性。将该基因构建 PVX 载体在烟草叶片中进行农杆菌瞬时表达,发现能引起烟草叶片坏死症状,认为该基因在大豆疫霉半活体营养生活过程中起到帮助病原在寄主植物中定殖的作用。尽管目前研究了植物对这类蛋白的反应,但是这类蛋白的功能及在植物中的作用模式还是未知的。

(3)NPP 基因结构

虽然该类基因在生物体中广泛存在,但是不同生物所含此类基因数量差异悬殊。细菌真菌基因组中只有 2~4 个 NPP 基因,然而在卵菌基因组中以基因家族形式存在(Tyler et al.,2006)。大豆疫霉(P.sojae)中大约 29 个,橡胶疫霉(P.ramorum)中大约有 40 个,在 P.aphanidermatum 和 P.parasitica,NPP 基因以单拷贝,二或四拷贝的形式存在。系统发育进化研究显示不同来源的基因被分成多个进化枝,只有 7 个基因是同源基因。NPP 基因家族快速扩增及分离暗示此类基因病原与寄主植物互作起直接作用(Qutob et al.,2006a;Tyler et al.,2006)。辣椒疫霉(P.capsici)中大约有 27 个,(http://genome.jgi-psf.org/PhycaF7/PhycaF7.home.html)。NPP 基因家族可能反映不同菌株寄主范围的多样性、特异性。基因家族中还存在一些冗余的基因,可能是基因复制的结果。不同菌种 NPP基因定位变化各异,即使是同一个属间菌株也会有差别。定位的基因之间没有明显相似性,因此功能也是各异的。并且在绝大多数 NPP 蛋白序列的 N 端存在两个半胱氨酸,中间部分存在 GHRHDWE 基序。该保守区与已知的蛋白序列没有同源性。关于此类蛋白体内表达的数据很少。

(4)植物对 NPP 的防卫反应

目前 NPP 蛋白引起植物过敏反应(HR)的机理尚不清楚。有迹象表明 NPP 蛋白引起植物过敏反应的早期激活了植物细胞的信号传导,这可能是该基因家族中一些基因成员参与的结果。Fellbrich et al.(2002)分离纯化了 P.parasitica NPP1 基因,将此基因原核表达产物注射欧芹及拟南芥,发现诱导植物体内 pathogenesis-related (PR)蛋白产生,活性氧(ROS)及乙烯产生,细胞出现过敏反应坏死,并且认为 NPP1 通过水杨酸信号途径传递诱导植物发生一系列防卫反应。Keates et al.(2003)用 NeP1 处理斑点矢车菊、蒲公英、拟南芥后,利用差异显示技术克隆到了三种植物处理前后表达变化的基因,得到了斑点矢车菊丝氨酸蛋白酶基因(CmSER-1)与钙调蛋白基因(CmCAL-1);蒲公英中克隆了蛋白磷酸酶 2C 基因(ToPP2C-1)及细胞色素蛋白 P-450 基因(ToCYP-1);克隆了拟南芥蛋白激酶(AtPK-1),伤害诱导 WI-12 蛋白基因(AtWI-12),后期胚胎发育富含蛋白基因(AtLEA-1),WRKY-18DNA 结合蛋白基因(AtWRKY-18)及磷酸酯酶 D基因(AtPLD-1)。其中 NeP1 处理后,斑点矢车菊 CmSER-1 与 CmCAL-1基因上调表达;蒲公英 ToPP2C-1 与 CmCAL-1 基因上调表达;拟南芥中

AtPK-1、AtWI-12、AtLEA-1 及 AtWRKY-18 基因均为上调表达;而拟南芥 AtPLD-1 基因与蒲公英 ToCYP-1 基因则为下调表达。Verica 等(2004)对 NeP1 处理可可叶片进行抑制消减杂交、芯片杂交得到 1 000 多个单基因,这些基因可能参与可可叶片防卫反应。NPP1 接种拟南芥典型的反应就是活性氧爆发,进行 NADPH 无氧化循环。此外防卫反应早期还会出现破坏细胞膜的完整性,接种点组织细胞碱化,胞间钾离子积累,等等(Jennings et al.,2001)。拟南芥接种点 24 h 出现胼胝质沉积;启动利胆醇途径合成了木质素、植保素。利胆醇途径的第一个酶——苯氨裂解酶在接种后 4 h 就可以检测到(Koch et al.,1998;Veit et al.,2001)。Baily(1995)发现 20~30 pmol/g 的 NeP1 就能激发可可叶片产生乙烯。Jennings 等(2001)发现接种 6 h 后出现乙烯合成高峰。已证明二级信号分子水杨酸(SA)可能在防卫反应中起作用,诱导着病程相关蛋白。尽管研究了植物对这类蛋白的反应,但是这类蛋白的功能及在植物中的作用模式还是未知的。

(5)NPP 蛋白致病功能研究

不同物种 NPP 蛋白序列高度保守,说明这类基因在微生物中起着重要作用。除链胞菌(N.crassa)外,所有的 NPP 蛋白序列中部都有一段保守序列(GHRHDWE)。这些保守区域与已知的蛋白序列没有任何相似性。因此对 NPP 的功能还是未知的,也没有任何关于 NPP 转录后修饰的研究。

目前关于 NPP 蛋白体内表达的信息很少。利用 RT-PCR 对大豆疫霉(P.sojea)侵染 12 h 后检测了 PsojNIP 的转录水平,发现 PsojNIP 的转录始于疫霉活体营养生长向死体营养生长过渡的阶段(Qutob et al.,2002)。这可说明 PsojNIP 具有致病功能,作为一种毒蛋白或者在微生物向致病生活方式转变过程起到过渡作用。在大豆疫霉(P.sojea)感病品种组织中表达说明此类蛋白,不具有无毒蛋白功能,激发植物产生抗性限制病原的寄主范围。对 NEP1 在镰刀菌(F.oxysporum)进行基因敲除或过分表达均不能改变致病性。尽管 NEP1 的表达水平在体外能检测到,可是在野生或突变菌株的体内都检测不到。NEP1 的产生很大程度上依赖于菌体培养基成分(Bailey et al.,2002)。这可能是由于镰刀菌(F.oxysporum)侵入点受植物木质部的营养成分限制,导致植物中 NEP1 蛋白表达水平很低。而大豆疫霉(P.sojae)能侵染多种植物的组织,这可能由于 PsojNIP 的产生不受寄主养分限制。因此尽管此类蛋白序列高度保守,来源于不同生物 NPP 蛋白的功能却不同。辣椒疫霉(P.capsici)基因组中含有 NPP 基因家族,但功能尚无报道。对于非植物病原生物如真菌 N.crassa,细菌 B.halodurans,S.coelicolor 以及海洋细菌 V.pommerensis 产生的 NPP 蛋白应该具备另类功能。据报道 *V. pommerensis* 的 NPP 蛋白具有溶血活性(Jores et al.,2003),可能在微生物侵染动植物过程中起作用。

　　Baileya 等(2000)研究发现在正午用 Nep1 喷施叶片后保持叶片湿润能最大限度地引起叶片坏死。正午时间叶片上气孔完全开放,Nep1 蛋白能最大限度地进入细胞间空隙,这有助于 Nep1 蛋白引起叶片坏死。似乎 NPP 蛋白仅渗入角质层不能引起叶片坏死只有渗入细胞间隙才能起作用。由于 NPP 蛋白是亲水性的,它们不能自由地穿过细胞质膜进入细胞内部。目前研究的 NPP 蛋白,除链胞菌(*N. crassa*)外,都有信号肽序列。进入胞间后,应该和某些真菌激发子的摄入机制类似,植物胞应该有吸收机制或者细胞主动摄入(Tyler,2002)。Jennings 等(2000)认为 NPP 蛋白沿叶脉扩展,说明此类蛋白是可溶的能够在叶片内部传播。关于这类蛋白作用位点依附于它们功能的研究。一旦功能明确,NPP 蛋白与植物互作关系会更清楚。但是 Qutob 等(2006b)研究发现 Nep1 能够引起拟南芥防卫反应,包括激活了有丝分裂原激活蛋白激酶活性,积累胼胝质,产生一氧化氮,激活氧化中间产物,乙烯及植保素的产生,以及细胞死亡等。转录后表达模式分析显示 NPP 能激发拟南芥转录水平基因重排,与细菌鞭毛毒素引起的结果非常相似。NPP 引起的细胞死亡是一种需要 HSP90 参与的,依赖光激活的过程,但是没有半胱天冬酶活性,也没有 SA,JA 及乙烯产生。用 NPP 蛋白处理动物,植物,酵母及苔藓类细胞,结果显示细胞对 NPP 的敏感并不是具备双层磷脂结构细胞的广泛的特征,而仅限于双子叶植物。并且 NPP 诱导细胞死亡不需要细胞的完整,将 NPP 在双子叶植物中表达,只有当蛋白分泌到胞外才能引起细胞坏死。NPP 发生作用需要双子叶植物细胞膜上存在的特定接受位点。他们认为在植物与病原互作过程中,NPP 很可能起到双元作用,即作为毒性因子以及激发植物的防卫反应。

　　因此 NPP 蛋白在植物病理中的作用还是不确定的。在植物中,可以诱导植物的过敏反应,激起防卫反应,避免伤害。植物产生过敏反应利于病原物繁殖。火疫病菌(*E. amylovora*)侵染苹果过程中诱导寄主产生过敏反应,释放利于细菌生长的养分(Venisse et al.,2002)。并且病原物可以利用死亡的植物细胞为壁垒对抗寄主的防卫反应(Dickman et al.,2001;Mayer,2001)。将凋亡负调控因子人类半胱天冬酶基因转入烟草,发现能阻止烟草植株的过敏性坏死反应。转基因植株对坏死性真菌如核盘菌(*Sclerotinia sclerotiorum*)及灰霉菌(*Botrytis cinerea*)都产生抗性,说明真菌成功侵染需要过敏性坏死反应产生。因此由 NPP 引起的细胞死亡也是病原成功侵染必需的。

　　NPP 蛋白能够诱导多种植物产生过敏反应。但是目前对激发子生物功能尚不清楚,由于一些非病原物也能产生 NPP 蛋白,因此对于 NPP 蛋白的功能更有难度。这说明此类蛋白对植物的作用不只作为毒性因子,可能还具有其他功能。NPP 蛋白可能在病原微生物中作为毒蛋白,而在一些腐生生物里具备非毒性功能。为了找到问题的答案,必须清楚这类蛋白的作用机制,进而解释这类蛋白为什么会在多种生物中存在以及在微生物中的作用。

2.4 辣椒疫霉基因组 NPP 基因家族功能分析

2.4.1 材料与方法

1. 材料

(1)菌株、质粒、酶及试剂盒

实验菌株为辣椒疫霉菌株 SD33。本研究所用的克隆载体为 pGEM-T Easy Vector(购自 Promega 公司)或 pMD-18T(大连宝生物公司);大肠杆菌(*Escherichia coli*)*E. coli* DH5α、JM109 菌株购自上海 Sangon 公司。

Trizol 购自 Invitrogen,DEPC、Tris、RT-PCR 试剂盒、T_4 DNA 连接酶、限制性内切酶及其他工具酶、IPTG、X-gal、氨苄青霉素、DNA Marker DL2000、DNA Marker DL15000 等试剂,胶回收试剂盒购自宝生物(大连)公司。

(2)仪器设备

Biometra PCR 仪,ICycler IQ real-time PCR 仪,凝胶成像系统(Bio-Rad),冷冻离心机(Eppendorf centrifuge 5810R),稳压稳流电泳仪(北京市六一仪器厂),电热恒温水浴锅(上海博讯实业有限公司),立式压力蒸汽灭菌器(上海博讯实业有限公司),DYY-12 型电泳仪(北京六一仪器厂),漩涡混合器,全温振荡培养箱,紫外可见分光光度计。

(3)培养基

LB 培养基:胰蛋白胨 10 g,酵母抽提物 5 g,氯化钠 5 g,调节 pH 7.0~7.7。

PM 培养基:取 120 g 甜青豆于 1 000 mL 去离子水中,高压灭菌后用 4 层纱布过滤,去渣。加入 2 g $CaCO_3$,加去离子水至 1 L,充分溶解后用 250 mL 三角瓶分装高压灭菌备用。若制备固体培养基,1 L 加入 15 g 琼脂粉即可。

NPB 培养基:取 120 g 甜青豆于 1 000 mL 去离子水中,高压灭菌后用

4 层纱布过滤,去渣。分别加入 K_2HPO_4 1 g,KH_2PO_4 1 g,KNO_3 3 g,Mg-SO_4 0.5 g,$CaCl_2$ 0.1 g,$CaCO_3$ 2 g,D-山梨醇 5 g,D-甘露醇 5 g,葡萄糖 5 g,维生素 2 mL 以及微量元素 2 mL,加去离子水至 1 L,充分混匀后用 250 mL 三角瓶分装高压灭菌备用。若制备固体培养基,1 L 加入 15 g 琼脂粉即可。

(4)溶液配制

①0.5 mol/L EDTA:18.61 g EDTA. H_2O 加入 80 mL 水中,磁力搅拌器强力搅拌,用 NaOH(约 2g)调 pH 值至 8.0,定容至 100 mL,分装,高压灭菌。

②5×TBE 缓冲液:称取 Tris 54 g、硼酸 27.5 g,并加入 0.5 mol/L EDTA (pH 8.0) 20 mL,定容至 1 000 mL。

③1 mol/L Tris-HCl 溶液:80 mL 水中溶解 12.1 g Tris 碱,用浓盐酸调 pH 值至 8.0,混匀后,定容至 100 mL。

④溶液 I:50 mmol/L Tris-HCl (pH 8.0),10 mM EDTA (pH 8.0)。

⑤溶液 II:0.2 mol/L NaOH,1%SDS。

⑥溶液 III:5 mol/L KAC 60 mL,冰醋酸 11.5 mL,H_2O 28.5 mL。

⑦STE:100 mmol/L NaCl,10 mol/L Tris-HCl(pH8.0),1 mol/L EDTA(pH8.0)。

⑧X-gal 贮备液:将 X-gal 溶于二甲基甲酰胺中,配成 20 mg/mL 浓度的溶液,装入玻璃瓶或聚丙烯管中,用锡纸包裹,贮存于-20℃。

⑨IPTG(20%,w/v)溶液:将 2 g IPTG 溶于 8 mL 水中,定容至 10 mL。用 0.22 μm 过滤器除菌。分装成 1 mL 小份,贮存于-20℃。

⑩Amp(50 mg/mL)溶液:称取 1 g Amp 溶于 20 mL 去离子水中,用 0.22 μm 过滤器过滤除菌,分装。-20℃保存使用。

⑪0.1 mol/L $CaCl_2$ 溶液:将 2.219 8 g 无水 $CaCl_2$ 溶于 200 mL H_2O,过滤除菌,4℃保存。

⑫0.1 mol/L $MgCl_2$ 溶液:称 2.033 g $MgCl_2$ 溶于 100 mL H_2O,过滤或高压灭菌,4℃保存。

⑬0.8 mol/L 甘露醇:145.76 g 甘露醇溶于 1 000 mL 去离子水,然后分装高压灭菌。

⑭0.5 mol/L $CaCl_2$ 溶液:7.35 g $CaCl_2$ 溶于 100 mL 去离子水,然后高压灭菌。

⑮0.5 mol/L MES-KOH 溶液:4.88 g MES 加入 40 mL 水,用 1 mol/L KOH 溶液调节 pH 至 5.7。

⑯W5 溶液:0.093 g KCl,4.6 g $CaCl_2$,2.25 g NaCl,7.8 g 葡萄糖加水

至 250 mL。

⑰MMg 溶液:18.22 g 甘露醇,0.76 g $MgCl_2 \cdot 6H_2O$,2 mL 0.5 mol/L MES (pH 5.7),加水至 250 mL,然后高压灭菌。

⑱Pea/0.5 mol/L 甘露醇:91.1 g 甘露醇,1 g $CaCl_2$,2 g $CaCO_3$ 加水至 1 L,溶解后分装为 250 mL 后高压灭菌。

⑲Vitamin stock 制备:Biotin 0.000 2 g,Folic acid 0.000 2 g,l-inositol 0.012 g,Nicotinic acid 0.06 g,Pyridoxine-HCl 0.18 g,Riboflavain 0.015 g,Thiamine-HCl 0.38 g,Coconut milk 50 mL,加水至 1 L,然后高压灭菌。

⑳Trace elements 制备:$FeC_6H_5O_7 \cdot 3H_2O$ 0.215 g,$ZnSO_4 \cdot 7H_2O$ 0.15 g,$CuSO_4 \cdot 5H_2O$ 0.03 g,$MnSO_4 \cdot H_2O$ 0.015 g,H_3BO_3 0.01 g,MoO_3 0.007 g,加水至 400 mL,然后高压灭菌。

㉑40％的 PEG 溶液,按如下配制(表 2-4-1)。

表 2-4-1　40％的 PEG 溶液的配制

组分	总体积 12 mL
PEG4000	6 g
0.8 mol/L 甘露醇	3.75 mL
0.5 mol/L $CaCl_2$	3 mL

㉒酶解液的组分和配制见表 2-4-2。

表 2-4-2　酶解液的组分和配制

溶解酶	0.15 g
纤维素酶	0.06 g
0.8 mol/L 甘露醇	10 mL
ddH_2O	8 mL
0.5 mol/L KCl 溶液	0.8 mL
0.5 mol/L MES pH 5.7	0.8 mL
0.5 mol/L $CaCl_2$ 溶液	0.4 mL

2. 实验方法

(1)辣椒疫霉基因组内诱导坏死蛋白基因信息分析

在已报道的大豆疫霉(*P. sojae*),烟草疫霉(*P. parasitica*),橡胶疫霉(*P. ramorum*)和马铃薯晚疫病菌(*P. infestanse*)基因组数据库中下载已报道的诱导坏死蛋白(NPP)核酸和蛋白质序列。将上述核酸和蛋白质序列

在辣椒疫霉（P. capsici）基因组数据库（http://genomeportal.jgipsf.org）
中分别用 TBALSTN 和 BLASTP 进行同源序列搜索。基因的结构域预测
在 SMART（httP://smart.embl-heidelberg.de/）和 Pfa（http://Pfam.san-
ger.ac.uk）等蛋白质数据库中进行。将得到的辣椒疫霉基因在 NCBI 中进
行搜索，确定是否为 NPP 基因。同时下载已报道的源于其他生物的 NPP
基因序列用于后续研究。

　　（2）辣椒疫霉诱导坏死蛋白基因家族成员克隆

　　根据 JGI 辣椒疫霉基因组序列（http://genome.jgi-psf.org/），设计了
克隆辣椒疫霉坏死诱导蛋白基因的引物。本研究所用引物均由上海博尚
生物有限公司合成。

　　克隆基因所用引物序列为（表 2-4-3）。

表 2-4-3　Pcnpp 基因克隆引物

Primer name	Primer sequence	Application
7756PF	ATGCAACTACGTGCCTTCATCTCT	Pcnpp1
7756PR	TTAAGTGTAGTACGCGTTAGCTAGTTTA	
23292PF	ATGAAATTCGTCGTTTTCCTCTGTG	Pcnpp2
23292PR	CTAGAAGGGCCAGGCCTTGTCCAG	
71103PF	ATGAACCTTCTGGGATTCCTCGCC	Pcnpp3
71103PR	TTAGAATGGCCAAGCCTTACCCAA	
43883PF	ATGTACTCTTGGTACTTCCCCAAG	Pcnpp4
43883PR	ATTCAGATTCCACTGTGGAAAGAAGC	
70852PF	ATGAAGTTCAAACCCCAACTGCAC	Pcnpp5
70852PR	CTAGAAGGGCCAGGCCTTGTCCAG	
24573PF	ATGAGGTTTACCACCATCTTCTGG	Pcnpp6
24573PR	TTAAAACGGCCAGGCGTTTTCAAT	
68295PF	ATGTACATGTGCACCTTTGCCATC	Pcnpp7
68295PR	TTAGAACGGCCAAGCCTTGTCCAGT	
73591PF	ATGAGGCTCAGTATCGCCTTGGGCG	Pcnpp8
73591PR	TCATTGAAAGGGCCAAGCTTTGGC	
78535PF	ATGAGGCTCTTCGCTTTCCTATGG	Pcnpp9
78535PR	TTAGAACGGCCAAGCCTTGTCCAGT	

续表

Primer name	Primer sequence	Application
23459PF	ATGTTCAAGACGTTCATTATCGCTG	*Pcnpp*10
23459PR	CTACTGGTACCAGGCGTTCGCGAGC	
20844PF	ATGGAGCCCCTGAATATAAG	*Pcnpp*11
20844PF	TTAGAAGGGCCAAGCCTTC	
21024PF	ATGACCGACAGTAAAAACACCGTTACAGCT	*Pcnpp*12
21024PR	CTATTTTTTTCGCCAAATGGCCAGGCTTTAC	
69004PF	ATGTACTCGTGGTACTTCCCTAAAGATTCG	*Pcnpp*13
69004PR	CTATTTTTTTCGCCAAATGG	
70605PF	ATGTACTCTTGGTATTTCCCCAAGGATTCT	*Pcnpp*14
70605PR	TTAATCAAACGGCCAGGCCTTGTTGAGTTT	
78817PF	ATGTACTCGTGGTACTTCCCAAAGGACTCA	*Pcnpp*15
78817PR	TTAGAAGGGCCAAGCCTTCTCCAGCTTCGG	
86540PF	ATGTACTCGTGGTATTTCCCCAAGGATTCC	*Pcnpp*16
86540PR	CTAAAAGGGCCAAGCCTTGTCCAACTTGG	
68053PF	ATGTACTCGTGGTACTTCCC	*Pcnpp*17
68053PR	TTAGAAGGGCCAAGCCTTCTCCAGCTTCG	
72101PF	ATGTACTCTTGGTACTTCCCGAAAGACTCA	*Pcnpp*18
72101PR	TTAAAACGGCCAGGCGTTTTCAATTTTCG	

(3)辣椒疫霉 DNA 提取

所有辣椒疫霉菌株首先移植于 OMA 或 V8 平板上,在 28℃生化培养箱内培养 3 d 后,取 3 块直径为 4 mm 的菌块移植于盛有 100 mL OM 或 V8 液体培养基的三角瓶中,于 28℃恒温摇床振荡培养 5 d,过滤菌丝,放研钵内加液氮研磨至粉末状。

①将粉末转入 1.5 mL 离心管,加入 700 μL DNA 提取缓冲液,轻轻混匀,置 65℃水浴锅中 30~60 min。

②加入等体积氯仿:异戊醇(24∶1),轻摇 10~20 min,10 000 r/min 离心 10 min。

③取上清液于另一离心管内,加入等体积的冰冻异丙醇,室温下静置 20 min,10 000 r/min 离心 10 min,倒掉上清液,用无水乙醇冲洗 1~2 次,

烘干,加入 600 μL TE 缓冲液,轻摇 2～3 次。

④加入等体积饱和酚:氯仿:异戊醇(25:24:1),轻摇 10～20 r/min,10 000 r/min 离心 10 min。

⑤取上清液于另一离心管内,重复步骤 2 和 3,但第 3 步用无水乙醇代替冰冻异丙醇。

⑥倒掉上清液,加入 70% 乙醇冲洗 2～3 次,在 37℃ 下烘干,加入 300 μL TE 溶液溶解。

取 5 μL DNA 样品于 1% 琼脂糖凝胶电泳,检测 DNA 片段的长度,DNA 检测后置于 -20℃ 冰柜中可长期保存、备用。

(4)PcNPP 基因扩增

以辣椒疫霉菌基因组 DNA 为模板,按照下列体系进行 PCR 扩增反应。程序为:95℃ 4 min;94℃ 1 min,55℃ 30 s,72℃ 1 min,共 35 个循环;最后 72℃ 延伸 10 min。反应体系见表 2-4-4。

表 2-4-4　PcNPP 基因扩增反应体系

ddH$_2$O	32.5 μL
10×buffer	5 μL
MgCl$_2$ 溶液	4 μL
dNTP	4 μL
P1	1 μL
P2	1 μL
DNA	2 μL
TaqE	0.5 μL

将反应产物进行电泳,回收含有目的带的琼脂糖胶。再将回收产物克隆,送上海博尚生物有限公司测序。克隆步骤如下:

①准备 LB/Amp 固体培养基:在制备好的 100 μg/mL Amp 的 LB 平板上加入浓度为 20%(w/v)的 IPTG 溶液 7 μL 和 20 mg/mL 的 X-Gal 40 μL,用无菌的玻璃涂布器均匀涂布于整个平板表面,室温下放置 2～3 h 备用;

②从 -70℃ 取出 E. coli DH5α 感受态细胞,冰浴中融化,轻弹混匀。在无菌的 1.5 mL Eppendorf 管加入 2 μL 回收产物,取 50 μL 感受态细胞与连接产物轻轻混匀,冰浴中放置 20～30 min;

③将管放入预先加温至 42℃ 的循环水浴中,热击 90 s,不要摇动管。然后立即冰浴 2 min;

④每管中加入 800 μL LB 培养基(不含 Amp),37℃ 200 r/min 培养 1 h;

⑤离心 1 min(8 000～10 000 r/min),沉淀用 100 μL LB 培养基回溶。取适量(100 μL)涂布于准备好的培养基上,待菌液充分吸收后,37℃ 倒置培养 12～16 h 后出现菌落;

⑥4℃ 冰箱中将平板放置数小时,使蓝色充分显现,以利于蓝白斑筛选;

⑦取白色菌落,于液体 LB 培养基中 37℃,200 r/min 培养 12～16 h 后 OD＝0.5 左右时,菌落 PCR 鉴定,然后送样测序。

(5)辣椒疫霉诱导坏死蛋白基因家族系统进化分析

测序结果经过 BLAST 软件分析后,确定为 PcNPP 基因,并全部上传基因银行。下载已报道的细菌、真菌、卵菌的 NPP 基因进行系统进化分析。将得到的所有 NPP 基因用 culstalw 2.0 进行多重序列比对,所有设置采用其默认值。

序列的系统进化分析使用 PAUP * 4.0 来分析,采用邻近结合法(neighbor-joining,NJ)构建距离树。将来自细菌的基因设为外群,进行 1 000 次 bootstrap 自举法检验。批处理命令如下:

Begin paup;

Execute npp. nex;(打开比对文件 npp. nex);

Outgroup b1 b2 b3 b4;(设立细菌序列为外群);

Cstatus;

Set criterion＝distance;

Dset distance＝hky85;(设立为 hky85 矩阵模型,该模型是 Hasegava, Kishno 和 Yano 在 1985 年提出的:不等碱基频率,不等转换/颠换率)

Showdist;(显示距离矩阵)

Nj brlens＝yes treefile＝npp. tre;(NJ 法查找所有树)

Savetrees file ＝ npp. tre root ＝ yes brlens ＝ yes savebootp ＝ brlens from＝1 to＝4;(保存所有树)

Dset objective＝lsfit power＝2;(设立 LSFIT 标准)

Hsearch;(建立最小平方树)

Describetrees 1/plot＝phylogram brlens＝yes;

Dscore all/objective＝lsfit power＝0 scorefile＝dscoresfile;(最小平方树检测)

Savetrees file＝npp best. tre root＝yes brlens＝yes savebootp＝brlens from＝1 to＝1;(保存最小平方树)

Boorstrap nreps＝1000 brlens＝yes treefile＝boot npp. tre search＝

nj;(对最小平方树进行自举检验法验证,并保存树)

(6)辣椒疫霉 *PCNPP* 基因菌丝体内表达模式分析

①辣椒疫霉菌总 RNA 的提取和 cDNA 的合成。将辣椒疫霉菌株首先移植于 V8 平板上,在 28℃生化培养箱内培养 3 d 后,取 2 块直径为 4 mm 的菌块移植于盛有 20 mL V8 液体培养基的培养皿中,于 28℃恒温摇床振荡培养 3 d,过滤菌丝,放研钵内加液氮研磨至粉末状。然后使用试剂盒(OMEGA Fungal RNA Kit)。步骤如下:

a. 使用前先加无水乙醇于 wash buffer Ⅱ 中;每 mL buffer RB 中加入 20 μL 巯基乙醇。以下所有步骤均在室温下进行。

b. 将研磨的菌丝组织 100 mg 加入离心管中,迅速加入 500 μL buffer RB。剧烈振荡使之完全溶解;

c. 将溶解物移至 SpinColumn 中,13 000g 离心 5 min;

d. 将 flow-through 转移至一个新的 1.5 mL 离心管内,不要吸入任何杂质;加入 0.5 倍体积的无水乙醇,然后用漩涡器振荡 15 s 使之混匀;

e. 加入 500 μL RNA wash buffer Ⅰ,盖紧盖子然后 10 000g,离心 30 s。弃除流出液,将 column 放回离心管内。

f. 再次用 500 μL RNA wash buffer Ⅰ 洗涤,离心,放弃流出液,然后高速离心 1 min 控干 column 内水分;

g. 将 column 放到新的离心管内,加入 50~100 μL DEPC 处理水,后高速离心,收集 RNA。

h. DNase Ⅰ 处理总 RNA,排除基因组 DNA 污染,使用 Qiagen DNase,按照表 2-4-5 中的方法混匀体系。

表 2-4-5 混匀体系的方法

10×DNase Ⅰ buffer	1 μL
DNase Ⅰ	0.5 μL
RNasin	0.25 μL
RNA	2.7 μg
加 DEPC 水	至 10 μL

②紫外检测 RNA 产率和纯度。取出 10 μL RNA 样品,用 40 μL DEPC 处理水稀释至 50 μL,同时设 50 μL DEPC 处理水空白对照,于紫外分光光度计检测 A260、A280、A230 的相对吸收值。RNA 产率可在 A260 检测紫外吸收,1 个单位大约相当 40 μg 单链 RNA/mL。纯度较高的 RNA

的 A260/A280 应在 1.7～2.0 之间,A260/A230 应在 1.8～2.2 之间。

③反转录 cDNA 第一链的合成见表 2-4-6。

表 2-4-6 反转录 cDNA 第一链的合成

10×扩增缓冲液	2 μL
10 mol/L dNTP 混合液	2 μL
25 mol/LMgCl₂	4 μL
引物 Oligo-dT	1 μL
RNasin	0.5 μL
MMLV reverse transcriptase	1 μL
RNase Free ddH₂O	0 μL
Final Volume	20 μL

取 1～2 μg 总 RNA,加 DEPC 处理的 ddH₂O 至 9.5 μL,将 RNA 样品在 75℃变性 5 min,立即在冰浴中冷却 5 min,然后稍微离心一下。按上表在冰浴中依次加入各种成分,反应总体系 20 μL。

将反应液混合后,室温下放 10 min,然后 42℃温育 60 min。再在 85℃水浴中放置 10 min 以灭活反转录酶。加入 180 μL DEPC 处理的 ddH₂O,稀释至 200 μL,混匀,稍微离心,保存于－20℃。

注:设置 3 支阴性对照,a. 加入第一链反应所需的所有试剂,但不加模板 RNA;b. 加除了反转录酶外的所有试剂;c. 加除引物外的所有试剂。

④RT-PCR。总 RNA 反转录合成的 cDNA 为模板,用根据 *Pcnpp* 基因序列设计的特异引物,进行 PCR 扩增。引物设计如表 2-4-7 所示。

表 2-4-7 RT-PCR 引物设计

Primer name	Primer sequence	Application	Expected size
ARTF	GTTGGACTCACGGA AAATCC	*Pcnpp*1	147
ARTR	GTGGTCAAGGATAACCCAACT		
BRTF	ATGAAATTCGTCGTTTTCCTC	*Pcnpp*2	179
BRTR	AGTTGGGGTTTGAACTTCATC		
FRTF	TCCAAGCTGGAACTATCGAT	*Pcnpp*3	166
FRTR	AGTCCACCACTGGTCTCTCC		

续表

Primer name	Primer sequence	Application	Expected size
GRTF	ACGACGGCTACAAGAAGT	*Pcnpp*4	117
GRTR	AGTATCCAGATCGTGGTTGA		
HRTF	GGGCTTGAAAACTACCGG	*Pcnpp*5	114
HRTR	CAAGAGTACATGATGGCCCAG		
JRTF	ACCACCATCTTCTGGATCAG	*Pcnpp*6	165
JRTR	AGAGTCTTGAGTCTGCGGTT		
KRTF	GACCCAAGATGACAGCAGTA	*Pcnpp*7	196
KRTR	TAGGAGCTGGAGTAGGTGAC		
LRTF	GTTCGCAGGTACAACAAATT	*Pcnpp*8	202
LRTR	AGATAGTGACAGGTTCAGGTTG		
MRTF	GACCCAAGATGACAGCAGTA	*Pcnpp*9	180
MRTR	TGACAGGGTAGGCAAATATG		
ORTF	CTGAGCGATCATGTACTCCT	*Pcnpp*10	171
ORTR	AGGATAGTAGACCGTGTAGCC		
QRTF	ACCACCAACTCCAGAACCAA	*Pcnpp*11	177
QRTR	TTTCAACTTCACACCAGCCTT		
RRTF	GGTCGTGATGGAGATGAAAT	*Pcnpp*12	118
RRTR	GATTATCTTT TCCGTCCAT		
TRTF	GTCGGCTCTTAGTGGTTATT	*Pcnpp*13	156
TRTR	AGTCCACATGATGAGGTCTTG		
URTF	GGAAGATCTTGGCTGTCA	*Pcnpp*14	165
URTR	GGTCCTGGTAGTCCCCTC		
XRTF	GCATGCTGGCTACAAGAA	*Pcnpp*15	137
XRTR	AGGTCCTGAAAAGTCCCA		
YRTF	AGCGTCTACTCCAAGCAA	*Pcnpp*16	140
YRTR	CATGATGAGGTCCTGGAAGTC		
SRTF	AAAGGACTCACCGTCTACTG	*Pcnpp*17	150
SRTR	GGCGGGCACGGATTGTACTT		

续表

Primer name	Primer sequence	Application	Expected size
VRTF	CCGTCATGACTGGGAGCACG	*Pcnpp*18	162
VRTR	GTCCAGGTCGTGGTTGTAAG		
ActinRTF	GTACTGCAACATCGTGCTGTCC	Actin gene	250
ActinRTR	TTAGAAGCACTTGCGGTGCACG		

反应条件如下：94℃预变性 5 min，然后进行以下循环：94℃变性 1 min，55℃退火 30 s，72℃延伸 30 s，共进行 30 个循环，最后 72℃总延伸 10 min。PCR 产物经 1% 的琼脂糖凝胶电泳分析。

此外，根据设计的内参引物 actinAF 和 actinAR，进行 PCR 扩增。反应条件如下：94℃预变性 4 min，然后进行以下循环：94℃变性 1 min，54℃退火 30 s，72℃延伸 30 s，共进行 30 个循环，最后 72℃总延伸 10 min。PCR 产物经 1% 的琼脂糖凝胶电泳分析。

(7)辣椒疫霉菌株 *Pcnpp* 基因在病原寄主互作过程中表达模式分析

Pcnpp 基因在植物病原菌侵染寄主建立寄生关系过程中起着非常重要的作用。研究该类基因在辣椒体内的表达情况，为进一步探讨辣椒疫病的有效防治措施提供理论依据。本研究利用 RT-PCR 及荧光定量 PCR 研究了克隆的 12 个诱导坏死蛋白基因在病原寄主互作过程中的表达情况。

①接种辣椒叶片。在 10% V8 培养基上培养辣椒疫霉菌 7 d，利用 Petri 溶液使其产生游动孢子囊，4℃放置 30 min 释放游动孢子，配制一定浓度的游动孢子悬浮液。将待接种辣椒叶片放在水琼脂培养基平板上，利用游动孢子悬浮液接种法对其进行接种，28℃黑暗培养。观察结果，并取样提取辣椒叶片总 RNA。

②荧光定量 PCR。以不同接种时间辣椒叶片总 RNA 反转录合成的 cDNA 为模板，用根据 *Pcnpp* 基因序列设计的特异引物，进行 PCR 扩增。反应体系及条件见表 2-4-8。

表 2-4-8　PCR 扩增的反应体系及条件

组成成分	20 μL 体系
2.5× realMasterMix	9 μL
20 × SYBR solution	
正向引物	0.5 μL

续表

组成成分	20 μL 体系
反向引物	0.5 μL
cDNA 模板	2 μL
dd H$_2$O	至 20 μL

95℃预变性 2 min,然后进行以下循环:94℃变性 15sec,55℃退火 15sec,68℃延伸 30sec,共进行 45 个循环,最后 65~95℃制备溶解曲线。

选择 actinA 为内参基因,每个样品做三个重复,用 $2^{-\triangle\triangle Ct}$ 对样本基因进行表达差异相对定量分析。$\triangle\triangle Ct = (C_{T \text{ target}} - C_{T \text{ actinA}})_{待测样本} - (C_{T \text{ target}} - C_{T \text{ actinA}})_{校准样本}$,在本研究中我们选择每个基因在接种第 1 d 中的表达为校准样本,第 3、5、7 d 为待测样本,举例见表 2-4-9。

表 2-4-9　对样本基因进行表达差异相对定量分析举例

样本名称	Gene1 Mean(Ct)	actinA Mean(Ct)	$\triangle$Ct	$\triangle\triangle$Ct	$2^{-\triangle\triangle Ct}$
1	27.35	16.98	10.37	0	1
2	27.52	16.86	10.66	0.29	0.82

以 1 号样本为校准样本,2 号为待测样本,应用$\triangle\triangle$Ct 法进行分析:

第一步,应用参照基因对校准样本和待测样本进行校正:

$$\triangle Ct_{(校准样本)} = Gene1(Mean\ Ct)_1 - 参照基因\ actinA\ (Mean\ Ct)_1$$
$$= 27.35 - 16.98$$
$$= 10.37$$
$$\triangle Ct_{(待测样本)} = Gene1(Mean\ Ct)_2 - 参照基因\ actinA(Mean\ Ct)_2$$
$$= 27.52 - 16.86$$
$$= 10.66$$

第二步,对校准样本和待测样本的$\triangle$Ct 进行归一化:

$$\triangle\triangle Ct = \triangle Ct_{(待测样本)} - \triangle Ct_{(校准样本)} = 10.66 - 10.37 = 0.29$$

第三步,表达差异计算:

$$2^{-\triangle\triangle Ct} = 2^{-0.29} = 0.82$$

因此 2 号样本的 Gene1 的表达水平比一号低 0.82 倍。

(8)辣椒疫霉 *Pcnpp* 基因在植物体内瞬时表达

1)农杆菌瞬时表达载体构建引物设计。为将克隆的诱导坏死蛋白基因在农杆菌中瞬时表达,需要构建 PVX 表达载体,而设计一系列引物。根据 PVX（pGR106）载体,选择所需要的酶切位点,将每个候选基因的成熟肽序列连入载体(图 2-4-1)。所得克隆经菌落 PCR 初步验证后,再测序验证以用于后续试验。

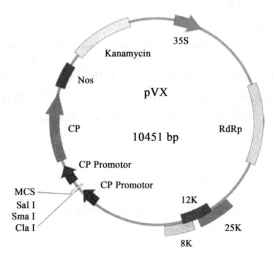

图 2-4-1　PVX 载体图

CP Promotor:CP 启动子;35S:35S 终止子;Kanamycin:卡那抗性;RdRp:RNA 依赖的 RNA 聚合酶;CP:外壳蛋白;12K:12 kD 蛋白;8K:8 kD 蛋白;25K:25 kD 蛋白。

表 2-4-10 为构建 PVX 载体所需引物序列。

表 2-4-10　PVX 载体构建所需引物

Primer name	Primer sequence	Application
MAF	CCC*ATCGAT*GCTGTTATCGACCACGACCAGGTCGT	*Pcnpp*1
MAR	CGAA*GCGGCCGC*TTAAGTGTAGTACGCGTTAGCTAGT	
MBF	CTTA*GCGGCCGC*CAAGAGCAGCAGCAGCAACAACA	*Pcnpp*2
MBR	ACGC*GTCGAC*CTAGAAGGGCCAGGCCTTGTCCAG	
MFF	AAA*GCGGCCGC*GGAACTATCGATCACAACCAGGT	*Pcnpp*3
MFR	ACGC*GTCGAC*TTAGAATGGCCAAGCCTTACC	
MHF	CCC*ATCGAT*ATGAAGTTCAAACCCCAACT	*Pcnpp*5
MHR	CTAA*GCGGCCGC*CTAGAAGGGCCAGGCCTTGTCC	
MJF	TCCCCC*GGGG*AAGACGGTTCGCACGCTCAAAA	*Pcnpp*6
MJR	ACGC*GTCGAC*TTAAAAACGGCCAGGCGTTTTCAA	

Primer name	Primer sequence	Application
MKF	CCC*ATCGAT*CAAGTTTCTCAAACCGCTTCCCAGA	*Pcnpp*7
MKR	TCCCCC*GGG*TTAGAACGGCCAAGCCTTGTCCAGT	
MLF	ACCCC*CGGGG*AAGAAACTACCAACTCAACGAC	*Pcnpp*8
MLR	ACGC*GTCGAC*TCATTGAAAGGGCCAAGCTTTGG	
MMF	CCC*ATCGAT*CAAGTTTCTCAAACCGCTTCCCA	*Pcnpp*9
MMR	TCCCCC*GGG*TTAGAACGGCCAAGCCTTGTCCA	
MOF	CCC*ATCGAT*GCAGTCATTGGCCACGACCAGGTC	*Pcnpp*10
MOR	TCCCCC*GGG*CTACTGGTACCAGGCGTTCGCGAGC	
MSF	CCC*ATCGAT*ATGTACTCGT GGTACTTCCC	*Pcnpp*13
MSR	ACGC*GTCGAC*CTATTTTTTT TCGCCAAA	
MTF	CCC*ATCGAT* ATGTACTCTT GGTATTTCC	*Pcnpp*14
MTR	CTT*AGCGGCCGC*TTAATCAAAC GGCCAGGC	
MUF	CCC*ATCGAT*ATGTACTCGT GGTACTTCC	*Pcnpp*15
MUR	CGT*AGCGGCCGC*TTAGAAGGGC CAAGCCT	

斜体部分为酶切位点(All the restrict enzyme sites are in italic)。

2)辣椒疫霉诱导坏死蛋白 PVX 表达载体构建。

将选择的 12 个目的基因全部构建 PVX 表达载体,根据载体酶切位点设计上述引物。使用高保真酶 Primer STAR HS Polymerase 扩增,反应体系如下见表 2-4-11。

表 2-4-11　PVX 表达载体构建反应体系

ddH$_2$O	32.5 μL
5×buffer	10 μL
dNTP mixture	4 μL
P1	1 μL
P2	1 μL
模板	2 μL
Pfu enzyme	0.5 μL

反应程序如下:98℃ 10 s,68℃ 1 min,运行 30 cycles,最后 4℃放置。

将反应产物跑胶回收后,使用相应的内酶处理,然后与 PVX 空载体连接。酶切体系见表 2-4-12。

表 2-4-12 PVX 表达载体构建酶切体系

ddH$_2$O	6 μL
10×buffer	2 μL
DNA	10 μL
内切酶 1	1 μL
内切酶 2	1 μL

按比例混匀于 37℃(不同内切酶所需温度有差别)水浴过夜处理。

将酶切产物回收后用于连接实验。连接体系见表 2-4-13。

表 2-4-13 PVX 表达载体构建连接体系

ddH$_2$O	5 μL
Ligase buffer	1 μL
T4 DNA ligase	1 μL
载体	1 μL
基因	2 μL

按表中加好混匀体系,于 16℃过夜连接。

连接产物转化验证,将连接产物克隆到大肠杆菌中,经过菌落 PCR 初步验证后,再送往北京博尚公司测序进一步验证。

3)辣椒疫霉诱导坏死蛋白 PVX 表达载体农杆菌转化。

首先根据以下步骤进行重组质粒的提取:

①将含有质粒的大肠杆菌接种于含有适量抗生素的 LB 培养基中,37℃,220~250 r/min 振荡培养至对数生长期。

②取 1 mL 菌液至 1.5 mL 的离心管中,8 000 r/min,离心 1 min。

③去上清,收集菌体。

④加入 200 μL 预冷的溶液 I,振荡悬浮菌体。

⑤加入 400 μL 新鲜配制的溶液Ⅱ,颠倒离心管数次混匀,12 000 r/min,离心 5 min。

⑥加入 300 μL 预冷的溶液Ⅲ,颠倒混匀液体,置冰上 5 min。12 000 r/min,离心 5 min,上清液转入另一只离心管中。

⑦加入等体积的苯酚/氯仿/异戊醇,振荡混匀,12 000 r/min,离心 5 min。

⑧上层水相转入另一只离心管中,加入等体积的异丙醇,混匀后室温放置 10 min,12 000 r/min 离心 10 min,去上清。

⑨沉淀用 70% 乙醇洗 2 次,倒置干燥。

⑩回溶于 30 μL TE(含 20 μg 的 RNA 酶)中,取 5 μL 电泳检测,于 −20℃ 保存。

然后按照如下步骤利用冻融法进行农杆菌转化:

①挑 GV3101 单菌落于 3 mL LB 液体培养基中(含利福平 50 mg/mL),在 28℃下,200 r/min 振荡培养 24 h;

②按 1∶100 的比例转接 100 mL LB 液体培养基中(含利福平 50 mg/mL),在相同条件下继续培养 6~7 h 至 OD=0.6 左右,用于制备感受态;

③取 1.5 mL 菌液 13 000 r/min 离心 30 s,弃上清,用 800 μL CaCl₂ 重悬菌体,于冰上放置 30 min,而后 13 000 r/min 离心 30 s,弃上清;

④再用 100 μL CaCl₂ 重悬菌体,冰上放置备用;

⑤取 10 μL 质粒加入 200 μL 感受态细胞中,冰上放置 30 min,然后在液氮中放置 1 min,然后立刻转到 37℃ 水浴中热击 5 min;

⑥迅速加入 800 μL LB 液体培养基在 28℃下,200 r/min 振荡培养 2 h;

⑦然后稍试离心收集菌体,将其涂布于 LB 液体培养基(含 kan、利福平 50 mg/mL),28℃下,倒置培养 48 h。

最后进行农杆菌转化子筛选:将平板上的转化子挑单班于 LB 液体培养基中振荡培养,然后提取质粒进行双酶切和 PCR 验证。

4)辣椒疫霉诱导坏死蛋白 PVX 表达菌液接种辣椒和烟草。

将挑选的转化子在 LB 液体培养基(含 kan、利福平 50 mg/mL),28℃下,200 r/min 振荡培养 24 h;然后离心收集菌体在等体积 MMA(10 mol/L MgCl₂、10 mol/ L MES 和 100 mol/ L AS)中继续诱导培养 3 h,诱导后的菌体接种 5~6 叶期的辣椒和本生烟草幼苗,用无针头 5 mL 无菌注射器将农杆菌悬浮液压入叶片叶脉中,接种除子叶外的所有叶片。以空载体和双蒸水处理作对照。每个处理重复 3 次,接种后植物在培养箱中(22℃,75% 空气湿度,黑暗)培养 2 d,转入人工气候室培养,接种后每天观察,记录症状变化直到第 14 d。

(9)辣椒疫霉菌 PCNPP 基因稳定沉默

1)卵菌稳定转化载体构建引物设计。

为进一步研究辣椒疫霉诱导坏死蛋白基因家族功能,我们进行了基因沉默工作。根据沉默载体 pHAM34 及各候选基因酶切位点,选择 Sma I 酶切位点设计引物(表 2-4-14)。载体 pHAM34 如图 2-4-2 所示。

表 2-4-14　基因沉默载体构建引物

Gene	Primer name	Primer sequence
Pcnpp1	gsAF	TCCCCCGGGATGCATCCAA CGCGTTGGGA
	gsAR	TCCCCCGGGGGCCCGACGT CGCATGC
Pcnpp2	gsBF	TCCCCCGGGATGAAATTCG TCGTTTTCCT
	gsBR	TCCCCCGGGCTAGAAGGGC CAGGCCTTG
Pcnpp3	gsFF	TCCCCCGGGATGAACCTTC TGGGATTCCT
	gsFR	TCCCCCGGGTTAGAATGGC CAAGCCTTAC C
Pcnpp5	gsHF	TCCCCCGGG ATGAAGTTCA AACCCCAACT
	gsHR	TCCCCCGGGCTAGAAGGGCCAGGCCTTGT CC
Pcnpp6	gsJF	TCCCCCGGGATGAGGTTTA CCACCATCTT
	gsJR	TCCCCCGGGTTAAAACGGC CAGGCGT
Pcnpp7	gsKF	TCCCCCGGGATGAGGC TCTTCGCTTT
	gsKR	TCCCCCGGGTTAGAACGGC CAAGCCTTGT
Pcnpp8	gsLF	TCCCCCGGGATGAGGCTCA GTATCGCCTT
	gsLR	TCCCCCGGGTCATTGAAAG GGCCAAGCTT T
Pcnpp9	gsMF	TCCCCCGGGATGAGGCTCT TCGCTTTCCT
	gsMR	TCCCCCGGGTTAGAACGGC CAAGCCT
Pcnpp10	gsOF	TCCCCCGGGATGGAGCCCC TGAATATAAG
	gsOR	TCCCCCGGG TTAGAAGGGC CAAGCCTTC
Pcnpp13	gsSF	TCCCCCGGGATGTACTCGT GGTACTTCCC
	gsSR	TCCCCCGGG TTAGAAGGGC CAAGCCTTC
Pcnpp14	gsTF	TCCCCCGGGATGTACTCGT GGTACTTCCC
	gsTR	TCCCCCGGG CTATTTTTTT TCGCCAAATG G
Pcnpp15	gsUF	TCCCCCGGGATGTACTCTT GGTATTTCCC
	gsUR	TCCCCCGGGTTAATCAAAC GGCCAGGCC

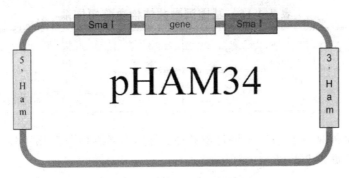

图 2-4-2　pHAM34 载体示意图

利用 Primer 3.0 设计各候选基因引物,扩增基因组 cDNA,将 PCR 产物回收酶切后与相应内切酶处理的 pHAM34 载体连接,然后克隆至大肠杆菌 JM109 感受态。经菌落 PCR 及酶切验证后送公司测序验证用于后续试验。

所有的酶切位点都用斜体表示。

2)辣椒疫霉诱导坏死蛋白稳定沉默表达载体构建。

根据设计的引物使用上述方法扩增目的基因,产物回收后用于酶切及连接实验。以 *PcNPP* 基因 cDNA 为模板,使用高保真酶 Primer STAR HS Polymerase 扩增,反应体系见表 2-4-15。

表 2-4-15　基因沉默载体构建反应体系

ddH$_2$O	32.5 μL
5×buffer	10 μL
dNTP mixture	4 μL
P1	1 μL
P2	1 μL
模板	2 μL
Pfu enzyme	0.5 μL

反应程序如下:98℃ 10 s,68℃ 1 min,运行 30 cycles,最后 4℃ 放置。将反应产物跑胶回收后,使用相应的内切酶处理,然后与 pHAM34 空载体连接。酶切体系见表 2-4-16。

表 2-4-16　基因沉默载体构建酶切体系

ddH$_2$O	6 μL
10×buffer	2 μL
DNA	10 μL
Sma I	2 μL

按比例混匀于 37℃ 水浴过夜处理。将酶切产物回收后用于连接实验。连接体系见表 2-4-17。

表 2-4-17　基因沉默载体构建连接体系

ddH$_2$O	5 μL
Ligase buffer	1 μL
T4 DNA ligase	1 μL
载体	1 μL
基因	2 μL

按表中加好混匀体系,于 16℃ 过夜连接。连接产物转化验证。按照 (5) 的方法将连接产物克隆到大肠杆菌中,经过菌落 PCR 初步验证后,再送往北京博尚公司测序进一步验证。

3)辣椒疫霉 PCNPP 稳定沉默重组载体质粒提取。

质粒提取使用 OMEGA plasmid Maxi Kit。

①将鉴定好的重组载体以及标记质粒 pHspNpt 接种于 200 mL LB 培养基中 37℃,200 r/min 培养 12～16 h,准备提取质粒;

②取 100～200 mL 菌液,室温下 3 500～5 000g 离心 10 min 收集菌体;

③倒掉培养基,加入 12 mL Solution I/RnaseA 混合液,涡旋振荡使细菌细胞完全悬浮;

④往悬浮液中加入 12 mL Solution II,轻轻颠倒混匀 10～15 次,此操作避免剧烈混匀节裂解反应不要超过 5 min;

⑤加入 16 mL Solution III,温和颠倒数次至形成白色絮状沉淀;

⑥室温下,12 000g 离心 10 min;

⑦转移上清液至套有 50 mL 收集管的 Hibind DNA 结合柱中,室温下,5 000g 离心 3～5 min,倒掉滤液;

⑧把柱子重新装回离心管,加入 10 mL HB Buffer,按上述条件离心,弃去滤液;

⑨把柱子重新装回离心管,加入 15 mL DNA Wash Buffer,按上述条件离心,弃去滤液;

⑩重复步骤⑨一次；

⑪弃去滤液,把柱子重新装回离心管,6 000g 离心空管 10～15 min 去除柱子基质；

⑫将柱子装在干净的 50 mL 离心管上,加入 2～3 mL Elution Buffer 到柱子中,静置 2 min,高速离心 5 min 洗脱出 DNA。提取好的质粒－20℃保存备用。

4)辣椒疫霉菌转化步骤。

首先进行辣椒疫霉菌株培养：

①将菌株 SD33 在 V8 培养基上平板上培养 4 d,于 25℃黑暗培养 4 d,从菌落边缘切取 2 mm×2 mm 的菌丝块重新转移到 NPB 固体培养基上继续在同样条件下培养 4 d；

②从菌落边缘切取 10 mm×10 mm 的菌丝块,与装有 50 mL 液体 NPB 培养基 250 mL 三角瓶中,每瓶 6 块菌丝块,共培养三瓶,在 25℃黑暗培养 2 d；

其次进行辣椒疫霉原生质体制备、转化：

①开始转化前 2～3 h,配制 40% PEG 溶液,完全溶解后,用细菌过滤器除菌后置冰上；

②用包有纱布的烧杯过滤收集菌丝,将菌丝用 20 mL 0.8 mol/L 的 mannitol 漂洗一次,然后将菌丝移入 50 mL 离心管中并加入 35 mL 0.8 mol/L 的 mannitol,室温下摇洗 10 min；

③配制 20 mL 酶解液,在灭菌烧杯中溶解后备用；

④将洗过的菌丝加到酶解液中,在室温下酶解,在 40～50 min 时镜鉴酶解效果；

⑤用包有两层 micra-cloth 的 50 mL 烧杯中过滤原生质体,然后将滤出液倒入 50 mL 离心管中,4℃ 1 500 r/min 离心 3 min,弃上清液；

⑥加入 6 mL W5 溶液轻轻重悬原生质体,再加入 W5 溶液至 35 mL,4℃ 1 500 r/min 离心 4 min,弃上清液；

⑦加入 6 mL W5 溶液轻轻重悬原生质体,将浓度调至 $2×10^6$ 个/mL；在冰上放置 30 min,然后于 4℃ 1 500 r/min 离心 4 min,弃上清液；

⑧加入等体积的 MMg 溶液重悬原生质体,室温放置 10 min；

⑨取若干 50 mL 离心管,做好标记,并向管中加入 pHspNpt(约 5 μL)及 15～20 μL 待转化质粒；

⑩向每支离心管中加入 1 mL 原生质体,置于冰上 5～10 min；

⑪向每个管中加入三次 580 μL 的 PEG 溶液,共 1.74 mL PEG 溶液,在加的过程中轻轻转动离心管,使得 PEG 与原生质体均匀混合,在冰上放置 20 min；

⑫在灭菌培养皿中加入 10 mL PM 培养液,再加入 20 μL 的 Amp 贮液(50 μg/mL)；

⑬向每个离心管中先加入 2 mL PM 培养液,并且缓慢颠倒一次,冰上放置 2 min,再向相应离心管中加入 8 mL PM 培养液并且缓慢颠倒一次,冰上放置 2 min;

⑭将离心管中液体在 25℃下静置过夜培养;

⑮从过夜生长过的培养皿中取 5 μL 在显微镜下检查再生情况,并将所有皿中所有液体吸入 50 mL 离心管中,2 000 r/min 5 min;

⑯弃上清液,使管内液体剩 5 mL 左右,使其悬浮,然后在 43℃下,加入 15 mL 含有 20 μg/mL G418 的 PM 固体培养基,吹干水汽,在 25℃下黑暗培养 2 d;

⑰通常在培养基表面看到菌丝重长出,待大部分菌丝重长出后,用 10 mL 含 50 μg/mL G418 的 PM 固体培养基覆盖继续培养并且筛选;

⑱经过 3～4 d 后从覆盖培养基长出菌丝,将最终生长的菌落初步定为转化子,并于 10℃冰箱内长期保存,待生物学性状和基因型分析。

5)辣椒疫霉基因沉默转化子的筛选和分子验证。

挑取转化子,放在含有 G418 抗生素的 V8 培养基中再次筛选培养。将生长出的转化子转入液体 V8 培养基中 28℃静置培养 3 d,收集菌丝,参照上述方法提取转化子 RNA。反转录后,进行 PCR 和荧光定量 PCR 分子验证。

6)辣椒疫霉 PCNPP 基因沉默转化子 RT-PCR 分析。

将转化子培养提取菌体总 RNA 后,进行沉默效率分析。PCR 反应采用前述体系及反应条件。以辣椒疫霉持家基因 actinA 为内参。

7)辣椒疫霉 PCNPP 基因沉默转化子荧光定量 PCR 分析。

荧光定量 PCR 反应采用前述引物、体系及反应条件。以辣椒疫霉 actinA 基因为内参,以野生型菌株及转化标记质粒的菌株为对照。每个样品做 3 次重复,每个实验重复 3 次。

8)辣椒疫霉 PCNPP 基因沉默转化子筛选及其生物学性状分析。

得到的沉默转化子需要进行生物学性状分析,包括致病性,孢子囊形态及数量,游动孢子产量,菌株的生长速率变化等。

9)游动孢子诱导。

①将辣椒疫霉参试菌株 SD33,标记质粒表达菌株以及沉默突变体菌株都转移到 10% V8 固体培养基上培养 4 d,从菌落边缘挑取菌丝块移至新的 10% V8 培养基上继续培养 4 d 备用;

②挑取菌落边缘菌丝块至 10% V8 液体培养基上培养,25℃黑暗培养 5～6 d;

③加入灭菌水(以刚好浸没菌丝为宜),每隔 1 d 换一次水直到产生游动孢子;收集游动孢子调节游动孢子浓度至 1×10^5 个/mL,得到的游动孢

子悬浮液可用于致病性分析。

10)转化子表型分析。

①菌落形态观察及生长速率测定:将辣椒疫霉原始菌株 SD33,标记质粒表达菌株以及沉默突变体菌株用打孔器取 0.5 mm 大小的菌块于 10% V8 固体培养基上培养,连续转接两次,然后再将上述菌株的同样大小菌丝块接到 10% V8 固体平板上待第 4 d 测量菌落半径。每次实验每个菌株 3 次重复,共 3 次重复实验,然后求其平均值计算菌丝生长速率。

②菌丝及孢子囊测定:各菌株在 10% V8 固体培养基上,28℃ 培养 5~7 d,挑取菌丝于载玻片上,观察孢子囊产量、孢子萌发以及菌丝形态观察。同时在显微镜下观察游动孢子形态并做记录。

③游动孢子的获得和萌发:将各参试菌株在 10% V8 液体中培养 3 d,然后再用 20 mL 灭菌水冲洗刺激产生孢子囊,再冷刺激产生游动孢子。吸取 200 μL 培养皿中的液体在显微镜下镜检游动孢子的数目。将游动孢子液涡旋振荡 30 s,与等体积灭菌水混合。吸取 50 μL 滴于载玻片上 25℃ 保湿培养 2 h,观察休止胞的萌发情况,计算萌发的休止胞占休止孢和萌发休止孢总和的比率。在显微镜下测量萌发后形成芽管的长度。所有实验每个菌株三次重复,然后求其平均值。

11)致病性测定。

将诱导的游动孢子接种培育的自交系辣椒(5~6 叶期)叶片。游动孢子浓度调节至 1×10^5 个/mL。首先将选取叶片消毒:70% 乙醇处理 30 s,0.1% 升汞溶液处理 7 min,在灭菌水中冲洗 3 次,晾干备用。晾干后将叶片平铺在事先准备的水琼脂平板上,每个平板放 3 片,每个叶片接种 2 μL 游动孢子悬浮液。每个样品接 10 个叶片。用辣椒疫霉野生型菌株 SD33,含有标记质粒的转化子游动孢子悬浮液和无菌水接种作为对照。做 3 次重复实验。每天观察症状,拍照记录。

2.4.2　结果与分析

1. 辣椒疫霉基因组信息分析结果

首先利用已知真菌、细菌及卵菌中诱导坏死蛋白基因在辣椒疫霉基因组中搜索出的同源基因,然后对其氨基酸序列进行分析,根据保守蛋白序列再确定数据库中同源基因。最后,分析辣椒疫霉诱导坏死蛋白数据及其在卵菌中的保守性。再经过 NCBI BLAST 分析,最后一共得到了 26 个可能的目的基因。对 26 个基因进行信号肽分析发现很少部分基因有信号肽;并对基因在基因组中的分布情况进行分析,发现大部分基因存在多拷贝。如表 2-4-18 所示 26 个基因,及其拷贝情况。

表 2-4-18   辣椒疫霉基因组中 NPP 基因分布情况

单拷贝基因(Single copy genes)	多拷贝基因(Multicopy genes)	
Genes	genes	Identical members in genome
20406	23459	70850
20844	70852	122619
21024	76138	113086
24573	82430	116399
68295	114323	114326
68503	7756	23286;70849
69004	23292	7613;37194
70605	71103	23660;7723
72101	74207	27731;27732;74207
73591	8760	86961;39481;118625;124767
75230		43884;43885;43886;43887;66543;
78535		91548;91549;91460;91461;91462;
78817	43883	119696;41934;41935;41936;41937;
82067		65858
86540		

　　利用辣椒疫霉基因组中的 NPP 基因设计引物克隆本实验室鉴定的高致病性菌株 SD33 内 NPP 基因。克隆测序以及 BLAST 比对最终得到 18 个基因命名为 $Pcnpp1\sim18$,并且全部上传至 Genbank (Genbank no HM543167-84)。

　　将克隆到的辣椒疫霉 18 个 $Pcnpp$ 基因使用 culstalw 2.0 软件进行序列比对,所有设置采用其默认值。序列比对结果如图 2-4-3 所示。

　　如图 2-4-3 所示,18 个基因氨基酸序列比对同源性大约在 46.26%,根据基因结构可以划分为两组。第一组包括 11 个基因($Pcnpp1$,$Pcnpp2$,$Pcnpp3$,$Pcnpp5$,$Pcnpp6$,$Pcnpp7$,$Pcnpp8$,$Pcnpp9$,$Pcnpp10$,$Pcnpp11$ and $Pcnpp12$),它们都有两个保守的半胱氨酸 C^{55} 以及 C^{80}(根据 $Pcnpp1$ 确定氨基酸残基序号)。第二组包括 7 个基因($Pcnpp4$,$Pcnpp13$,$Pcnpp14$,$Pcnpp15$,$Pcnpp16$,$Pcnpp17$ and $Pcnpp18$),它们都缺少两个保守的半胱氨酸残基,并且序列长度都在 $400\sim1\,000$ bp,然而这 18 个序列都有严格保守的"GHRHDWE"基序,以及 C-端相对保守序列"QDLIMWDQ"。根据 Ottmann 等(2009)报道腐霉同源 NPP 蛋白结晶的酶活性位点,可以预测辣椒疫霉诱导坏死蛋白的酶活性位点为 D^{112},H^{120},D^{123} 以及 E^{125}(根据 $Pcnpp1$ 氨基酸残基标记序号)。

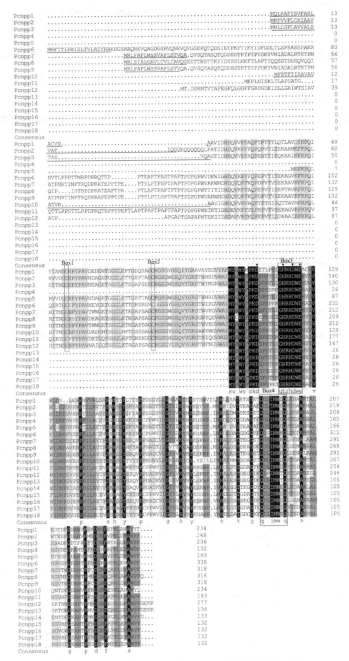

图 2-4-3　18 个辣椒疫霉 *Pcnpp* 基因序列比对图

信号肽部分用下划线标出；两个保守的半胱氨酸在 box1/box2 中；保守的"GH-RHDWE"基序在 box3 中；C-端保守序列"QDLIMWDQ"用 box4 标记；箭头显示潜在的酶活性位点。

2. 辣椒疫霉 *PcNPP* 基因系统进化分析

将克隆到的辣椒疫霉 *PcNPP* 基因及下载的来自细菌、真菌及其他卵菌的共计 52 个 NPP 基因(表 2-4-19)用 culstalw 2.0 进行多重序列比对,所有设置采用其默认值。序列的系统进化分析使用 PAUP * 4.0 来分析,采用邻近结合法(neighbor-joining,NJ)构建距离树。将来自细菌的基因设为外群,进行 1 000 次 bootstrap 自举法检验。

表 2-4-19　系统进化分析用的 NPP 序列信息

来源	Genbank No	基因型	来源	Genbank No	基因型
Bacillus halodurans	BAB04114	I	*Phytophthora capsici*	HM543171	I
Bacillus Licheniformis	YP_091187	I	*Phytophthora capsici*	HM543170	I
Vibrio pommerensis	CAC40975	II	*Phytophthora capsici*	HM543172	I
Streptomycetes coelicotor	AL939131	II	*Phytophthora capsici*	HM543173	I
Aspergillus nidulans	XP_660815	I	*Phytophthora capsici*	IIM543174	I
Aspergillus fumigatus	XM_743186	I	*Phytophthora capsici*	HM543175	I
Gibberella zeae	XP_386193	I	*Phytophthora capsici*	HM543176	I
Magnaporthe grisea	XP_362983	I	*Phytophthora capsici*	HM543177	I
Magnaporthe oryzae	XM_362983	I	*Phytophthora capsici*	HM543178	I
Moniliophthora per	EF114673	I	*Phytophthora capsici*	HM543179	I
Moniliophthora perniciosa	EF109894	I	*Phytophthora capsici*	HM543180	I
Magnaporthe grisea	XM_366313	II	*Phytophthora capsici*	HM543181	I
Fusarium oxysporum	AAC97382	I	*Phytophthora capsici*	HM543182	I
Verticillium dahliae	AAS45247	I	*Phytophthora capsici*	HM543183	I
Magnaporthe grisea	XM_365630	II	*Phytophthora capsici*	HM543184	I
Magnaporthe grisea	XM_368843	II	*Phytophthora megakarya*	AY741082	I
Neurospora crassa	XM_954671	II	*Phytophthora sojea*	AAM48171	I
Gibberella zeae	XP_387963	II	*Phytophthora sojea*	AF320326	I
Gibberella zeae	XP_383570	II	*Phytophthora megakarya*	AY741086	I
Gibberella zeae	XP_391669	II	*Phytophthora megakarya*	AY741088	I
Aspergillus nidulans	XP_660939	II	*Phytophthora sojea*	AAM48172	I
Aspergillus fumigatus	XM_743446	II	*Phytophthora megakarya*	AY741083	I

续表

来源	Genbank No	基因型	来源	Genbank No	基因型
Phytophthora capsici	HM543167	I	*Phytophthora infestans*	AY961417	I
Phytophthora capsici	HM543169	I	*Phytophthora parasitica*	AF352031	I
Phytophthora capsici	HM543168	I	*Pythium aphanid*	AF179598	I
Phytophthora middletonii	AY389162	I	*Pythium aff. vanterpoolii*	AAQ89595	I

如图 2-4-4 所示,所有来自卵菌的 NPP 基因都能聚成一支,而真菌的 NPP 聚到两个小分支(Fungi 1 及 2)。细菌的 NPP 基因选择为外围,然而两个细菌基因(AL939131 和 CAC40975)却归到了真菌分支 Fungi 2 里。

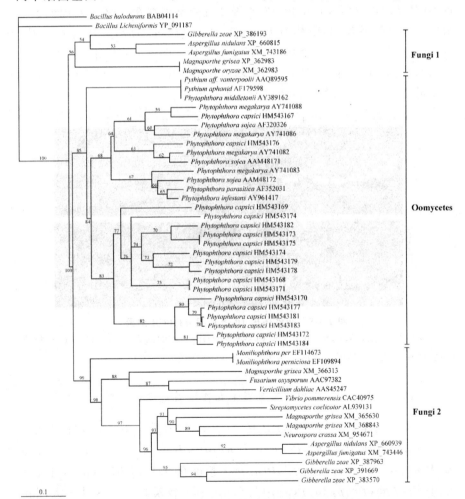

图 2-4-4　不同来源的 NPP 同源基因系统进化分析

按照前人研究 NPP 基因方法（Pemberton 和 Salmond，2004；Gijzen 和 Nürnberger，2006），可以根据半胱氨酸数量划分为Ⅰ型（有 2 个保守的半胱氨酸）和Ⅱ型（有 4 个保守的半胱氨酸）；并且系统进化树很严格地根据基因型聚类。但是图 2-4-4 却与以往报道有区别，Fungi 1 分支里全是Ⅰ型基因，而 Fungi 2 分支里除大部分为Ⅱ型基因外还夹杂着 4 个Ⅰ型基因（EF114673，EF109894，AAC97382 和 AAS45247）。此外所有辣椒疫霉坏死诱导蛋白都属于Ⅰ型基因。

3. *PcNPP* 基因在辣椒疫霉菌体内的表达分析

抽提辣椒疫霉菌体 SD33 总 RNA 反转录后，根据克隆的 18 个辣椒疫霉 NPP 基因设计特异性引物，PCR 验证有假基因存在。12 个基因的扩增结果显示目的条带，其中基因 *Pcnpp*4，*Pcnpp*11，*Pcnpp*12，*Pcnpp*16，*Pcnpp*17 及 *Pcnpp*18 这 6 个基因没有目的条带。图 2-4-5 为菌丝体内 18 个基因 RT－PCR 结果，说明这 12 个基因在菌丝生长阶段能够高效表达，辣椒疫霉诱导坏死蛋白基因家族可能有假基因存在。

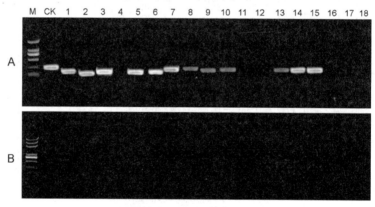

图 2-4-5　菌丝体内 18 个基因 RT-PCR 结果

A：M DNA marker DL-2000，CK 内参基因 actinA 扩增结果 1～18：*Pcnpp*1～18 扩增结果；B：以 RNA 为模板扩增无条带显示无 DNA 污染。

4. *PcNPP* 基因在辣椒疫霉与寄主互作中表达模式分析

本研究选择了 12 个 *PcNPP* 基因（表 2-4-20）进一步研究功能，其中 4 个基因（*Pcnpp*1，*Pcnpp*2，*Pcnpp*3，*Pcnpp*10）长度在 702～711 bp，4 个基因（*Pcnpp*6，*Pcnpp*7，*Pcnpp*8，*Pcnpp*9）长度在 951～1 017 bp，另外 4 个基因（*Pcnpp*5，*Pcnpp*13，*Pcnpp*14，*Pcnpp*15）较短长度在 399～582 bp。根据各候选基因，设计了基因特异性引物。

表 2-4-20　研究功能的 12 个 PcNPP 基因

Gene	Genbank No	Length（bp）
$Pcnpp1$	HM543167	702
$Pcnpp2$	HM543168	741
$Pcnpp3$	HM543169	711
$Pcnpp5$	HM543171	582
$Pcnpp6$	HM543172	1017
$Pcnpp7$	HM543173	957
$Pcnpp8$	HM543174	951
$Pcnpp9$	HM543175	957
$Pcnpp10$	HM543176	705
$Pcnpp13$	HM543179	411
$Pcnpp14$	HM543180	402
$Pcnpp15$	HM543181	399

　　提取辣椒疫霉 SD33 游动孢子处理不同时间的辣椒叶片总 RNA，反转录后做荧光定量 PCR，分析目的基因在不同侵染阶段的表达模式。图 2-4-6，图 2-4-7 显示荧光定量 PCR 部分结果（以 $Pcnpp1$ 为例）。

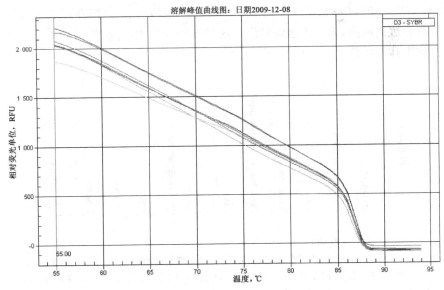

图 2-4-6　$Pcnpp1$ 基因荧光定量 PCR 溶解曲线

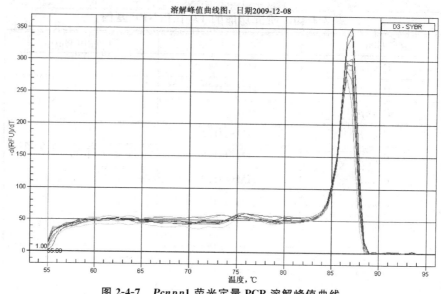

图 2-4-7 *Pcnpp*1 荧光定量 PCR 溶解峰值曲线

荧光定量 PCR 分析结果显示 12 个基因在辣椒疫霉处理叶片中的表达模式各不相同（图 2-4-8）。其中有 5 个基因（*Pcnpp*1，*Pcnpp*2，*Pcnpp*6，*Pcnpp*9 及 *Pcnpp*10）在第 3 d 出现峰值，而 *Pcnpp*6 表达量尤其突出，在同一时间点的表达量比其他基因表达量都要高；*Pcnpp*8 在 4 个检测时间点的表达量都很低，但是在第 5 d 出现表达量峰值；该家族的 6 个成员（*Pcnpp*3，*Pcnpp*5，*Pcnpp*7，*Pcnpp*13，*Pcnpp*14 及 *Pcnpp*15）都在侵染阶段的后期表达量最高，第 7 d 达到峰值。这些数据表明 *Pcnpp* 基因在整个侵染过程中都能高效表达，可能起到重要作用。

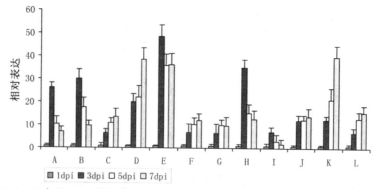

图 2-4-8 12 个 *PcNPP* 基因在辣椒疫霉游动孢子处理的辣椒叶片 1～7 d 内的表达模式
A：*PcNPP*1，B：*PcNPP*2，C：*PcNPP*3，D：*PcNPP*5，E：*PcNPP*6，F：*PcNPP*7，G：*PcNPP*8，H：*PcNPP*9，I：*PcNPP*10，J：*PcNPP*13，K：*PcNPP*14，L：*PcNPP*15；actinA：选为内参；标准误差来自 3 次重复实验。

5. *PcNPP* 基因农杆菌瞬时表达

为研究 *Pcnpp* 基因功能,将每个目的基因的成熟肽都构建 PVX (pGR106)表达载体。转化农杆菌 GV3101 后接种 4~5 叶期的辣椒和烟草叶片,并且记录接种后 10 d 内的症状变化。

农杆菌在辣椒体内瞬时表达大都在 3 d 后出现症状。在第 3 d 接种叶片开始出现变化,其中用 *pcnpp*1,*pcnpp*2,*pcnpp*3,*pcnpp*5,*pcnpp*9,*pc-npp*13 农杆菌转化子接种的辣椒叶片开始出现黄化,这些黄化部分逐渐加重,在第 7 d 形成 2~3 cm 褐色坏死斑;随着时间变化这些叶片逐渐脱落。

用 *pcnpp*10 和 *pcnpp*14 的农杆菌转化子接种后,也是在第 3 d 叶片出现黄化症状,然后黄化部分逐渐变灰,出现轻微坏死症状。而 *pcnpp*6 和 *pcnpp*15 农杆菌转化子处理后,在第 10 d 才在接种部位出现稍微黄化变色;而用 *Pcnpp*7 农杆菌转化子接种的辣椒叶片出现卷叶,在第 10 d 向叶背卷起并伴有坏死斑产生;*Pcnpp*8 农杆菌转化子接种的辣椒叶片第 3 d 出现黄化,到第 7 d 时黄化部分开始皱缩坏死。图 2-4-9 显示 Pcnpp 基因 PVX 瞬时表达接种辣椒叶片症状。

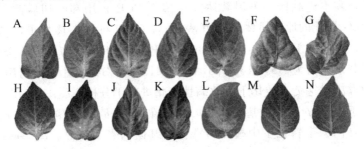

图 2-4-9　PcNPP 基因 PVX 瞬时表达接种辣椒叶片症状
A:*PcNPP*1,B:*PcNPP*2,C:*PcNPP*3,D:*PcNPP*5,E:*PcNPP*6,F:*PcNPP*7,G:*PcNPP*8,H:*PcNPP*9,I:*PcNPP*10,J:*PcNPP*13,K:*PcNPP*14,L:*PcNPP*15,M:双蒸水,N:PVX 空载体。图片显示接种 12 d 后叶片症状。实验重复三次。

大多数烟草叶片(*Nicotiana benthamiana*)在第 3 d 出现变色褪绿现象(图 2-4-10)。随时间变化,不同基因处理的叶片症状开始出现差异。其中 *pcnpp*1 和 *pcnpp*8 农杆菌转化子处理的烟草叶片,黄化部分逐渐变褐,在第 5 d 出现坏死斑。有 7 个 *Pcnpp* 基因(*pcnpp*2,*pcnpp*3,*pcnpp*5,*pc-npp*6,*pcnpp*7,*pcnpp*13,*pcnpp*15)的农杆菌转化子处理后接种部位一直都是褪色状态没有加重趋势。而 *pcnpp*8,*pcnpp*9 和 *pcnpp*11 的农杆菌转化子处理烟草叶片与对照处理结果无异,几乎没有出现任何症状。对照处理的叶片没有任何症状产生。

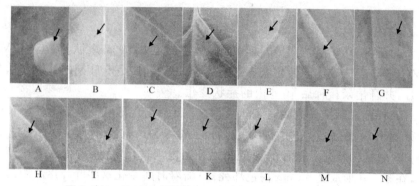

图 2-4-10　PcNPP 基因 PVX 瞬时表达接种烟草叶片症状

A：*PcNPP*1，B：*PcNPP*2，C：*PcNPP*3，D：*PcNPP*5，E：*PcNPP*6，F：*PcNPP*7，G：*PcNPP*8，H：*PcNPP*9，I：*PcNPP*10，J：*PcNPP*13，K：*PcNPP*14，L：*PcNPP*15，M：双蒸水，N：PVX 空载体。图片显示接种 12 d 后叶片症状。

6. *PcNPP* 基因稳定沉默

根据载体 pHAM34 上多克隆位点序列,设计引物,构建了 12 个候选基因的沉默重组载体。重组载体经过菌落 PCR 扩增和酶切后测序验证。利用 PEG 介导的原生质体转化方法,结合 G418 抗性筛选初步得到 86 个转化子。再利用 RT-PCR 以及荧光定量 PCR 分析最后筛选了 7 个理想的转化子分别命名为 A6,A13,O18,M1,H6,S5 及 S27。进一步利用游动孢子接种方法对这 7 个转化子的致病性变化进行了分析。

由于 *Pcnpp* 基因以基因家族形式存在,各成员之间存在较高同源性,有必要在同一个转化子中检测所选目的基因的表达情况。图 2-4-11 显示用 RT-PCR 方法检测得到的 7 个转化子中所选目的基因的表达情况。选择 actinA 基因作为内参,以 SD33 野生型菌株以及转化标记质粒的菌株作为对照。

图 2-4-11,A 显示 actinA 基因在所有参试菌株中表达量一致,沉默没有对 actinA 基因表达产生任何影响。B 显示的是 12 个目的基因在不同重组质粒的沉默转化子中的表达情况存在很大差异。在 SD33 野生型菌株以及转化标记质粒的菌株所有 12 个目的基因都能正常表达,且表达量没有明显差异。A6 转化子(以 *Pcnpp*1 基因构建的重组质粒而来)中,*Pcnpp*1 和 *Pcnpp*3 基因没有目的条带产生,基本检测不到,*Pcnpp*10 基因的表达量明显降低,说明 *Pcnpp*1 和 *Pcnpp*3 已经沉默,*Pcnpp*10 部分沉默。A13 转化子(以 *Pcnpp*1 基因构建的重组质粒而来)中,*Pcnpp*1,*Pcnpp*3 和 *Pcnpp*10 基因没有目的条带产生,基本检测不到,说明这 3 个基因已经成功

沉默。

转化子 O18(以 *Pcnpp*10 基因构建的重组质粒而来)中,*Pcnpp*1,*Pc-npp*3 和 *Pcnpp*10 基因没有目的条带产生,基本检测不到,*Pcnpp*9 基因的表达量严重降低,*Pcnpp*5,*Pcnpp*6,*Pcnpp*7 和 *Pcnpp*8 基因表达量也有明显下降,表明 *Pcnpp*1,*Pcnpp*3 和 *Pcnpp*10 基因已经沉默。

M1 转化子(以 *Pcnpp*9 基因构建的重组质粒而来)中,*Pcnpp*7 和 *Pc-npp*9 基因没有目的条带产生,基本检测不到,*Pcnpp*10 基因的表达量明显降低,表明 *Pcnpp*7 和 *PcNPP*9 基因完全沉默。

A Expression of actinA in different strains

B RT-PCR analysis of 12 pcnpp genes in transformants

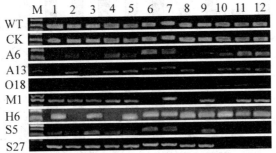

图 2-4-11　利用 RT-PCR 分析 12 个 *PcNPP* 基因在各转化子内的表达情况
A:RT-PCR 分析内参基因 actinA 在 7 个转化子内的表达情况 B:RT-PCR 分析 12 个基因分别在 7 个转化子内的表达情况 M:DNA marker DL-2000;WT:野生型;CK:控制压力;推测 A6,A13,O18,M1,H6,S5,S27 为沉默菌株。

H6 转化子(以 *Pcnpp*5 基因构建的重组质粒而来)中,*Pcnpp*2 和 *Pc-npp*5 基因没有目的条带产生,其他基因的表达量无明显变化,表明 *Pc-npp*2 和 *Pcnpp*5 基因完全沉默。

S5 转化子(以 *Pcnpp*14 基因构建的重组质粒而来)中,*Pcnpp*14 基因没有目的条带产生,基本检测不到,*Pcnpp*13 和 *Pcnpp*15 基因的表达量严重降低,表明 *Pcnpp*14 基因完全沉默,*Pcnpp*13 和 *Pcnpp*15 基因部分沉默。S27 转化子(以 *Pcnpp*14 基因构建的重组质粒而来)中,*Pcnpp*13 基因基本检测不到目的条带,*Pcnpp*14 和 *Pcnpp*15 基因的表达量严重降低,表明 *Pcnpp*13 基因完全沉默,*Pcnpp*14 和 *Pcnpp*15 基因部分沉默。

图 2-4-12 显示了利用荧光定量 PCR 检测 12 个目的基因在 7 个转化子中的沉默效率,目的基因沉默的同时引起了同源基因共沉默。A,B 和 C 显示 A6,A13 和 O18 转化子稳定转化中引起了 *Pcnpp*1,*Pcnpp*3 和 *Pc-*

npp10 基因沉默效率在 80％左右。M1 转化子引起了 *Pcnpp*7 和 *Pcnpp*9 的稳定沉默。H6 转化子引起了 *Pcnpp*5 沉默效率在 80％以上，*Pcnpp*2 的沉默效率在 70％左右。S5 和 S27 转化子稳定转化使 *Pcnpp*13，*Pcnpp*14 和 *Pcnpp*15 基因表达量明显降低。S5 转化子中 *pcnpp*14 沉默效率在 80％以上，*Pcnpp*13 和 *Pcnpp*15 基因沉默效率在 60％～70％。S27 转化子中 *pcnpp*13 沉默效率在 80％以上，*Pcnpp*14 和 *Pcnpp*15 基因沉默效率在 60％～70％。基因家族中一个基因成员的沉默会引起其他家族成员的部分沉默或者完全沉默。

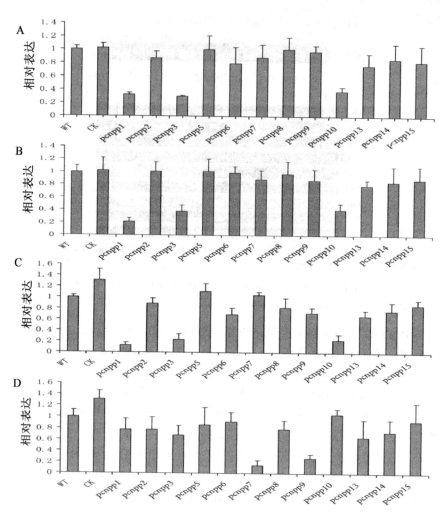

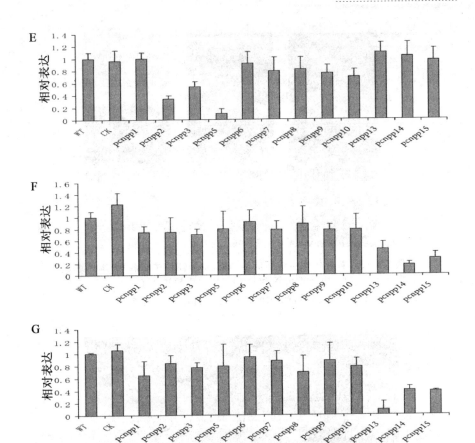

图 2-4-12　荧光定量 PCR 验证转化子中个基因沉默效率

　　A～G：12 个 *Pcnpp* 基因分别在 7 个不同转化子 A6，A13，O18，M1，H6，S5 及 S27 内的相对表达量。选择 actinA 为内参基因，误差线显示每个样品三次重复荧光定量 PCR 分析的计算数据。所有基因之间的表达量比较用的是与对照的相对表达量。

　　详细比较了基因沉默转化子与对照组转化子的生长速率、游动孢子产量（图 2-4-13）、休止率、孢子囊生长状况（图 2-4-14）等表型，实验结果表明 *Pcnpp* 基因沉默对这些生物学性状没有产生影响。由于 *Pc-npp* 在寄主病原互作阶段表达变化显著，这可能暗示着该基因在侵染过程中发挥着重要作用。游动孢子在 10％的 V8 液体培养基中 25℃孵育，静止 2 h 后，野生型和对照转化子萌发率在 49％～54％，而 7 个沉默转化子休止孢的平均萌发率为 48％～53.7％。

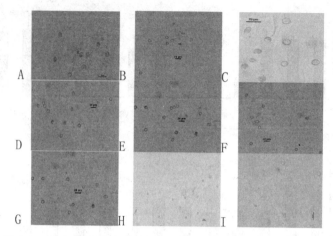

图 2-4-13　各转化子中游动孢子产量(相同体积诱导液)基本一致
A. 野生型菌株 SD33；B. 标记质粒转化子；
C：A6；D：A13；E：O18，F：M1；G：H6；H：S5，I：S27。

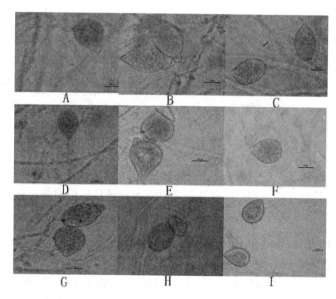

图 2-4-14　各转化子中孢子囊生长状况基本一致
A. 野生型菌株 SD33；B. 标记质粒转化子；
C：A6；D：A13；E：O18，F：M1；G：H6；H：S5，I：S27。

本研究用游动孢子接种法进行了致病性测定(图 2-4-15)。

对 4～5 叶期的辣椒叶片接种,观察 1～7 d 内的症状变化。接种野生型游动孢子的叶片很快在接种位点出现坏死腐烂斑,并且病斑有扩大趋势。接种对照质粒转化子游动孢子的叶片出现相同症状。而用转化子游动孢子处理后的叶片出现症状的时间延迟,强度减弱,发病面积明显小于对照叶片(图 2-4-15,图 2-4-16)。并且 M1 和 H6 转化子的游动孢子接种发病面积较其他 5 个的要大,(图 2-4-15 的 D,E 及图 2-4-16)。这与图 2-4-12 相吻合,M1 和 H6 沉默突变体中基因沉默效率相对较低,并且只有 *Pc-npp*7 和 *Pcnpp*9 能够稳定沉默。另外 5 个沉默转化体中沉默效率相对较高并且沉默的基因成员数也较多。这说明 *PcNPP* 基因参与病原致病过程。

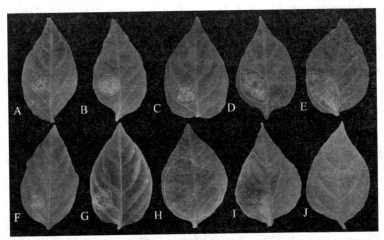

图 2-4-15　PcNPP 沉默转化子致病性测定
A:A6;B:A13;C:O18;D:M1;E:H6;F:S5;G:S27;
H:野生型菌株 SD33;I:CK;J:双蒸水。

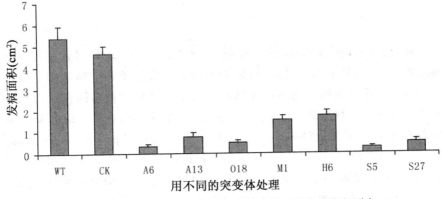

图 2-4-16　*PcNPP* 沉默转化子游动孢子接种发病面积测定
误差线由 14 个接种叶片发病面积平均值而来。接种后 5 d 测量平均面积。

2.4.3 讨论

1. 辣椒疫霉基因组信息分析

本研究基于辣椒疫霉,大豆疫霉,橡胶疫霉以及致病疫霉等基因组数据,结合生物信息处理软件,对NPP基因在辣椒疫霉基因组中的分布进行了较详细的生物信息学分析。

基因家族是一组由一个古老基因进化而来的具有高度同源性的序列,能够编码不同蛋白,很多大的基因家族都有保守的蛋白基序或者结构域。生物体内很多功能基因都以基因家族的形式存在,比如辣椒疫霉细胞壁降解酶果胶甲基酯酶果胶裂解酶以及多聚半乳糖醛酸酶等都是有很多成员存在(Tyler et al.,2006)。NPP基因在基因组内也以基因家族形式存在,在染色体上有随机分布的,也有成簇存在的。基因簇的出现被认为是由于单个基因在进化过程中不正常的交换和DNA复制错误造成的。例如,致病疫霉中参与游动孢子割裂的NIF基因家族成员成簇排列在同一条染色体上,其中两个基因共用同一个启动子。这些基因虽然在DNA序列和表达方式上并不完全相同,但却可以在转录水平上相互调节(Tani et al.,2005)。大豆疫霉中编码诱导坏死蛋白的基因在基因组上也有成簇排列的现象(Qutob et al.,2002)。辣椒疫霉中诱导坏死蛋白基因家族成员多,说明它们的调节方式是多样的,功能是多样和协同的。虽然辣椒疫霉(*P.capsici*)基因组序列已公布,但是仍然未见多少关于它们基因功能的相关报道,因此对于卵菌特别是疫霉的基因功能了解依然是粗略的。

2. 辣椒疫霉诱导坏死基因确定

在高致病性菌株SD33中克隆到了18个PcNPP基因,尽管在其他疫霉属种也有NPP基因的报道,但是关于这类基因分子和生物学水平的研究尚少。真菌及细菌中诱导坏死基因的报道也证明此类基因在结构和大小上也存在多样性。例如*Magnaporthe grisea*和*Gibberella zeae*基因组中都有4个NPP基因(Dean et al.,2005;Gijzen and Nürnberger,2006),而*Aspergillus nidulans*和*A. fumigatus*分别有2个NPP基因(Galagan et al.,2005),而*Neurospora crassa*基因组中却只有一个NPP基因(Galagan et al.,2003)。很多细菌基因组中也有1~4个NPP基因(Pemberton and Salmond 2004)。*P. sojae*及*P. ramorum*基因组中也有50~60个NPP基因,但大部分都是假基因。在*P. megakarya*基因组中,仅检测到6个NPP

同源基因存在(Bae et al. ,2005)。关于 NPP 蛋白功能,有学者做了初步研究探索。有人认为此类蛋白可能参与病原物致病侵染(Qutob et al. ,2006)。但是所报道的 NPP 蛋白有很多是从非侵染性微生物里得到的。这可能说明 NPP 蛋白在生物生理功能方面会起到相关作用。而动物和植物之中却没有此类基因的报道。因此对 NPP 蛋白的生物功能至今未有定论。

所克隆的 18 个 PcNPP 基因存在明显的基因结构及长度差异。基因长度在 400~1 000 bp 不等,而且没有内含子。大豆疫霉(P. sojae)基因组中 3 个编码诱导坏死反应的基因在染色体上紧密成簇地排列于一个 10 835 bp 的区域,开放读码框的平均长度为 497 bp。大多数卵菌基因并不含有内含子,这也是卵菌基因组的生物特征。对 GenBank 中大豆疫霉 63 个基因分析发现仅有 21 个基因有内含子,而且这 21 个基因只有 32 个内含子,平均每个基因含 1.5 个内含子,内含子平均长度为 79 bp(26~72 bp 不等)且具有保守序列。此外 PcNPPs 的 GC 含量在 56.6%,这与其他疫霉的 NPP 蛋白中 GC 含量基本一致,比如致病疫霉(P. infestans)中是 56.9%,大豆疫霉(P. sojae)中是 59.3%,寄生疫霉(P. parasitica)中是 56.6%(Bae et al. ,2005)。疫霉基因组中 GC 含量大约为 58%(Qutob 2000;Randall 2005),这种特征有助于我们鉴定病原菌和寄主植物混合样品的 cDNA 来源,因为植物材料的基因 GC 含量仅为 42%(Qutob,2000)。

系统进化分析表明,NPP 基因可能是卵菌区别其他生物的一个鲜明特征。所有卵菌的 NPP 基因都能聚成一簇,而细菌和真菌的 NPP 基因却形成了不同分支。我们的结果与前人研究结果有差异,前人认为 NPP 系统进化几乎是按照基因型(typeⅠ/typeⅡ)划分的,而在本研究中却不能严格按基因型划分类群。但是所有的卵菌基因能划到一个大的分支中,所有的辣椒疫霉 PcNPP 基因都和卵菌基因分在一起,这一点与前人研究结果是一致的(Pemberton and Salmond 2004;Gijzen and Nürnberger 2006;Garcia et al. ,2007)。或者说 NPP 基因不适合用于真菌和细菌进化分析。很多细菌的 NPP 基因的核酸组成与其基因组核酸组成存在偏差,这也从侧面反映细菌有可能从其他生物得到了这类基因,诸如通过水平基因转移机制或者基因漂流(Pemberton and Salmond,2004)。真菌担子菌 Moniliophthora perniciosa 中有报道 NPP 基因存在,但在担子菌其他类群中并未发现,这也说明这类基因在担子菌中进化的不连续性(Garcia et al. ,2007)。并且 Moniliophthora perniciosa 的诱导坏死基因(MpNEPs)GC 组成比基因组中其他基因含量要高,这也说明 NPP 基因可能是通过水平转移或基因漂流进入 Moniliophthora perniciosa 基因组(Garcia et al. ,2007)的。

尽管不同来源地 NPP 基因具有较高的序列同源性,但是在基因结构和生物学操作中具有种内和种间差异。辣椒疫霉的 PcNPP 基因与其他 NPP 基因同源性在 15% 到 84.19% 之间,其中 $Pcnpp1$(HM543167)与疫霉 $P. megakarya$ 中(AY741088)的同源性达到 84.19%,而 $Pcnpp10$(HM543176)与大豆疫霉($P. sojae$)(AAM48171)为 83.9%。$Moniliophthora perniciosa$ 基因组的 2 个 NPP 基因(MpNEP1 和 MpNEP2)同源性很高,但是接种烟草和可可叶片后的症状却大相径庭(Garcia et al. ,2007)。这可能是与基因的"生死进化"机制(birth－and－death)有关(Nei and Rooney,2005)。

3. 辣椒疫霉 12 个诱导坏死基因在病原与寄主互作过程中表达模式异同

利用辣椒疫霉接种的辣椒叶片,我们分析了 12 个诱导坏死基因在寄主体内的表达模式。12 个基因都能够特异表达,主要有两种不同的表达模式。$Pcnpp1$,$Pcnpp2$,$Pcnpp6$,$Pcnpp9$ 和 $Pcnpp10$ 这 5 个基因在前 3 d 表达量递增,并在 3dpi 时表达量最高,然后降低;而有 7 个基因 $Pcnpp3$,$Pcnpp5$,$Pcnpp7$,$Pcnpp8$,$Pcnpp13$,$Pcnpp14$ 和 $Pcnpp15$ 在侵染初期表达量都是逐渐增强的,并在侵染的后期达到峰值。在对来自大豆疫霉及担子菌的诱导坏死基因对寄主侵染过程中表达研究分析发现,表达峰值都是随着寄主症状的产生的时期出现(Qutob et al. ,2002;Motteram et al. ,2009),暗示 NPP 在微生物由活体营养向死体营养的过渡阶段起到重要作用。然而我们的研究中 5 个基因是在侵染初期寄主症状出现之时表达量增强,另外却有 7 个基因在侵染后期也有较强的表达量。这说明在病原物侵染寄主植物的全过程,NPP 基因都起到重要的作用。NPP 基因可能是病原物重要的致病因子。

研究基因家族水平表达模式有助于解析该类基因的功能。同一家族的成员,有的基因表现为很高的表达量,可能具备组成性蛋白功能;而有的基因成员表达量很低,可能仅在特定组织或者特殊条件下才能表达。一个基因家族内,表达水平低的基因通常被忽视,或者被定为假基因。而研究表明拟南芥基因组中存在很少量的不表达的假基因。那些有很少开放阅读框或者没有表达序列表签的基因能够在特定条件下或者特殊的生长阶段或者组织内表达。有时候这些基因可能作为生物体对环境信号的反应因子。比如拟南芥线粒体转运蛋白基因家族在正常条件下表达量都很低,但在胁迫条件下高量表达(Lister et al. ,2004)。

很多研究利用反向遗传学方法研究基因家族功能。但是问题在于不能确定表性的变化究竟是由哪个基因造成的。Sarria 等(2001)分析了九个拟南芥葡聚糖合成酶基因,对 3 个基因进行过量表达,并分析了细胞壁葡聚糖的合成;且明确了特定基因敲除引起的表型变化,单个成员敲除能够导致植物表型变化,敲除 2 个基因能使植物致死。基因家族的功能以及基因冗余应该考虑到单个成员的生化功能和特定的表达时空条件。

功能补偿法常用来研究基因冗余或者基因等价功能。然而用这种方法研究基因功能有些粗放。对拟南芥 ATPase 质子泵基因研究,发现尽管 PMA2 和 PMA4 可以替代酵母质子泵基因,但不能产生同样的表型(Arango et al.,2003)。此外,尽管亚基因家族的成员替换可以产生相同功能,但是也存在细小的功能差异。因此功能补偿法不能有力证明单个基因成员的功能。对不同基因家族的特性和功能了解得越多,越有助于我们研究基因敲除突变体的表型分析。

4. 辣椒疫霉 12 个诱导坏死基因 PVX 表达后农杆菌接种症状差异

NPP 基因引起植物的典型症状为坏死,细胞死亡甚至萎蔫(Fellbrich et al.,2002;Wang et al.,2004)。我们的研究中却发现 PcNPP 基因引起辣椒和烟草的症状更要复杂。不同的基因处理烟草或者辣椒在处理后的不同的时间点出现的症状包括叶片坏死,不同程度的黄化,皱缩和卷缩。有报道说 *Moniliophthora perniciosa* 的两个同源性很高的基因(MpNEP1 和 MpNEP2)仅有 16 个氨基酸差异,处理烟草和可可叶片后的症状迥异(Garcia et al.,2007)。对樟疫霉果胶甲基酯酶基因家族 8 个基因构建 PVX 载体接种烟草发现产生了 4 种不同类型的症状(Wu et al.,2008)。也有报道称不同来源的 NPP 基因,如 *F. oxysporum*(Bailey,1995),*P. aphanidermatum*(Veit et al.,2001),*P. parasitica*(Fellbrich et al.,2002)以及 *P. sojae*(Qutob et al.,2002)具有很高同源性,但它们功能差异却很大。因此,这表明 NPP 基因功能存在种间和种内差异。

5. 辣椒疫霉诱导坏死基因沉默

本研究中,NPP 家族的大多数成员已经不同程度地部分沉默,很少基因实现完全沉默。原因可能是 *PcNPP* 在菌体内的表达量本来就很低或者说完全沉默这些基因会导致菌株死亡。NPP 基因完全沉默导致菌体死亡的可能性很小,因为在单倍体生物 *Mycosphaerella graminicola* 中敲除 NPP 基因,沉默突变体的表型却没有发生大的变化(Motteram et al.,2009)。得到的 7 个沉默转化子 RNA 水平检测没有使 *Pcnpp*6 和 *Pcnpp*8 的表达量降低,也就是说这两个基因没有发生沉默,这可能暗示这两个基因是生物体生存必需的基因。Miki 等(2005)提出表达量高的基因较之表达量低的基因要容易实现沉默。并且出现了共沉默现象,即沉默转化体中目的基因的 mRNA 检测显示表达量降低了,但是非目的基因的表达量也跟着降低了。并且是同源性越高的基因其表达量降低的较之同源性远的基因要多。例如,本研究中的 3 个同源性很高的基因 Pcnpp1,Pcnpp3 和 Pcnpp10 同时在 3 个不同的转化子中(A6,A13,O18)实现了共沉默,且沉默效率在 60% 到 88% 之间。沉默突变体 H6 中 Pcnpp2 和 Pcnpp5 的沉默表达量分别为 34.4% 和 13.2%,而在 M1 中 PcNPP7 和 PcNPP9 的表达量分别是 14% 和 27%;而 Pcnpp13,Pcnpp14 和 Pcnpp15 在 2 个沉默突变体 S5 和 S27 的基因组中表达量都降低了 60% 以上。本结果与莴苣基因 RGC2 的 PTGS 沉默结果类似,一个目的基因沉默导致了同一家族中多个基因成员的共沉默;并且 4 个同源性较高基因其表达量比另外 2 个同源性低的基因的表达量要低很多(Wroblewski et al.,2007)。在研究 Cladosporium fulvum 中 hydrophobins 基因沉默的同时,也发现了基因共沉默现象(Lacroix & Spanu,2009)。基因共沉默现象的产生可能是由于在目的基因上或其附近形成的异染色质化,这种异染色质化由目的基因向外延伸,可以扩展到其他基因簇(Judelson & Tani,2007)。有时候与目的基因很近的同源基因却不受影响,这可能是由于绝缘体序列或者是由于染色体修饰蛋白阻止了异染色质化形成。因此,基因沉默实验中必须考虑到目的基因邻近基因发生共沉默的现象。

辣椒疫霉诱导坏死基因 PcNPP 基因沉默并没有改变菌体表型的变化。一个原因可能是由于该家族成员众多没有使所有成员都发生沉默,但这种可能性很小。因为 Fusarium oxysporum 和 M.graminicola 中 NPP 基因成功敲除都没有改变菌体表型(Bailey et al.,2002;Motteram et al.,2009)。另一个合理解释就是 NPP 基因与病原物致病性有关而不是决定生物体生理功能的基因。莴苣基因 RGC2 不完全沉默已经能够很高效地改变了其表型(Wroblewski et al.,2007)。本研究中辣椒疫霉诱导坏死基因 PcNPP 是以基因家族形式存在,要使单一成员或者所有基因都沉默是非常困难的。

6. 辣椒疫霉 PcNPP 基因沉默突变体致病力降低

尽管所得到的沉默突变体没有发生表型变化,但是其致病力却是明显下降了。对 Ustilago maydis 中 pep1 基因敲除并没有带来菌体表型的变化,但是突变体的致病力几乎完全丧失,表现在不能成功侵染或不能激发植物体产生防御反应(Doehlemann et al.,2009)。对 7 个沉默突变体的游动孢子接种研究发现,症状出现得比对照组要迟 1 d,对照处理的叶片在 2

d 出现症状,而突变体却在 3 d 时出现症状。并且突变体处理的叶片病斑明显要比对照组的病斑小。说明基因沉默影响了病原物的致病力,但还不能说明突变体症状产生缓慢的具体原因。从侧面也反映了 NPP 表达量与疫霉突变体致病力强弱的关系。突变体中,诱导坏死蛋白基因家族各成员的表达量明显降低了,同时突变体的致病力也明显降低。关于 NPP 基因功能的研究,有学者认为 NPP 基因对真菌的致病力可有可无,基本与生物体致病力无关。如将 *F. oxysporum* 中的 NPP 完全敲除不会影响镰刀菌的致病力;而将灰霉 *Botrytis elliptica* 中两个 NPP 基因分别完全敲除得到的转化子对百合的致病力没变(Staats et al. ,2007)。*M. graminicola* 中 NPP 基因敲除没能改变病原菌的致病力(Motteram,2009)。但这些研究仅限于真菌基因组内 NPP 基因功能研究,真菌体内 NPP 数目较少只有 1~2 个,而在卵菌基因组中 NPP 基因以基因家族的形式大量存在。软腐细菌 *Erwinia carotovora* 的 NPP 基因敲除导致细菌突变体对马铃薯导管的侵染能力严重降低(Mattinen et al. ,2004)。

本研究中对根据 *Pythium aphanidermatum* 中 NPP 结构预测的活性位点(Ottmann et al. ,2009)对代表基因 *Pcnpp*1 进行体外突变,突变体在烟草中瞬时表达竟然致病力丧失。这也暗示此类基因编码的蛋白与寄主侵染有重要关系。因此,NPP 能够编码具有酶活性的效应蛋白。这与前人提出的理论相吻合,有些效应蛋白具有多种酶活性能够与植物体内的特殊组成部分相互作用(Lewis et al. ,2009)。细菌中,已报道的具有酶活性的效应蛋白包括 protease,E3 ligase,ADP-ribosyl transferase 以及 phosphor-threonine lyase (Hann et al. ,2010)。而卵菌及真菌几乎未有报道。效应蛋白具备的酶活性或许是其表现毒性将目的分子失活的一种体现,在这个过程中将病原物的致病性和寄主的免疫性联系起来。

到目前为止,所报道的关于 NPP 蛋白的功能,除了引起植物的防御反应,细胞死亡之外,几乎没有其他方面功能的描述。本研究发现 NPP 效应子在侵染过程中起到重要作用,NPP 基因沉默会使病原物致病力明显降低。疫霉致病机制至今还很模糊,研究单个基因的致病功能也是很耗力的事。但是目前基因沉默仍然是研究基因功能较合适的方法,能够使目的基因表达量降低获得低表达量菌株。阐明辣椒疫霉基因组内重要效应蛋白基因将有益于剖析疫霉和其他卵菌的生物学特性以及致病机制。

2.4.4 结论

辣椒疫病是在世界范围内普遍发生的一种毁灭性病害,能侵染多种茄科及葫芦科植物。最早在 1922 年,Leon Leonian 记载了发生在墨西哥辣椒疫病,确定其病原为 *Phytophthora capsici*。病原物的成功侵染必须克服寄主的防卫系统,进而获取养分进行繁殖扩大侵染。卵菌病原物能够分泌效应蛋白,引起寄主生理变化,破坏寄主防御系统。NPP (Necrosis-inducing Phytophthora Protein),也被称为 Nep-1 like proteins 是一种典型的效应蛋白。许多真菌细菌及卵菌都可以产生诱导坏死蛋白,特别是卵菌中的疫霉属基因组存在大量的诱导坏死基因。植物受 NPP 处理表现为乙烯释放,MAP 激酶活化,植保素合成,PR 基因诱导表达,胞质 Ca^{2+} 释放等防御反应。NPP 蛋白能够诱导多种双子叶植物产生过敏反应。NPP 蛋白可能在病原微生物中作为毒蛋白,而在一些腐生生物里具备非毒性功能。但是目前对 NPP 蛋白功能尚不清楚,本研究主要对辣椒疫霉诱导坏死蛋白基因家族功能进行研究,探索其在疫霉侵染过程中的作用机制。

本研究对辣椒疫霉菌株 SD33 内 NPP 基因家族的致病遗传机制及其功能进行了分析。具体内容如下:

①对辣椒疫霉高致病性菌株 SD33 内 NPP 蛋白基因克隆并进行生物信息学分析。首先对辣椒疫霉基因组序列进行生物信息学分析,特别分析了基因组内 NPP 基因家族信息。以高致病辣椒疫霉菌株 SD33 为材料,利用同源序列法克隆了该菌株内 18 个 NPP 基因并进行 BLAST 分析;在利用 DNAman 软件对克隆的序列进行比对,发现辣椒疫霉的 NPP 蛋白基因序列长度都在 400～1 000 bp,并且都有严格保守的"GHRHDWE"基序,以及 C-端相对保守序列"QDLIMWDQ"。

②分析了 18 个 NPP 基因在菌体内的表达模式并进行系统进化分析。根据 18 个基因序列,设计特异引物借助 RT-PCR 分析了菌丝生长阶段基因家族不同基因的表达模式。结果发现有 12 个基因在菌丝生长阶段具有活性;同时下载不同物种的同源基因借助 PAUP＊4.0 软件进行了系统进化分析,结果显示所有来自卵菌的 NPP 基因都能聚成一支,而细菌和真菌的 NPP 基因却不能严格分支,说明 NPP 基因是卵菌基因组特有的标志,适用于卵菌进化分析。

③辣椒疫霉 NPP 基因在植物体内的功能分析。选择了 12 个基因为研究对象,分别构建了 PVX 表达载体,然后转化农杆菌进行瞬时表达。利用农杆菌侵染法接种烟草和辣椒幼苗。记录每个基因表达后所引起的两种

植物症状变化。结果显示辣椒和烟草的症状不同,并且各个基因成员在同一种植物上表达后的症状也是大相径庭;其中接种烟草的叶片大多出现坏死,黄化症状,个别基因接种没有引起植物防卫反应;而接种的辣椒叶片除了产生上述症状外,个别基因($Pcnpp7$ 和 $Pcnpp8$)的表达还出现了皱缩和卷曲症状。这说明了 NPP 家族成员基因功能的多样性,辣椒疫霉 NPP 基因可能还具备其他一些新的功能。

④辣椒疫霉 NPP 基因在病原寄主互作过程中表达模式分析。用游动孢子悬浮液接种离体辣椒叶片,在接种后 1 d、3 d、5 d、7 d 取样然后提取发病叶片总 RNA。反转录后用荧光定量 PCR 分析了 12 个候选基因在疫霉侵染过程中的表达模式。实验结果显示表达模式分两种情况,即 $Pcnpp1$、$Pcnpp2$、$Pcnpp6$、$Pcnpp9$ 和 $Pcnpp10$ 的表达模式基本一致,其表达量在侵染初期呈上升趋势,都在第 3 d 的表达量最高;而 $Pcnpp3$、$Pcnpp5$、$Pcnpp7$、$Pcnpp8$、$Pcnpp13$、$Pcnpp14$ 和 $Pcnpp15$ 表达量在整个侵染过程呈上升趋势,在侵染后期达到峰值。这说明 NPP 蛋白在病原侵染的整个阶段都表达,病原与植物防御系统间的反应不仅局限于侵染初期,还可能持续整个侵染过程。辣椒疫霉诱导坏死基因家族的成员分别在不同的侵染时期参与克服植物防御反应,在致病过程中起到重要作用。

⑤借助 PEG 介导的原生质体转化方法,得到了 7 个沉默突变体菌株,实现了 10 个候选基因的沉默。根据各基因序列设计基因特异性引物及载体 pHAM34 酶切位点,构建了 12 个候选基因的沉默表达载体。将重组质粒及标记质粒 pHspNpt 转入辣椒疫霉 SD33 原生质体,利用抗生素 G418 筛选转化子。得到的转化子在 V8 培养基上生长并记录生物性状,包括菌丝生长速率、菌丝形态、游动孢子产率,等等。同时提取转化子菌体总 RNA,反转录后,荧光定量 PCR 分析各候选基因在各转化子内的沉默效率。结果显示,7 个转化子中除了 $Pcnpp6$ 和 $Pcnpp8$ 外,其余 10 个基因的沉默效率都在 80% 以上,并且出现了多个基因在同一个转化子内共沉默的现象,这可能是相关基因同源性较高,发生了染色体异染色质化的原因。此外基因沉默并没有引起疫霉菌株生物性状的变化。

⑥对转化子的致病性进行了检测,利用游动孢子接种方法处理辣椒幼苗叶片,以野生型菌株为对照,记录叶片发病情况及病斑大小。分析结果发现沉默突变体的致病力明显降低,表现为症状产生时间延缓并且病斑面积明显变小。说明 NPP 基因沉默导致菌株致病力降低,NPP 在病原侵染过程中起到重要作用。

综合所有实验结果,我们认为辣椒疫霉诱导坏死基因是以基因家族形式存在的,在寄主病原互作过程中扮演着重要角色。NPP 基因是卵菌,特别是疫霉菌的一个典型特征。辣椒疫霉诱导坏死基因不仅能使植物产生常见的坏死,萎蔫等症状,还会引起寄主叶片皱缩坏死。基因家族各成员的功能存在差异,即使同源性很高的基因之间也可能存在显著的功能差异,对基因家族功能的研究不能局限于个别基因功能的分析。NPP 蛋白可能是一种具备酶活性的效应蛋白,或者可能是一种毒蛋白,但是具体作用底物还是未知的。NPP 基因沉默不会引起菌株表型变化但会导致转化子致病力明显降低。此外很难实现基因家族单一成员或者全部成员基因沉默,但是并不影响对该类基因功能的分析。将该家族 10 个基因进行稳定沉默,进行致病性测定分析发现该家族部分成员沉默会导致菌株致病性明显降低。利用稳定基因沉默对于基因家族成员功能的研究是个很好的选择。

2.5 辣椒疫霉漆酶基因功能分析

2.5.1 研究意义及进展

漆酶(Laccase)是一种多铜氧化酶,广泛存在于植物、昆虫、真菌和细菌中。研究发现真菌漆酶能够降解酚类物质及木质素,并且与色素合成、子实体发育、真菌致病性等具有重要联系。有关漆酶致病功能的研究,前人已经取得了一些可靠的研究成果,但是有关植物病原卵菌漆酶致病功能方面的研究未见报道。辣椒疫霉(*Phytophthora capsici*)属于卵菌,是一类区别于真菌的植物病原菌。通过分析发现辣椒疫霉基因组中漆酶基因以基因家族形式存在。本项目前期已经从辣椒疫霉基因组中克隆到 3 个漆酶基因(*Pclac*1、*Pclac*2、*Pclac*3),因此,本项目拟开展辣椒疫霉漆酶基因的功能研究。首先,为解析辣椒疫霉致病机理提供重要的理论基础,填补植物病原卵菌漆酶研究方面的空白;其次,对下一步漆酶功能的应用,潜在价值的开发及辣椒疫病综合防控技术的建立等具有重要的现实意义。

国内外研究现状:

漆酶最早是由日本的吉田于 1883 年在漆树的分泌物中发现,不仅能够氧化单酚、多酚、邻苯二酚等酚类物质(Harald,2003),还能氧化芳胺类、芳香羧酸类、甾体激素、生物色素及金属有机化合物(Bollag et al.,1998; Bajpai,1999)。目前研究发现,漆酶广泛存在于植物、昆虫、真菌和细菌中,具有降解酚类物质及木质素的功能(Dashtban et al.,2010;Lundell et al.,

2010；Bugg et al.，2011）。真菌漆酶的研究近 40 年才开始受到重视，且大多集中在白腐菌漆酶在生物漂白、农作物秸秆利用及环境垃圾的处理等工业应用方面（Harald，2003）。近年来，漆酶研究已深入基因的克隆、测序、异源表达及漆酶的合成调控等（Hoshida et al.，2001；Hoegger et al.，2004）。目前研究报道真菌漆酶与木质素降解、色素合成、病原菌侵染结构的发育及致病性等有关（Pihet et al.，2009；Lin et al.，2012），而且不同来源的漆酶基因序列同源性较低，大小差异较大，功能也存在着多样性。真菌漆酶基因之间的同源性相对较高，但是与植物、细菌、昆虫的漆酶基因同源性低于 25%（Hong et al.，2007）。真菌漆酶的基因外显子序列长度一般介于 1 000～2 500 bp，相应的氨基酸残基数为 300～800，虽然整体序列同源性较低，但是不同漆酶中铜原子结合区域的保守性相当高（Kumar et al.，2003）。此外，漆酶基因含有相当多的内含子，部分区域保守性也较高。例如，白腐菌 *Trametes versicolor*、*Corilor hisutus* 和 *Phlebia radiata* 中的内含子不但铜原子结合区域保守，而且内含子位置也相当保守（李剑凤等，2007；Hong et al.，2007）。

1998 年研究报道白腐菌分泌的拮抗物质里含有漆酶（Savoie et al.，1998），随后的研究发现，多种病原物的侵染过程都和漆酶紧密相关。漆酶能够降解植物的酚类物质（植保素和鞣质等化合物），保护病原真菌免受寄主植物防卫反应的影响（Piekard et al.，1999；Claus，2003；Johanne et al.，2007）。此外，漆酶降解木质素来破坏寄主植物细胞壁的机械强度，为病原侵入制造有利条件（Dashtban et al.，2010；Lundell et al.，2010；Bugg et al.，2011），因此漆酶被认为是病原菌产生的一种重要毒力因子。已经研究发现，嗜酸菌（*Hortaea acidophila*）中的两种漆酶基因参与合成 DHN 黑色素，玉米赤霉病菌（*Gibberella zeae*）中漆酶参与合成黄色镰刀菌素，且均与病原菌的毒力密切相关（Tetsch et al.，2005；Kim et al.，2005）。将玉米大斑病菌（*Exserohilum turcicum*）的水溶孢悬液、漆酶溶孢悬液和漆酶粗酶液分别接种活体玉米叶片，结果显示，接种漆酶溶孢悬液的玉米叶片病斑扩展面积远大于另两种处理（詹旭等，2011）。小麦全蚀病（*Gaeumannomyces graminis* var. *tritici*）基因组存在 3 个漆酶基因（*Lac*1，*Lac*2，*Lac*3），其中 *Lac*3 在小麦秸秆培养的病原菌里才能表达，据此推断 *Lac*3 可能是重要致病因子（Litvintseva and Henson，2002）。番茄枯萎病菌（*Fusarium oxysporum*）中发现 6 个漆酶基因，在发病番茄根、茎部均能检测到 *Lac*3 的表达，且该基因毒蛋白的表达依赖 pH 调节，因此推测 *Lac*3 是相对重要的致病关键基因（Canero et al.，2008）。板栗疫病（*Cryphonectria parasitica*）中漆酶基因 *Lac*3 在发病植株伤疤处表达量较高，并且将此基因敲除后不影响菌体形态特征,但是引起菌株致病力下降(Chung et al.,2008)。将烟曲霉(Aspergillus fumigatus)内编码漆酶的基因abr2敲除后,导致菌落由灰绿色变成褐色及分生孢子纹饰减少,并且突变体菌株产孢阶段的漆酶活性明显降低(Sugareva et al.,2006)。杏鲍菇(Pleurotus eryngii)和阿魏菇(Pleurotus ferulae)基因组内都含有漆酶基因(Lac1,Lac2,Lac3,Lac5),但是在含有寄主组织的培养基上进行培养后,漆酶基因(Lac1,Lac2,Lac3,Lac5)mRNA表达水平明显提高,且强致病性菌阿魏菇的漆酶活性比弱致病性菌杏鲍菇高70%,因此漆酶被认为在病原致病过程中起重要作用(Punellia et al.,2008)。

辣椒疫霉属于卵菌,是一类区别于真菌的真核生物。它引起的辣椒疫病是蔬菜生产上的毁灭性病害,在我国及世界各地严重发生,造成不同程度的损失,严重影响了蔬菜种植业的发展和经济效益。目前,辣椒疫霉致病机理的研究主要集中在果胶酶、皱缩蛋白(CRN)、诱导坏死蛋白(NPP)等效应因子方面(Feng et al.,2010,Li et al.,2011,Feng et al.,2011,Sun et al.,2009),有关漆酶致病功能的分析报道尚是空白。因此有必要开展辣椒疫霉漆酶功能的研究,挖掘辣椒疫霉致病关键基因。

根据JGI(http://genome.jgi－psf.org/PhycaF7/PhycaF7.home.htmL)公布的辣椒疫霉基因组信息分析,辣椒疫霉基因组中漆酶基因以基因家族形式存在,经比对分析发现这些基因成员与已经报道的真菌致病漆酶基因有一定同源性,并对三个疫霉基因组(P.capsici,P.sojae,P.ramorum)中漆酶基因分布特点及系统进化进行了初步分析(Feng and Li,2012)。项目已筛选到一株强致病性菌株Phyc12,并且参与研究了该菌株的多种致病基因的功能(Feng and Li,2013)。目前,申请人已经从该菌株基因组中克隆到Pclac1(GenBank No.JQ683128)、Pclac2(GenBank No.JQ683129)和Pclac3(GenBank No.Jx317047)3个漆酶基因,并对Pclac1进行了真核表达及重组蛋白漆酶活性分析(Feng and Li,2013),开展了辣椒疫霉漆酶基因致病功能研究的初步工作。因此,在已有的研究基础上首次在基因组及蛋白水平上系统深入研究辣椒疫霉漆酶基因致病功能。对致病性辣椒疫霉菌漆酶基因家族进行克隆鉴定;解析漆酶基因在菌体生长阶段及侵染过程的表达模式,筛选致病关键基因;构建卵菌漆酶真核表达技术体系和基因沉默表达体系深入研究漆酶基因致病功能。研究结果将丰富辣椒疫霉致病基因信息,为解析辣椒疫霉致病机制提供重要的理论基础,填补植物病原卵菌漆酶研究的空白;提供防治卵菌病害杀菌剂的新型靶标位点,对下一步漆酶功能的应用及辣椒疫病综合防控技术的建立等具有重要的现实意义。

2.5.2　研究内容及目标

(1)研究内容

①辣椒疫霉漆酶基因生物信息学分析:根据已经公布的辣椒疫霉基因组数据库,利用同源克隆法扩增辣椒疫霉菌漆酶基因并分析其基因结构,构建进化树,明确辣椒疫霉菌漆酶基因家族遗传特性及系统进化特性。

②辣椒疫霉漆酶基因表达模式分析:通过 Real time PCR 分析漆酶基因在菌丝生长发育阶段及辣椒疫霉接种辣椒组织后漆酶基因在寄主体内表达模式,筛选表达差异显著的基因。

③辣椒疫霉漆酶活性分析:

a. 制备辣椒疫霉水溶孢悬液、漆酶粗酶液孢悬液、漆酶粗酶液,接种健康辣椒叶片,通过电子显微技术观察组织变化,探索漆酶和辣椒疫霉致病性的关系;

b. 利用毕赤酵母真核表达系统获得高纯度致病关键基因的融合蛋白并测定其酶活性,确定漆酶活性最佳的环境条件。

④辣椒疫霉漆酶基因致病性分析:构建漆酶致病关键基因沉默载体,制备辣椒疫霉原生质体,采用 PEG(聚乙二醇)介导的原生质体转化方法对辣椒疫霉进行稳定遗传转化,获得基因沉默突变体,比较突变体与野生型菌株产孢量、萌发率、致病性等生物性形状差异。

(2)研究目标

本项目的研究将明确辣椒疫霉漆酶的系统进化特性,阐明辣椒疫霉漆酶的致病机理。拟达到以下研究目标:

a. 明确辣椒疫霉菌漆酶基因家族大小,建立系统进化树;

b. 阐明漆酶基因在菌丝及侵染阶段的表达模式,鉴定漆酶致病关键基因,获得漆酶致病关键基因酵母表达融合蛋白;

c. 获得漆酶基因沉默突变体,明确漆酶在辣椒疫霉菌丝发育及致病性方面的功能作用。

(3)拟解决的关键科学问题

①目前国内外尚无植物病原卵菌漆酶的报道,本项目首次分离辣椒疫霉漆酶基因,解析其系统进化特性,丰富植物病原卵菌漆酶基因资源。

②通过关键基因筛选、辣椒疫霉漆酶稳定遗传转化,深入探索该类基因致病机制,为解析辣椒疫霉致病机理提供理论依据。

2.5.3 实验方法

(1)辣椒疫霉漆酶基因克隆鉴定

①下载 NCBI (http://www.ncbi.hlm.nih.gov)已报道的植物、真菌及细菌漆酶的基因核酸和蛋白质序列。将上述核酸和蛋白质序列在辣椒疫霉(P. capsici)基因组数据库(http://genomeportal.jgipsf.org)中分别用 TBALSTN 和 BLASTP 进行同源序列搜索。根据搜索基因的序列利用 Primer3 设计特异引物,提取辣椒疫霉 Phyc12 基因组 DNA 为模板进行 PCR 扩增。PCR 扩增使用 Premix LA Taq Hot Start Version 试剂盒(TaKaRa 公司),对于非全长基因用 RACE 试剂盒(Life 公司)或染色体步移法进行扩增。经分析发现辣椒疫霉基因组中漆酶基因有 6 个成员(jgi|PhycaF7|19438|,jgi|PhycaF7|25629|,jgi|PhycaF7|12054|,jgi|PhycaF7|22237|,jgi|PhycaF7|97437|,jgi|PhycaF7|36543|)。根据序列设计引物。将 PCR 得到的阳性克隆进行测序并比对分析,明确辣椒疫霉漆酶基因结构特征,主要解析外显子、内含子位置及大小。

②漆酶基因系统进化分析。下载 NCBI 数据库中已报道的真菌及细菌的漆酶序列,利用 culstalw 2.0 进行多重序列比对,所有设置采用其默认值。序列的系统进化分析使用 PAUP * 4.0 来分析,采用邻近结合法(neighbor-joining,NJ)构建距离树。将来自细菌的基因设为外群,进行 1 000 次 bootstrap 自举法检验。建树批处理命令如采用其默认程序。然后用 TreeView32 软件显示进化树。

(2)漆酶对辣椒疫霉菌致病力的影响研究

①辣椒疫霉 Phyc12 的培养:辣椒疫霉菌株首先接种于 OMA(燕麦培养基)或 V8(蔬菜汁培养基)平板上,在 28℃生化培养箱内培养 3 d 后,取 3 块直径为 4mm 的菌块移植于液体培养基中于 28℃恒温摇床振荡培养 5 天。

②漆酶粗酶液制备:辣椒疫霉液体培养基过滤后滤液用于胞外酶活力测定。将过滤的菌丝用 0.1 mol/L Tris-HCl 缓冲液冲洗 2 次后,加 1 mL Tris-HCl 缓冲液重悬菌丝,于 -20℃冰冻过夜。在冰上迅速将冰冻的菌丝研磨成匀浆后转移到 10 mL 离心管中,再用 1 mL Tris-HCl 缓冲液冲洗研钵,转入同一离心管中,4℃ 10 000 r/min 离心 10 min。吸出上清液,即为漆酶粗酶液。

③接种健康辣椒叶片:28℃培养辣椒疫霉 Phyc12,诱导产孢,以水溶胞悬液、漆酶粗酶液胞悬液(孢子浓度均为 10^5 个/mL)、漆酶粗酶液接种活体

健壮 4～5 叶期辣椒叶片,以无菌水为对照,28℃黑暗、光照交替保湿培养。接种 48 h 后取样测量记录病斑面积,并取样将叶片通过脱色处理后于电子显微镜下照相观察比较组织变化。

(3)辣椒疫霉漆酶基因表达模式研究

明确漆酶基因在菌丝生长阶段及侵染过程中各成员的表达变化,同时界定该家族的致病关键基因 1～2 个。主要方法如下:

①根据所克隆目的基因序列,借助软件 Primer3 设计特异引物。

②同上的方法培养辣椒疫霉菌 Phyc12 株并收集菌丝在液氮中存放待用。

③用辣椒疫霉孢子悬浮液(10^5 个/mL)接种 4～5 叶期的用 0.5% 吐温处理过的辣椒叶片,置于 28℃黑暗、光照交替保湿培养,分别在处理后第 6 h、12 h、24 h、48 h 取样,在液氮中存放待用。

④使用试剂盒(OMEGA Fungal RNA Kit)提取菌丝及接种叶片组织总 RNA,反转录后于 -70℃ 保存,分别进行 Real time PCR 分析(天根公司,Real Master Mix,SYBR Green)。选择辣椒疫霉 actinA 为内参基因,每个样品做三个重复,用 $2^{-\triangle\triangle Ct}$ 法对样本基因进行表达差异相对定量分析。辣椒疫霉 actinA 基因设计引物为 ActinRTF (GTACTGCAACATCGT-GCTGTCC)和 ActinRTR (TTAGAAGCACTTGCGGTGCACG)。根据 Real-Time PCR 的实验结果,确定漆酶基因家族在菌丝生长及侵染过程中表达显著差异基因,以确定漆酶致病关键基因及表达模式。

(4)辣椒疫霉漆酶酶活性分析

利用真核表达技术,获得致病关键基因的异源表达蛋白,首先进行酶活性测定,再将表达产物接种辣椒叶片,综合分析其致病机制。

①构建 pPIC9K 重组载体用于真核表达。所得重组载体克隆经菌落 PCR 初步验证,再经生物公司测序验证用于诱导分泌型毕赤酵母 GS115 转化。以 pPIC9K 空载体为对照。

②重组载体转化酵母 GS115 感受态细胞。分别取 80 μL 酵母菌感受态细胞与 5～20 μg 重组表达质粒(溶于 5～10 μL TE)混合,用加样器将样品注入冰预冷的 0.2 cm 间隙电转杯间,轻弹电转杯,使混合物落入底部电转杯,冰浴 5 min;打开电转仪,对样品进行电脉冲,于电压 1 500 V,电容 25 μF,电阻 200 Ω 条件下脉冲细胞(采用特定的电转化仪厂家所建议的对酵母的参数)。以转化 pPIC9K 空载体的 GS115 菌株为对照。以上操作根据 Life 公司 Pichia 酵母表达手册进行。

③漆酶基因在毕赤酵母中诱导表达。经选择培养基(MD、MM)及 G418 抗生素筛选验证的阳性菌落,先后接种于 BMGY、BMMY 培养基中,

28～30℃振荡培养,以转化 pPIC9K 空载体的 GS115 菌株作为对照。用 0.5%甲醇诱导表达,每隔 24 h 取样一次,直至 168 h。每次取诱导培养液 1 mL 于 1.5 mL 离心管中,室温下以最大转速离心 2～3 min,将上清液和细胞沉淀分别冻存于－70℃。样品将用于分析蛋白表达水平并确定诱导后的最佳收获时间。以上操作根据 Life 公司 Pichia 酵母表达手册进行。

④真核表达漆酶活性分析。以 ABTS〔2,2'-连氮-双(3-乙基苯并噻唑-6-磺酸)〕(上海生工)为底物定量检测漆酶酶活。单位酶活定义为室温下在醋酸—醋酸钠缓冲液中氧化 $500~\mu mol^{-1}$ ABTS 所需酶量。将 2.7 mL 的醋酸缓冲液(pH 5.0)、200 μL 粗酶液、100 μLABTS 混合均匀,用紫外分光光度计测定 420 nm 处的吸光度,每隔三分钟测一次(室温下测定)。实验重复 3 次,标准误差低于 10%。

⑤真核表达蛋白致病性分析。接种取 4～6 叶期辣椒苗,采用针刺法接种辣椒叶片,接种浓度为 700 μg/mL。以辣椒疫霉游动孢子悬浮液和无菌水接种作为对照。在接种后 1～7 d,每天观察结果并记录。每个样品设置 5 个处理,实验重复 3 次。

(5)辣椒疫霉漆酶基因沉默研究

a. 致病关键基因沉默载体构建。根据沉默载体 pHAM34 及候选基因酶切位点,选择酶切位点设计引物,利用 Primer 3.0 设计候选基因引物,扩增基因组 cDNA,将 PCR 产物回收酶切后与相应内切酶处理的 pHAM34 载体连接,然后克隆至大肠杆菌 JM109 感受态。经菌落 PCR 及酶切验证后送公司测序验证。

b. 辣椒疫霉原生质体转化,根据报道的 PEG 介导的原生质体转化方法,略作改良。

c. 挑取转化子,放在含有 G418 抗生素的 V8 培养基中再次筛选培养。将生长出的转化子转入液体 V8 培养基中 28℃静置培养 3 d,收集菌丝,参照上述方法提取转化子 RNA。反转录后,进行 Real-time PCR 分子验证。

d. 突变体产孢及孢子萌发情况检测。将野生辣椒疫霉菌及突变体在 10% V8 液体中培养 3 d,然后再用 20 mL 灭菌水冲洗刺激产生孢子囊,再冷刺激产生游动孢子。吸取 200 μL 培养皿中的液体在显微镜下镜检游动孢子的数目。将游动孢子液涡旋振荡 30 s,与等体积 5% V8 液体混合。吸取 50 μL 滴于载玻片上 25℃保湿培养 2 h,观察休止胞的萌发情况,计算萌发休止胞的比率。在显微镜下测量萌发后形成芽管的长度。所有实验每个菌株 3 次重复,3 次实验,然后求其平均值并进行显著性分析。

e. 突变体致病性测定。用诱导的游动孢子接种自交系辣椒(4～6 叶期)叶片。选择健康叶片经 70%乙醇表面消毒后用的游动孢子进行接种。

每个叶片接种 2 μL 游动孢子悬浮液。每个样品接 10 个叶片。用辣椒疫霉野生型菌株,含有标记质粒的转化子游动孢子悬浮液和无菌水接种作为对照。做 3 次重复实验。每天观察症状、病斑大小及植株发病情况,拍照记录。

本研究技术路线见图 2-5-1。

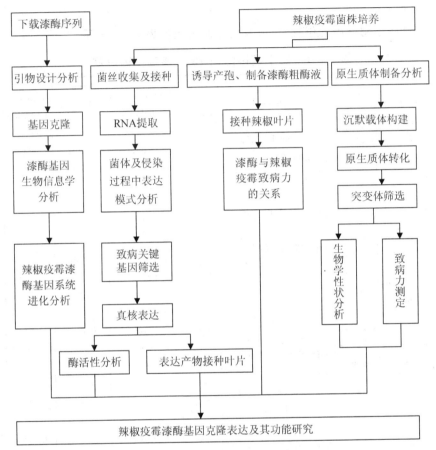

图 2-5-1　本研究技术路线

2.5.4　研究结果

1. 漆酶基因分析

克隆并解析漆酶基因 4 个,并上传 GenBank 获得序列号,*pclac1*、*pclac2*、*pclac3*、*pclac4* 序列号分别是 JQ683128,JQ683129,JX317047,JX317046。*pclac1* 全长 1 716 bp,编码 571 个氨基酸,*pclac2* 全长 1 683 bp,编码 560 个氨基酸,*pclac3* 全长 1 881 bp,编码 626 个氨基酸,*pclac4* 全

长 1 374 bp,编码 457 个氨基酸。

明确了辣椒疫霉 *Phytophthora capsici*,大豆疫霉 *P. sojae* 和橡胶疫霉 *P. ramorum* 基因组内漆酶基因分布,三个基因组内共有 18 个漆酶基因,其中 Pclac1-4 来自 *P. capsici*;Pslac1-8 来自 *P. sojae*;而 Prlac1-6 来自 *P. ramorum*。

这些漆酶基因的位置、长度及信号肽情况如表 2-5-1 所示。

表 2-5-1　三个基因组内 18 个漆酶基因总览

pecies name	Designated gene name	Genome position[a]	Protein length	SignalP HMM probability[b]	SignalP NN mean S value[b]	SignalP Length [b]
Phytophthora capsici	pclac1	jgi｜PhycaF7｜25629｜e_gw1. 23. 185. 1	560	0.999	0.802	23
	pclac2	jgi｜PhycaF7｜19438｜e_gw1. 6. 194. 1	571	1.000	0.952	19
	pclac3	jgi｜PhycaF7｜12054｜gw1. 6. 178. 1	515	0	0.191	—
	pclac4	jgi｜PhycaF7｜22237｜e_gw1. 13. 183. 1	302	0	0.207	—
Phytophthora sojae	pslac1	jgi｜Physo3｜320485｜gm1. 60_g	565	1.000	0.929	19
	pslac2	jgi｜Physo3｜477064｜e_gw1. 1. 11878. 1	564	1.000	0.891	23
	pslac3	jgi｜Physo3｜320486｜gm1. 61_g	568	0.993	0.952	19
	pslac4	jgi｜Physo3｜475487｜e_gw1. 1. 12815. 1	563	1.000	0.935	22
	pslac5	jgi｜Physo3｜308343｜fgenesh1_pm. 1_＃_48	512	0.010	0.213	—
	pslac6	jgi｜Physo3｜320491｜gm1. 66_g	523	0.996	0.950	23
	pslac7	jgi｜Physo3｜292877｜fgenesh1_pg. 1_＃_50	573	0.986	0.736	16
	pslac8	jgi｜Physo3｜320492｜gm1. 67_g	479	0.999	0.907	24
Phytophthora ramorum	prlac1	80025	548	0.997	0.875	23

续表

pecies name	Designated gene name	Genome position[a]	Protein length	SignalP HMM probability[b]	SignalP NN mean S value[b]	SignalP Length[b]
	prlac2	80024	558	1.000	0.965	23
	prlac3	80026	547	1.000	0.917	21
	prlac4	80028	867	0.999	0.867	22
	prlac5	80035	560	1.000	0.929	23
	prlac6	80027	564	1.000	0.940	19

a：基因组位置为三个疫霉菌基因组序列装配数据库（*P. capsici* V1.01，*P. sojae* V3.0, and *P. ramorum* V1.1）中的漆酶基因位置；

b：利用 Signal Pv3.0 对 HMM 概率、NN 均值和信号肽长度进行预测（http://www.cbs.dtu.dk/services/SignalP/）。

并分析了 *P. capsici*，*P. sojae* 和 *P. ramorum* 基因组漆酶基因的特征（图 2-5-2），图中蓝色部分代表信号肽；红色部分代表 Cu-oxidase-3 结构域；黄色代表 Cu-oxidase 结构域；绿色代表 Cu-oxidase-2 结构域。

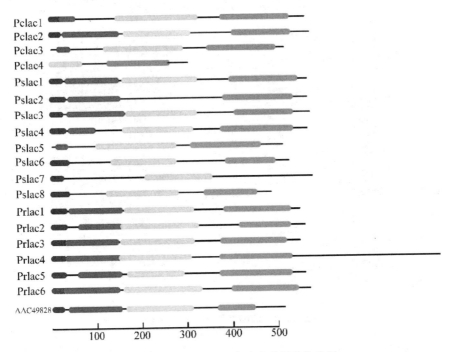

图 2-5-2 三个基因组内漆酶基因机构分析

　　序列比对分析明确了四个含铜多酚氧化酶的保守序列分别为 A（Hx-HG），B（HSH），C（HPxHxHG）和 D（HCHxxH）（图 2-5-3）。利用漆酶基因进行系统进化分析，能将真菌和卵菌分开，进一步明确了卵菌的系统进化地位（图 2-5-4）。

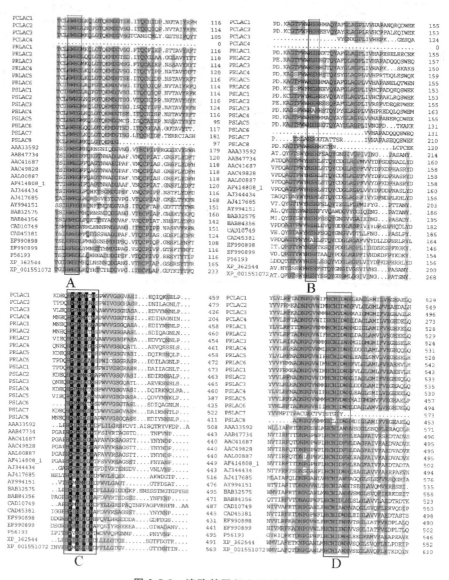

图 2-5-3　漆酶基因保守区域分析

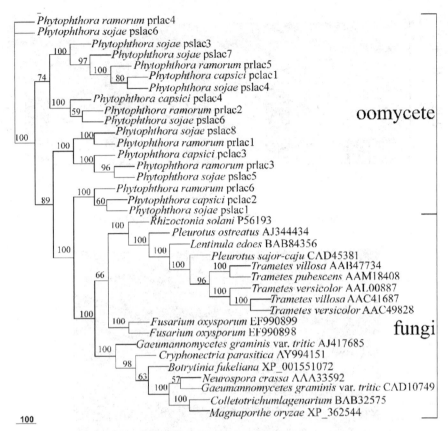

图 2-5-4　系统进化分析

2. 漆酶功能分析

明确了辣椒疫霉漆酶基因在寄主病原互作过程中表达模式,根据基因序列,设计特异引物。同时用辣椒疫霉菌活体接种 4～6 叶期健康辣椒幼苗叶片,分别在处理后第 1 d、3 d、5 d、7 d 取样,提取接种叶片组织总 RNA,进行 RT-PCR 分析漆酶基因家族成员在病原寄主互作过程中表达模式,以筛选致病靶基因。研究表明漆酶基因在处理 1 d、3 d、5 d、7 d 中,表达量总体趋势随接种时间逐渐升高,第 5 天达高峰。研究结果表明 *pclac*1 表达量相对较高,因此,靶定 *pclac*1 为关键基因(图 2-5-5)。

漆酶基因异源表达分析。利用 PCR 将该基因克隆于 pPIC9K 载体,并转化于毕赤酵母 GS115,经过 1‰甲醇诱导表达获得其异源表达产物。将表达产物进行 SDS-PAGE 检测获得分子量大约 68 kD 的特异蛋白(图 2-5-6)。

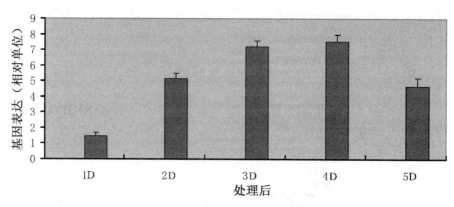

图 2-5-5 *pclac*1 在接种辣椒叶片中表达模式

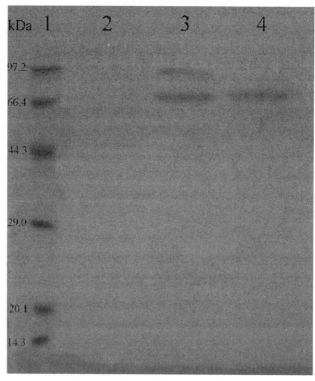

图 2-5-6 辣椒疫霉漆酶基因 pclac1 真核表达产物 SDS-PAGE

其中 1. 低分子量蛋白标准 2. 空载体对照 3. 阳性转化子 4. 蛋白纯化产物。

利用 ABTS 法对 *Pclac*1 的表达产物粗酶液进行酶活性分析发现，其活性在第 7 d 最大，达到 88.46 U/mL（图 2-5-7）。

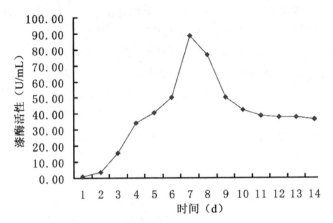

图 2-5-7　辣椒疫霉漆酶基因 *Pclac*1 异源表达产物分析
以转化 pPIC9K 空载体的酵母转化子为对照。

2.6　辣椒疫霉漆酶基因 *Pclac*3 克隆表达分析

漆酶(Laccase)是一种多铜氧化酶(pdiphenol oxidase EC.1.10.3.2)，不仅能够氧化单酚、多酚、邻苯二酚等酚类物质(Harald,2003)，还能氧化芳胺类、芳香羧酸类、甾体激素、生物色素及金属有机化合物(Bollag et al.，1998;Bajpai,1999)。目前研究发现,漆酶广泛存在于植物、昆虫、真菌和细菌中,具有降解酚类物质及木质素的功能(Dashtban et al.，2010;Lundell et al.，2010;Bugg et al.，2011)。真菌漆酶的研究大多集中于白腐菌漆酶,主要为生物漂白、农作物秸秆利用及环境垃圾的处理等工业应用(Harald,2003)。近年来,随着分子生物学相关技术的发展,漆酶研究已深入基因的克隆、测序、异源表达及漆酶的合成调控等(Hoshida et al.，2001;Hoegger et al.，2004)。但是对卵菌漆酶的研究国外罕见报道,在国内也是空白。

目前已经从 40 余种生物中克隆到了漆酶基因。但是由于不同来源的漆酶基因序列同源性较低,大小差异较大,功能也存在着多样性。据报道真菌漆酶基因之间的同源性相对较高,但是与植物、细菌、昆虫的漆酶基因同源性低于 25%(Hong et al.，2007)。但是不同漆酶中铜原子结合区域的保守性相当高(Kumar et al.，2003)。此外,漆酶基因含有相当多的内含子,部分区域保守性也较高。例如,白腐菌 *Trametes versicolor*、*Corilor hisutus* 和 *Phlebia radiata* 中内含子不但铜原子结合区域保守,而且内含子位置也相当保守(Hong et al.,2007;李剑凤等,2007)。漆酶基因这些特点为同源克隆法分离其他来源漆酶基因提供了理论依据。

1998年报道白腐菌分泌的拮抗物质里含有漆酶(Savoie et al.,1998),随后的研究发现,多种病原物的侵染过程都和漆酶紧密相关。漆酶能够通过降解植物的酚类物质保护病原真菌免受寄主植物植保素和蹂质等化合物的影响(Claus,2004;Tetsch et al.,2005)。此外,漆酶降解木质素来破坏细胞壁的机械强度,为病原侵入制造有利条件(Dashtban et al.,2010;Lundell et al.,2010;Bugg et al.,2011)。因此漆酶被认为是病原菌产生的一种重要毒力因子。已经研究发现,小麦全蚀病(*Gaeumannomyces graminis var. tritici*)基因组存在3个漆酶基因(Lac1,Lac2,Lac3),只有Lac3在小麦秸秆培养的病原菌里才能表达,并推断Lac3可能是重要致病因子(Litvintseva and Henson,2002)。西红柿枯萎病菌(*Fusarium oxysporum*)中发现6个漆酶基因,在发病西红柿根、茎部均能检测到Lac3的表达,且该基因毒蛋白的表达依赖pH调节,因此推测lac3是相对重要的致病靶基因(Canero and Roncero,2008)。杏鲍菇(*Pleurotus eryngii*)和阿魏菇(*Pleurotus ferulae*)基因组内都含有漆酶基因(Lac1,Lac2,Lac3,Lac5),但是在含有寄主组织的培养基上进行培养后,检测到漆酶基因(Lac1,Lac2,Lac3,Lac5)mRNA表达水平明显提高,且强致病性菌阿魏菇的漆酶活性比弱致病性菌杏鲍菇高70%,因此漆酶被认为在病原致病过程中起重要作用(Punellia et al.,2008)。有关漆酶致病功能的研究,前人已经取得了一些可靠的实验数据,但是已有的研究结果尚未涉及卵菌漆酶基因功能分析。

辣椒疫霉(*Phytophthora capsici*)属于卵菌纲,是一类区别于真菌的真核生物。除了引起辣椒疫病还能够引起多种茄科及葫芦科植物疫病。辣椒疫病是一种土传植物病害,在世界范围内都有分布,且发病快流行广,易造成严重损失。该病害在露地和保护地均能发生,一般病株率为15%～30%,严重时达80%以上,由于该病害传播快、易流行,常导致辣椒植株大面积死亡造成严重损失(马海宾等,2006)。此外,该病菌寄主范围广泛,除能侵染辣椒等茄科植物外,还能引起其他9科21种栽培植物和杂草病害(任光驰等,1990)。传统的化学药剂大量使用不仅使病原物产生了药物抗性,而且造成的农药残留更是严重威胁着人类的生存环境。随着基因工程及蛋白质组学的迅速发展,从基因蛋白水平解析植物病原致病机理,挖掘致病相关基因,开展抗病育种及抗病基因过程势在必行。

2.6.1　材料与方法

1. 菌株

辣椒疫霉($P.capsici$)菌株 Phyc12 利用 V8 固体培养基于 25℃恒温培养。将该菌株在固体培养基上培养 3 d 后移入 10%V8 液体培养基于 25℃再培养 3 d 后收集菌丝用于 DNA 提取。菌丝经液氮研磨后,采用 CTAB 法进行 DNA 提取(Feng Baozhen and Li peiqian,2013)。

本实验所用的克隆载体 pGEM-T Easy Vector 购自 Promega 公司,大肠杆菌($Escherichia\ coli$)$E.coli$ DH5α 菌株购自上海 Sangon 公司。载体 pPIC9K 及菌株 GS115 购于 invitrogen 公司。

2. 基因克隆

根据已经分析的辣椒疫霉($P.capsici$)基因组数据库(http://genome-portal.jgipsf.org)中漆酶基因家族信息设计引物 Pclac3F 和 Pclac3R(表 2-6-1),以基因组 DNA 为模板进行 PCR 扩增。反应体系为:上下游引物各 1 μL,10×buffer 5 μL,MgCL₂ 4 μL,dNTP 4 μL,DNA 2 μL,TaqE 0.5 μL,补充 ddH₂O 至 50 μL。反应程序为:95℃ 4 min;94℃ 1 min,55℃ 30 s,72℃ 1 min,共 35 个循环;最后 72℃延伸 10 min。扩增产物转化至 pGEM-T Easy Vector 后经测序验证,该基因命名为 Pclac3 并上传 NCBI。扩增基因分别用 TBALSTN 和 BLASTP 进行分析。基因的结构域预测在 SMART(httP://smart.embl-heidelberg.de/)和 Pfa(http://Pfam.sanger.ac.uk)等蛋白质数据库中进行(Feng Baozhen and Li peiqian,2012)。

3. 真核表达

(1)真核表达载体构建

根据 pPIC9K 载体酶切位点,设计引物 P1 和 P2,分别引入 XhoI 和 NotI 酶切位点(表 2-6-1 中粗体部分为酶切位点)。PCR 扩增体系和程序同上,稍作调整。扩增产物测序验证后用于下游实验。构建载体命名为 pPIC9K/pclac3。

表 2-6-1　基因克隆及表达用到的引物

引物名称	序列	目的
Pclac3F Pclac3R	CTACGTGGATTTCAACACCC GCACG ATGAGACGCGATGTGGCAATGAGCAAAG	基因克隆
P1 P2	CCG**CTCGAG**GTGCACGACTACCAGCCGCTGCGCCA GACAAAA**GCGGCCGC**TTATCGTATCTCCACTTCT-TCAGCTGC	表达
5'-AOX1 3'-AOX1	GACTGGTTCCAATTGACAAGC GCAAATGGCATTCTGACATCC	表达

（2）转化毕赤酵母 GS115 和转化子筛选

重组质粒 pPIC9K/pclac3 经 PmeI 线性化后转化毕赤酵母 GS115 感受态细胞。毕赤酵母 GS115 感受态制作方法及转化方法参照毕赤酵母表达操作手册。电击时设置电压为 1 500 V，电容为 25 μF，时间为 5 ms。电击结束，将感受态细胞涂布 MD 平板于 30℃ 静置培养。用空 pPIC9K 转化 GS115 作阴性对照。

将涂布的 MD 平板于 30℃ 静置培养 48 h，然后挑取阳性菌落点于 MM 平板上在相同条件下继续培养 72 h，筛选 Mut＋（Methanol utilization plus）表型转化子。

将筛选得到的 Mut＋转化子接种至固体 YPD 平板上（含有 4.0 mg·mL^{-1} G418），30℃ 静置直至长出菌落，用于筛选 Mut＋/His＋表型的高拷贝酵母转化子。然后再将菌落转至 YPD 液体培养基内于 30℃、250 r/min 振荡培养 48 h 收集菌体提取酵母基因组 DNA。分别以基因组 DNA 为模板用 pclac3 基因特异引物 P1、P2 和 pPIC9K 载体通用引物 5'AOX1、3'AOX1 进行 PCR 扩增鉴定转化子。

（3）重组蛋白甲醇诱导表达

将鉴定的毕赤酵母阳性转化子，先在 5 mL BMGY 培养基中，于 30℃、250 r/min 振荡培养至 OD600 为 6.0 左右。离心收集菌体后接到含有 50 mL BMMY 的三角瓶中，相同条件下继续培养，每 24 h 补加一次甲醇使培养基中始终浓度为 1%，连续诱导表达 14 d。每天都取样进行 SDS-PAGE 分析，检测蛋白表达情况。

4. 重组蛋白漆酶活性分析

培养物经过 12 000 r/min 离心 5 min，弃去细胞，取上清液即为粗酶液。以 ABTS[2,2'-连氮-双(3-乙基苯并噻唑-6-磺酸)]为底物定量检测漆酶活性。以室温下在醋酸—醋酸钠缓冲液中氧化 500 μmol^{-1} ABTS 所需酶量为单位酶活性。将 2.7 mL 的醋酸缓冲液(pH 5.0)、200 μL 粗酶液、100 μLABTS 混合均匀,用紫外分光光度计测定 420 nm 处的吸光度,每隔 3 分钟测一次(室温下测定)。该实验重复 3 次,标准误差低于 10%。

2.6.2 结果与分析

1. 基因克隆

将 PCR 反应产物进行电泳,回收含有目的带的琼脂糖胶。再将回收产物克隆 pGEM-T Easy 载体测序。结果表明该基因为辣椒疫霉漆酶基因,命名为 *Pclac*3 并上传 NCBI(Genbank no:Jx317047)。如图 2-6-1 所示,该基因全长 1881 个核苷酸,编码 626 个氨基酸,预测分子量为 69.93 kDa。

```
1    ATGTGTCTCTCTATCTGCGTCTTCTTCGCCTTTGCCATTGCGGTGGTGACTGCAGTGCAC
1     M  C  L  S  I  C  V  F  F  A  F  A  I  A  V  V  T  A  V  H
61   GACTACCAGCCGCTGCGCCAGCCAACAGTGTACCAGTCTGACTGCGCCAAGCAGTGGAGC
21    D  Y  Q  P  L  R  Q  P  T  V  Y  Q  S  D  C  A  K  Q  W  S
121  AAACTCAGCTCCGGTAGCTCCTCGGACGTGGACGATCGCTCGACAATTACGAGCAGAACC
41    K  L  S  S  G  S  S  S  D  V  D  D  R  S  T  I  T  S  R  T
181  GGCGAGCTGCGCATCAATTTGGCCGTGAAACTCGCTCGATTCACGAGCGACTACGTGGAT
61    G  E  L  R  I  N  L  A  V  K  L  A  R  F  T  S  D  Y  V  D
241  TTCAACACCCGCACGTACAGCGGCCACGTGCCGGCGCCGACCATCAAAGTTTGTCCAGGA
81    F  N  T  R  T  Y  S  G  H  V  P  A  P  T  I  K  V  C  P  G
301  GACCGGTTGGTCGTCACCCTCACGAATTCACTGGGAGCTGGTGTCAACAACAATACGAAT
101   D  R  L  V  V  T  L  T  N  S  L  G  A  G  V  N  N  N  T  N
361  CTGCACCTGCATGGGGTGCATGTGCCGCCTGTGGGGGATGCGGACAATGTGATGCCCAAT
121   L  H  L  H  G  V  H  V  P  P  V  G  D  A  D  N  V  M  P  N
421  GTGGAACCGGGAGGACAACGCAGATACACGTACGAGATCCGCCCCGACCACCCGGCAGGA
141   V  E  P  G  G  Q  R  R  Y  T  Y  E  I  R  P  D  H  P  A  G
481  ACGTTCTGGTACCATCCGCACTCGCATGGCAACGTCAACTCACAACTCAATGGGCTGATG
161   T  F  W  Y  H  P  H  S  H  G  N  V  N  S  Q  L  N  G  L  M
541  GCTGGCGCTTTGATTATCGTGGACCGACCAGCAGATTTCCCAGCCGAATTGGCTGCAATG
181   A  G  A  L  I  I  V  D  R  P  A  D  F  P  A  E  L  A  A  M
601  GATGATCAAGTCATGCTTCTGCAATCGATTTGCGTCGAGAACTGCTTTAATATCTACGAC
201   D  D  Q  V  M  L  L  Q  S  I  C  V  E  N  C  F  N  I  Y  D
661  AACTTGGAGGACGCGATCGAGAACAAGTTCAGCTCTTCGAAGAAAATGGACAAAGAAAAG
221   N  L  E  D  A  I  E  N  K  F  S  S  S  K  K  M  D  K  E  K
721  ATTGAGTGGTTAACGGATCTTGAGATCGTCGAGGATGACGCTGATGTACCGCTGAACGAC
241   I  E  W  L  T  D  L  E  I  V  E  D  D  A  D  V  P  L  N  D
781  ACTTCATTACCCACCGTTTACGTGAATGGGCAGTATCTGCCAACTCTGGACCTCGCAGTA
261   T  S  L  P  T  V  Y  V  N  G  Q  Y  L  P  T  L  D  L  A  V
841  GGCGAATACAAGCGTCTGCGTTTCGTGAATGCAATTGCGAACAATGTGGCTGAACTTGTG
281   G  E  Y  K  R  L  R  F  V  N  A  I  A  N  N  V  A  E  L  V
901  ACCAGCCACGGCAGCGGTTGCTCGTTGGAAGTTGTCGCGATGGATGGGATTTACTTTAAG
301   T  S  H  G  S  G  C  S  L  E  V  V  A  M  D  G  I  Y  F  K
961  AAACCTACCGCGAAGGAAGTGGTTGTTATCCCACCTGGTGGTCGTGCAGATGTAGCGCTC
321   K  P  T  A  K  E  V  V  V  I  P  P  G  G  R  A  D  V  A  L
1021 ATGTGTGCGGAGATCGGAGAGTTTTACCTCGAGACGGACTGTGCGAGTTCGCGCAACAAG
341   M  C  A  E  I  G  E  F  Y  L  E  T  D  C  A  S  S  R  N  K
1081 TTGCTCGGTCTTGTCAACCAGCACCGAGTGCCATCTCAACCAATTGTGAAGCTAAAAGTA
361   L  L  G  L  V  N  Q  H  R  V  P  S  Q  P  I  V  K  L  K  V
1141 AGCAAGAGCGAGGATGAGGACGATGACGATGATGTTGGAGAGGAAGAGTCTGTCAAGTTC
381   S  K  S  E  D  E  D  D  D  D  D  V  G  E  E  E  S  V  K  F
1201 ATGCGTCTGCCTACCACCTTGCCCAAGCGACCTGCGTATATGGAAGACACTCTTGGAACA
401   M  R  L  P  T  T  L  P  K  R  P  A  Y  M  E  D  T  L  G  T
1261 CCTGACTCCCGTCCAATTATCGAAGAGAGCAACAAATACGACTTTGAGTTCTCCGTGTGG
421   P  D  S  R  P  I  I  E  E  S  N  K  Y  D  F  E  F  S  V  W
1321 ATGGACAAAGGGATAAAGTACGGTGTCAATCACGAGGAATTGGACGTGTCCAACATCAAT
441   M  D  K  G  I  K  Y  G  V  N  H  E  E  L  D  V  S  N  I  N
1381 TACTCGATGCCAGTGAATGAGTTGCAGCAATGGGAACTCTCGATCAAAGACTACAGGAAA
461   Y  S  M  P  V  N  E  L  Q  Q  W  E  L  S  I  K  D  Y  R  K
1441 CCAGCGATTTGGGACTGCGACTTGGACGATGAAAGCTCCAGCGTCGAACGCCAGCTGAAG
481   P  A  I  W  D  C  D  L  D  D  E  S  S  S  V  E  R  Q  L  K
1501 AAGAAGAAATCGAGCAATTGCCGTACGATGAGCCACCCGTTCCACATGCACTCGACCCAT
501   K  K  K  S  S  N  C  R  T  M  S  H  P  F  H  M  H  S  T  H
1561 TTCCAGATTTCGGACATGGACGACATCACTGATCCTGAAAATGTGATGTTTGACGTGGGC
521   F  Q  I  S  D  M  D  D  I  T  D  P  E  N  V  M  F  D  V  G
1621 GAATGGCGTGATACGTTGCCGCTTTTCCGAGGAGGAGTTCAGATCCGCTTTACGCCGCGG
541   E  W  R  D  T  L  P  L  F  R  G  G  V  Q  I  R  F  T  P  R
1681 GAATACATGGTGGGGAGTATCTTTGCTCATTGCCACATCGCGTCTCATGTCGACGCTGGA
561   E  Y  M  V  G  S  I  F  A  H  C  H  I  A  S  H  V  D  A  G
1741 ATGGCGCAGCTTGTTAATGTGTACGATTCCGACACTCGTCCAAATGGAGACGAAAAAACC
581   M  A  Q  L  V  N  V  Y  D  S  D  T  R  P  N  G  D  E  K  T
1801 GCAAGTTTTTCGGCTGATAGTGACCCTGAAGAAGACGAAGAAGAGGAAAGCGATGCAGCT
601   A  S  F  S  A  D  S  D  P  E  E  D  E  E  E  E  S  D  A  A
1861 GAAGAAGTGGAGATACGATAA
621   E  E  V  E  I  R  *
```

图 2-6-1 辣椒疫霉漆酶基因 pclac3 序列

灰色部分代表信号肽;方框代表 N-糖基化位点;下画线部分为保守区域。

生物信息学分析表明该基因氨基酸序列信号肽长度为 18 个氨基酸,

含有 3 个 N-糖基化位点分别为 117(NNTN)、259(NDTS)和 460(NYSM)（图 2-6-1）。氨基酸序列中含有 2 处多铜氧化酶位点分别位于 68～119 及 448～591。该基因含有其他漆酶基因的氨基酸保守区域如"HWHG"，"HPFHMHSHS"及"HCHVDWH"。

2. 转化毕赤酵母 GS115 及甲醇诱导表达

将构建的真核表达载体 pPIC9K/pclac3 经过双酶切及测序验证之后用于转化毕赤酵母 GS115 感受态细胞。含有重组质粒的酵母转化子经过培养提取基因组 DNA，分别以基因特异引物 P1、P2 和载体通用引物 5'AOX1、3'AOX1 进行 PCR 扩增鉴定。如图 2-6-2 A 所示，P1、P2 的扩增条带大约 1 800 bp，载体通用引物 5'AOX1、3'AOX1 的扩增条带大小约为 2 000 bp，说明获得了含有重组质粒 pPIC9K/pclac3 的酵母阳性转化子。

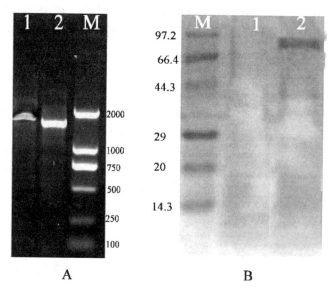

图 2-6-2　辣椒疫霉漆酶基因 Pclac3 真核表达

A：毕赤酵母转化子验证图，其中 1 为 5'AOX1 与 3'AOX1 的扩增条带，2 为 Pclac3 基因特异引物 P1 与 P2 扩增产物，M 为 DNA 分子量标准；B：表达产物 SDS-PAGE，其中 1 为空载体对照，2 为阳性转化子，M 为低分子量蛋白标准。

阳性酵母转化子经过含有 4.0 mg·mL^{-1} G418 的固体 YPD 平板上 30℃静置培养，筛选 Mut+/His+ 表型的高拷贝酵母转化子，用于后续甲醇诱导表达实验。高拷贝酵母转化子用 1% 甲醇诱导表达 14 d，每天取样进行 SDS-PAGE 检测其表达情况，以含有 pPIC9K 空载体的转化子为阴性对照。图 2-6-2 B 显示转化子诱导表达后有明显的表达带约 90 kDa，而阴性对照无特异条带,说明辣椒疫霉漆酶基因 Pclac3 在毕赤酵母中成功表达。

3. 重组蛋白活性测定

甲醇诱导表达 14 d,每天取样测定漆酶活性。图 2-6-3 显示,测定结果表明 1～14 d 的表达蛋白均具有漆酶活性。并且在 1～11 d 重组蛋白活性逐渐增强,第 11 d 达到酶活性高峰 45 U/mL,第 12 d 活性开始明显下降。

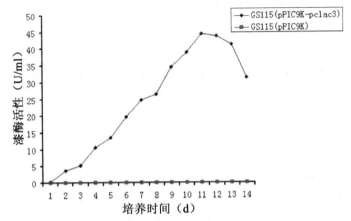

图 2-6-3　辣椒疫霉漆酶基因 *Pclac*3 异源表达产物酶活性分析
以转化 pPIC9K 空载体的酵母转化子为对照。

2.6.3　讨论

本研究从辣椒疫霉基因组内克隆了一个漆酶基因 *Pclac*3,该基因全长 1 881 个核苷酸,编码 626 个氨基酸。经分析该基因与已知的真菌漆酶基因具有较高的同源性,并且具备漆酶基因的保守区域。选择毕赤酵母 GS115 为该基因表达系统,经过 1% 甲醇诱导表达获得分子量大约 90 kD 的特异蛋白。利用 ABTS 法对 *Pclac*3 的真核表达粗酶液进行酶活性分析,发现活性在第 11 d 达到峰值 45 U/mL。

本研究在分析辣椒疫霉基因组信息的基础上,利用同源克隆法设计引物快速克隆到了漆酶基因 *Pclac*3,节省了时间和成本。以毕赤酵母为表达系统,使目的基因能够正确表达并且产物单一,避免了原核表达系统不能进行糖基化修饰及包涵体现象。*Pclac*3 基因预测分子量为 69.93 kD 而实际表达分子量为 90 kD,这可能与其氨基酸序列具备 3 个 N-糖基化位点有关。室温下,ABTS 法可用于 *Pclac*3 酶活性分析。本研究首次对辣椒疫霉漆酶基因进行克隆表达,并对其活性分析做了探索,这为研究卵菌漆酶基因家族及其蛋白生物学特性提供了理论依据。

2.7 辣椒疫霉 NPP 效应子基因家族生物信息学分析

效应子(effector)是病原物产生的各种能够压制或平衡寄主防御系统的分子。在侵染过程中,病原物以效应子为关键武器克服寄主的防御系统,一方面能够减弱寄主的抵抗力便于其成功侵入,另一方面还能够利用寄主的养分利于自身增殖(Chisholm et al. ,2006;Hogenhout et al. ,2009)。许多病原物都能分泌效应子,比如细菌、真菌、卵菌及线虫中都发现了效应子(Kamoun,2007)。病原物中存在多种效应子,包括 NPP (Pemberton and Salmond,2004),无毒基因(Avr)(Whisson et al. ,2007),CRN (Stam et al. ,2008),PcF (Orsomando et al. ,2001),ScR (Bos et al. ,2003),糖类水解酶、果胶酶、几丁质酶以及酯酶等(Orsomando et al. ,2001)。其中 NPP 也被称为 NLP(NEP1-like protein),此类基因在卵菌、真菌、细菌中普遍存在(Bos et al. ,2003)。据报道,该类基因在细菌真菌基因组内数量较少一般存在 1~4 个,而在卵菌基因组中数量众多,多以基因家族形式存在,比如大豆疫霉(*Phytophthora sojea*)里大概有 29 个,橡胶疫霉(*P. ramorum*)里大约有 40 个(Tyler et al. ,2006)。多种植物受 NPP 蛋白处理后表现为乙烯产生,MAP 激酶活化,植保素合成,PR 基因诱导表达,胞质 Ca^{2+} 释放以及多种双子叶植物的叶片坏死反应等。最早报道的 NPP 蛋白 NEP1 来自镰刀菌(*Fusarisum oxysporium f. sp. erythroloxyli*),能够引起双子叶植物叶片坏死(Jennings et al. ,2001)。后来分离了腐霉(*Pythium aphanidermatum*)中该类基因 PaNie,发现其原核表达产物能使胡萝卜,拟南芥及烟草等细胞死亡(Veit et al. ,2001)。Fellbrich 等研究了 *P. parasitica* NPP1 基因,发现其原核表达产物诱导欧芹及拟南芥体内 pathogenesis-related(PR)蛋白产生,活性氧(ROS)及乙烯产生及过敏性坏死反应(Fellbrich et al. ,2002)。用 NeP1 处理斑点矢车菊、蒲公英、拟南芥后,电镜结果显示这些植物细胞壁结构发生明显变化如角质层变薄,叶绿体降解等(Keates et al. ,2003)。分别用 NeP1 和 *P. megakarya* 游动孢子处理各生长期的可可叶片,发现在叶片不同生长时期各抗逆基因表达水平不同,两种处理叶片中抗逆基因表达模式相似,认为 NeP1 可能是一种感病因子(Bailey et al. ,2004)。棉花黄萎病菌(*Verticillium dahliae*)VdNEP 基因的表达产物能使棉花、烟草、拟南芥叶片萎蔫,认为 VdNEP 是棉花与

病原物互作过程中重要的诱导因子(Wang et al.,2004)。但是分别对细菌
(*Erwinia carotovora subsp. Carotovora*,*E. carotovora subsp. atroseptica*)
的 NPP 基因敲除后,再分别接种马铃薯块茎和茎,发现毒性明显下降
(Mattinen et al.,2004)。研究发现大豆疫霉(*P. sojae*)PsojNIP 基因表达
是在活体营养向死体营养转换的过渡时期,并且只能引起双子叶植物细胞
死亡,认为该基因在大豆疫霉半活体营养生活过程中起到帮助病原在寄主
植物中定殖的作用(Qutob et al.,2002)。尽管目前研究了这类蛋白对植物
的过敏反应,但是该类蛋白的功能及在植物中的作用模式还是未知的,更
没有足够的证据说明 NPP 蛋白是否对疫霉毒性起到重要作用。

辣椒疫霉(*P. capsici*)属于卵菌纲,是一类区别于真菌的真核生物。除
了引起辣椒疫病还能够引起多种茄科及葫芦科植物疫病。辣椒疫病是一
种土传植物病害,在世界范围内都有分布,且发病快流行广,易造成严重损
失。传统的化学药剂大量使用不仅使病原物产生了药物抗性,而且造成的
农药残留更是严重威胁着人类的生存环境。随着基因工程及蛋白质组学
的迅速发展,从基因蛋白水平解析植物病原致病机理,挖掘致病相关基因,
开展抗病育种及抗病基因过程势在必行。随着辣椒疫霉基因组测序的完
成(Tyler et al.,2006),有关致病重要基因家族分析,靶基因预测等成为研
究热点。因此在前人研究成果的基础上,开展与致病性变异相关的基因簇
大小、组成、亚组划分及其关键基因的研究。解析其关键基因编码的蛋白
质结构及其关键功能结构基团的修饰特性,对于探索植物病原真菌致病性
变异的机理具有重要的意义。

2.7.1　材料与方法

1. 数据库

辣椒疫霉基因组序列由 DOE Joint Genome Institute (http://ge-
nome. jgi. doe. gov/)下载。

2. 基因组信息分析

从 NCBI (National Center for Biotechnology Information)下载已报道的大
豆疫霉的两个 NPP 基因,其基因银行号分别为 AF320326 和 AAM48172
(Qutob et al.,2002)。以下载的两个序列为诱饵,利用 TBLASTN 软件对
辣椒疫霉基因组内的 NPP 基因序列进行筛查分析,参数设置为 E-value
cut-off$<10^{-15}$,共检测到 25 个 NPP 基因。

3. 序列分析

利用 DNAStar 软件中的 EditSeq 程序分析氨基酸序列的组成及理化性质。利用在线软件 SignalP v3.0 (http://www.cbs.dtu.dk/services/SignalP/) (Bendtsen et al.,2004) 将获得的 25 个 NPP 基因的氨基酸序列进行信号肽分析。同时利用 NCBI CDD (http://www.ncbi.nlm.nih.gov/Structure/cdd/cdd.shtmL) (Marchler-Bauer et al.,2009) 软件和 SMART 软件 (http://smart.embl-heidelberg.de/) (Letunic et al.,2012) 对蛋白功能域进行了分析。

4. 系统进化分析

将得到的所有 NPP 基因用 culstalw 2.0 进行多重序列比对,所有设置采用其默认值。序列的系统进化分析使用 PAUP * 4.0 来分析,采用邻近结合法 (neighbor-joining,NJ) 构建距离树。进行 1 000 次 bootstrap 自举法检验。批处理命令如下:

Begin paup;

Execute phnpp.nex;

Cstatus;

Set criterion＝distance;

Showdist;

Nj brlens＝yes treefile＝phnpp.tre;

Savetrees file＝phnpp.tre root＝yes brlens＝yes savebootp＝brlens from＝1 to＝4;

Savetrees file＝phnpp best.tre root＝yes brlens＝yes savebootp＝brlens from＝1 to＝1;

Boorstrap nreps＝1000 brlens＝yes treefile＝boot phnpp.tre search＝nj;

5. NPP 蛋白二级三级结构预测

蛋白二级结构特性分析利用 ExPaSy 提供的在线 SOPMA 程序 (http://npsa-pbil.ibcp.fr/cgi-bin/npsaautomat.pl? page＝npsa_sopma.htmL) 预测分析 α-螺旋、β-折叠和无规则卷曲。蛋白三级结构特性分析蛋白质的空间模型利用 ExPaSy 提供的 Swiss-Model (http://swissmodel.Expasy.org) 进行同源建模。

2.7.2　结果与分析

1. 辣椒疫霉基因组 NPP 基因家族分析

根据大豆疫霉 NPP 基因编码蛋白检索出的辣椒疫霉 NPP 家族蛋白,去除冗余序列共得到 25 条辣椒疫霉 NPP 氨基酸序列,都具有保守的氨基酸序列"GHRHDWE"。

2. 辣椒疫霉 NPP 基因分析

对 25 条氨基酸序列在基因组中的分布情况进行分析,发现大部分基因存在多拷贝。表 2-7-1 所示 25 个基因及其拷贝情况。如表 2-7-1 所示,大部分基因存在 1～2 个拷贝,个别基因拷贝数达到 16 个(jgi│PhyCaF7│43883)。

表 2-7-1　辣椒疫霉基因组中 NPP 基因分布

单拷贝基因		多拷贝基因
基因号	基因号	基因组中拷贝
jgi│PhyCaF7│86540	jgi│PhyCaF7│23459	jgi│PhyCaF7│70850
jgi│PhyCaF7│20844	jgi│PhyCaF7│70852	jgi│PhyCaF7│122619
jgi│PhyCaF7│21204	jgi│PhyCaF7│76138	jgi│PhyCaF7│113086
jgi│PhyCaF7│24573	jgi│PhyCaF7│82430	jgi│PhyCaF7│116399
jgi│PhyCaF7│68295	jgi│PhyCaF7│114323	jgi│PhyCaF7│114326
jgi│PhyCaF7│68503	jgi│PhyCaF7│7756	jgi│PhyCaF7│23286;jgi│PhyCaF7│70849
jgi│PhyCaF7│69004	jgi│PhyCaF7│23292	jgi│PhyCaF7│7613;jgi│PhyCaF7│37194
jgi│PhyCaF7│70605	jgi│PhyCaF7│71103	jgi│PhyCaF7│23660;jgi│PhyCaF7│7723
jgi│PhyCaF7│72101	jgi│PhyCaF7│74207	jgi│PhyCaF7│27731;jgi│PhyCaF7│27732;jgi│PhyCaF7│74207
jgi│PhyCaF7│73591	jgi│PhyCaF7│8760	jgi│PhyCaF7│86961;jgi│PhyCaF7│39481;jgi│PhyCaF7│118625;jgi│PhyCaF7│124767

单拷贝基因		多拷贝基因
基因号	基因号	基因组中拷贝
jgi|PhyCaF7|75230	jgi|PhyCaF7|78817	jgi|PhyCaF7|43883;jgi|PhyCaF7|43884; jgi|PhyCaF7|43885;jgi|PhyCaF7|43886; jgi|PhyCaF7|43887;jgi|PhyCaF7|66543; jgi|PhyCaF7|91548;jgi|PhyCaF7|91549;
jgi|PhyCaF7|78535	jgi|PhyCaF7|82067	jgi|PhyCaF7|91460;jgi|PhyCaF7|91461; jgi|PhyCaF7|91462;jgi|PhyCaF7|119696; jgi|PhyCaF7|41934;jgi|PhyCaF7|41935; jgi|PhyCaF7|41936;jgi|PhyCaF7|41937; jgi|PhyCaF7|65858

辣椒疫霉 NPP 氨基酸数目在 113～807,大部分基因氨基酸数目在 200～300,如图 2-7-1 所示。

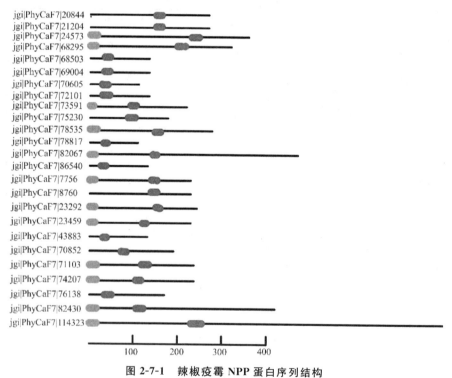

图 2-7-1 辣椒疫霉 NPP 蛋白序列结构
其中绿色部分代表信号肽;红色部分代表保守序列"GHRHDWE"。

对 25 个基因进行信号肽分析发现部分基因(12/25)有信号肽,长度在
17～20 个氨基酸。利用 DNAStar 软件中的 EditSeq 程序分析将获得的氨
基酸序列的组成及理化性质,结果表明分子量在 12.45～88.9 kDa,大部分
NPP 氨基酸等电点处于 5.5～6.5(表 2-7-2)。

表 2-7-2　辣椒疫霉 NPP 基因家族氨基酸特性分析

基因	氨基酸数目	分子量(kDa)	等电点	信号肽
jgi|PhyCaF7|20844	279	30.5	7.28	—
jgi|PhyCaF7|21204	277	29.67	6.3	—
jgi|PhyCaF7|24573	359	39.31	5.59	19
jgi|PhyCaF7|68295	319	30.5	6.59	19
jgi|PhyCaF7|68503	132	15.05	6.63	—
jgi|PhyCaF7|69004	136	15.06	6.0	—
jgi|PhyCaF7|70605	113	12.6	6.35	—
jgi|PhyCaF7|72101	132	15.17	6.8	—
jgi|PhyCaF7|73591	223	24.44	6.72	18
jgi|PhyCaF7|75230	187	20.92	6.41	—
jgi|PhyCaF7|78535	274	30.24	6.59	17
jgi|PhyCaF7|78817	109	12.45	6.67	—
jgi|PhyCaF7|82067	476	51.75	5.64	18
jgi|PhyCaF7|86540	132	14.84	5.98	—
jgi|PhyCaF7|23459	234	25.39	6.96	17
jgi|PhyCaF7|70852	193	21.12	6.06	—
jgi|PhyCaF7|76138	168	19.33	6.52	—
jgi|PhyCaF7|82430	421	45.49	4.22	20
jgi|PhyCaF7|114323	807	88.9	9.09	20
jgi|PhyCaF7|7756	233	25.47	4.21	18
jgi|PhyCaF7|23292	246	26.94	6.01	19
jgi|PhyCaF7|71103	236	25.45	6.5	19
jgi|PhyCaF7|74207	234	25.57	4.65	18
jgi|PhyCaF7|8760	232	25.31	4.65	—
jgi|PhyCaF7|43883	132	15.19	7.14	—

3. 系统进化分析

为进一步对辣椒疫霉 NPP 蛋白特征进行分析与认识,本研究利用 PAUP4.0 软件对预测到的 25 条 NPP 氨基酸序列进行进化关联评估。图 2-7-2 显示 25 条 NPP 蛋白序列的系统发生树,分为三亚族(a,b,c),各亚族基因成员数目未见显著差异,分别为 6,10,8。a 亚族分支较长说明该亚族基因的进化较早,基因信息变化较大;而 b 和 c 亚族的基因分支都较近,说明这些基因发生基因变化的时间较短进化较快。

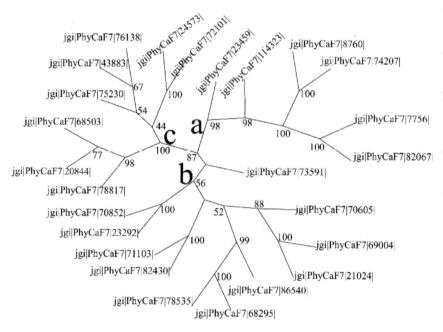

图 2-7-2 辣椒疫霉 NPP 蛋白系统进化树

4. NPP 蛋白三级结构预测

蛋白质三级结构是在二级结构的基础之上进一步盘绕折叠形成的。三级结构的预测和分析对于理解蛋白质结构和功能之间的关系有重要作用。根据 NPP 基因家族系统进化分析的结果,选取 16 条最具代表性的序列进行同源三级结构建模。本研究通过对辣椒疫霉 NPP 蛋白 15 条氨基酸序列利用 Swiss-Model 进行三维结构同源建模,结果显示 15 条氨基酸序列大部分具有相似的三级结构。结果显示(图 2-7-3)这些蛋白为单结构域,α-螺旋和 β-片层是其主要结构元件。根据其 α-螺旋和 β-片层的个数差异又可以分为两大类,第一类结构域由三个 α-螺旋围绕 β-片层组成,有十个序列(如 jgi｜PhyCaF7｜7756,8760,20844,23459,24573,68295,70605,70852,
71103,73591);第二类三级结构主要由两个 α-螺旋和 β-片层形成,有六个
序列(jgi｜PhyCaF7｜43883,69004,70605,75230,78817,86540),是一些单
结构域的小肽。虽然有些蛋白基本元件个数相同,但它们的 α-螺旋、β-片层
以及无规则卷曲的长度都存在一定差异,这些相似或者差异可能导致它们
家族成员之间功能的多样性。

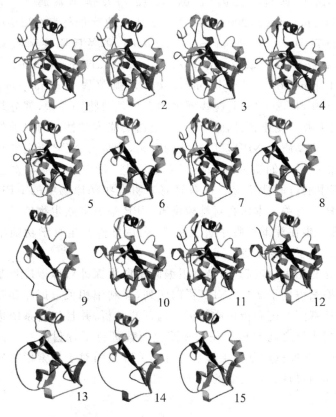

图 2-7-3　辣椒疫霉 NPP 蛋白三级结构预测图

1:jgi｜PhyCaF7｜7756 (亚族 a);2:jgi｜PhyCaF7｜8760 (亚族 a);3:jgi｜PhyCaF7｜
20844 (亚族 c);4:jgi｜PhyCaF7｜23459 (亚族 a);5:jgi｜PhyCaF7｜24573 (亚族 c);6:jgi｜
PhyCaF7｜43883 (亚族 c);7:jgi｜PhyCaF7｜68295 (亚族 b);8:jgi｜PhyCaF7｜69004 (亚族
b);9:jgi｜PhyCaF7｜70605 (亚族 b);10:jgi｜PhyCaF7｜70852 (亚族 b);11:jgi｜PhyCaF7｜
71103 (亚族 b);12:jgi｜PhyCaF7｜73591 (亚族 b);13:jgi｜PhyCaF7｜75230 (亚族 c);14:
jgi｜PhyCaF7｜78817 (亚族 c);15:jgi｜PhyCaF7｜86540 (亚族 b)

2.7.3 讨论

NPP 效应子的研究是当前卵菌功能基因组学研究领域的热点。NPP 效应子基因家族在微生物中广泛存在,目前已知的微生物有卵菌腐霉属 (*P. aphanidermatum*)(Pemberton and Salmond,2004),疫霉属 (*Phytophthora spp.*),真菌镰刀菌(*F. oxysporum*)及链孢霉属（*Neurospora crassa*)(Galagan et al.,2003),革兰氏阳性菌的芽孢杆菌(*Bacillus halodurans*),链霉菌属(*Streptomyces coelicolor*),革兰氏阴性菌欧文氏菌属 (*Erwinia carotovora subspecies carotovora*,*E. carotovora subspecie atroseptia*)(Pemberton and Salmond,2004)及弧菌属(*Vibrio pommerensis sp.*)(Jores et al.,2003),但这些微生物部分是植物病原菌,部分是动物病原物,其侵染方式变化各异,暗示 NPP 蛋白功能多样性。而目前的研究集中于对部分植物病原 NPP 基因功能的分析,大部分 NPP 蛋白的功能都是未知的。根据目前的研究结果已经知道有些 NPP 蛋白参与寄主防御反应,引起寄主的过敏性反应。也有研究表明有些病原物中的 NPP 蛋白与病原物致病性有关。本研究对辣椒疫霉 NPP 基因家族生物信息学进行了分析,为进一步在辣椒疫霉中进行克隆、表达分析及生物学功能鉴定等方面的研究提供了重要基础。

本研究利用大豆疫霉 NPP 基因编码蛋白为探针对辣椒疫霉基因组数据库进行检索得到了 25 个 NPP 蛋白序列,并利用相关数据库和软件对这些序列进行基因鉴定和蛋白质三级结构预测分析,并且构建系统进化树对该家族不同成员之间的相互关系和演化历程进行了探讨。对发掘辣椒疫霉致病基因,开展抗病基因工程及解析其关键基因对于探索植物病原真菌致病性变异的机理具有重要的意义。

参考文献

[1]许志刚.普通植物病理学[M].3 版.北京:中国农业出版社,2003.

[2]李怀方,刘风权,郭小密.园艺植物病理学[M].北京:中国农业大学出版社,2004.

[3]费显伟.园艺植物病虫害防治[M].北京:高等教育出版社,2006.

[4]谢联辉.普通植物病理学[M].北京:科学出版社,2006.

[5]陆家云.植物病害诊断[M].2 版.北京:中国农业出版社,1997.

[6]高必达.植物病理学[M].北京:科学技术文献出版社,2003.

[7]方中达.植病研究方法[M].3版.北京:中国农业出版社,1998.

[8]王金生.植物病原细菌学[M].北京:中国农业出版社,2000.

[9]陆家云.植物病原真菌学[M].北京:中国农业出版社,2001.

[10]裴维蕃,等.植物病毒学[M].3版.北京:中国农业出版社,2001.

[11]王存兴,李光武.植物病理学[M].北京:化学工业出版社,2010.

[12]王金生.分子植物病理学[M].北京:中国农业出版社,1998:33-36.

[13]王利国,李玲,彭永宏.植物真菌致病基因的研究进展[J].华南师范大学学报,2003,1:135-142.

[14]Bailey B A,Apel-Birkhold P C,Luster D G. Expression of NEP1 by *Fusarium oxysporum* f. sp. *erythroxyl* after gene replacement and overexpression using polyethylene glycol-mediated transformation[J]. Phytopathology,2002,92:833-841.

[15]Baileya,Mueller E,Bowyer P. Ornithine decarboxylase of *Stagonospora*(*Septoria*)nodorum is required for virulence toward wheat [J]. J Biol Chem,2000,275:14242-14247.

[16]Balhadère P V,Foster A J,Talbot N J. Identification of pathogenicity mutants of the rice blast fungus *Magnaporthe grisea* by insertional mutagenesis[J]. Mol Plant Microbe Interact,1999,12:129-142.

[17]Ballvora A,Ercolano M R,Weiss J,et al. The R1 gene for potato resistance to late blight(*Phytophthora infestans*)belongs to the leucine zipper/NBS/LRR class of plant resistance genes[J]. Plant J,2002,30:361-371.

[18]Bos J I B,Armstrong M,Whisson S C,et al. Intraspecific comparative genomics to identify avirulence genes from *Phytophthora*[J]. New Phytol,2003,159:63-72.

[19]Bowyer P,Clarke B R,Lunness P. Host range of a plant pathogenic fungus determined by a saponin detoxifying enzyme[J]. Science ,1995,267:371-374.

[20]Cheng Y Q and Walton J. A eukaryotic alanine race mase gene involved in cyclic peptide biosynthesis[J]. J Biol Chem,2000,275:4906-4911.

[21]Covert S F. A gene for maackiain detoxification from a dispensable chromosome of *Nectria aematococca*[J]. Mol Gen Genet,1996,251:

397-406.

[22]Dickman M B,Park Y K,Oltersdorf T,et al. Abrogation of disease development in plants expressing animal apoptic genes[J]. Proc Nati Acad Sci USA,2001,98:6957-6962.

[23]Dou D,Kale S D,Wang X,et al. Carboxy-terminal motifs common to many oomycete RXLR effectors are required for avirulence and suppression of BAX-mediated programmed cell death by *Phytophthora sojae* effector Avr1b[J]. Plant Cell,2008a ,20:1118-1133.

[24]Dou D,Kale S D,Wang X,et al. RXLR-mediated entry of *Phytophthora sojae* effector Avr1b into soybean cells does not require pathogen-encoded machinery[J]. Plant Cell,2008b,20:1930-1947.

[25]Fellbrich G,Romanski A,Varet A,et al. NPP1,a *Phytophthora*-associated trigger of plant defense in parsley and *Arabidopsis*[J]. Plant J,2002,32:375-390.

[26]Galagan J E,Calvo S E,Borkovich K A,et al. The genome sequence of the filamentous *Neurospora crassa* [J]. Nature, 2003, 422: 859-868.

[27]Gao S,Chol G H,Shain L,et al. Cloning and targeted disruption of *enpg*-1,encoding the major in vitro extracellular endopolygalacturonase of the chestnut blight fungus,*Cryphonectna parasitica*[J]. Appl Environ Micronol,1996 ,62:1984-1990.

[28]Gaulin E,Madoui M A,Bottin A,et al. Transcriptome of *Aphanomycets euteiches*:new oomycete putative pathogenicity factors and metabolic pathoways[J]. PloS ONE,2008,3:e1723.

[29]Graham M A,Marek L F,Shoemaker R C. Organization,expression and evolution of a disease resistance gene cluster in soybean[J]. Genetics,2002,162:1961-1977.

[30]Huang S,van der Vossen E A,Kuang H,et al. Comparative genomics enabled the isolation of the R3a late blight resistance gene in potato[J]. Plant J ,2005,42:251-261.

[31]Jennings J C,Apel-Birkhold P C,Mock Norton M C,et al. Induction of defense response in tobacco by the protein Nep1 from *Fusarium oxysporum*[J]. Plant Sci,2001,161:891-899.

[32]Jong J C,Mccormack B J,Smirnoff N. Glycerol generates tugor in rice blast[J]. Nature,1996,389:244-249.

[33]Jores J,Lewin A,Appel B. Cloning and molecular characterization of a unique hemolysin gene of *Vibrio pommerensis sp. nov.* development of a DNA probe for the detection of the hemolysin gene and its use in identification of related *Vibrio* spp. from the Baltic sea[J]. FEMS Micro Lett ,2003,229:223-229.

[34]Kahmann R,Basse C. REMI (Restriction Enzyme Mediated Integration) and its impact on the isolation of pathogenicity genes in fungi attacking plants[J]. Eur J Plant Pathol,1999,105:221-229.

[35]Kamoun S,Goodwin S B. Fungal and oomycete genes galore[J]. New Phytol ,2007,174:713-717.

[36]Keates Sarah E,Kostman Todd A,Anderson James D,et al. Altered gene expression in three plant species in response to treatment with Nep1,a fungal protein that cause necrosis[J]. Plant Physio,2003,132:1610-1622.

[37]Mayer A M,Staples R C,Gilad N L. Mechanisms of survival of necrotrophic fungal plant pathogens in hosts expressing the hypersensitive response[J]. Phytochemistry ,2001,58:33-41.

[38]Mendgen K,Hahn M,Deising H. Mechanisms and morphogenesis of penetration by plant pathogenic fungi. Annu Rev Phytopathol 34:367-386 Nurnberger T,Brunner F,Kemmerling B,Piater L. (2004) Innate immunity in Plants and animals:striking similarities and obvious differences[J]. Immunol Rev ,1996,198:2249-2266.

[39]Orsomando G,Lorenzi M,Raffaelli N,et al. Phytotoxic protein PcF, purification, characterization, and cDNA sequencing of a novel hydroxyproline-containing factor secreted by the strawberry pathogen *Phytophthora cactorum*[J]. J Biol Chem ,2001,276:21578-21584.

[40]Pemberton C L,Salmond G P C. The Nep1-lke proteins-a growing family of microbial elicitors of plant necrosis[J]. Mol plant pathol,2004,5:353-359.

[41]Qutob D,Kemmerling B,Brunner F,et al. Phytotoxicity and innate immune responses induced by Nep1-Like proteins[J]. Plant Cell ,2006a ,18:3721-3744.

[42]Qutob D,Tedman-Jones J,Gijzen M. Effector-triggered immunity by the plant pathogen *Phytophthora*[J]. Trends Microbiol ,2006b ,14:470-473.

[43]Qutob D,Kamoun S,Gijzen M. Expression of a *Phytophthora sojae necrosis-inducing protein occurs during transition from biotrophy to necrotrophy*[J]. *Plant J* ,2002,32:361-373.

[44]Rasmussen J B, Hanau R M. Exogenous scytalone restores appressorial melanization andpathogenicity in albinomutants of *Colletotrichum graminicola*[J]. Can J Plant Pathol ,1989,11:349-352.

[45]Rogers L M, Flaishman M A, Kolattukudy P E. Cutinase gene disruption in *Fusatium solani* f. sp. *Pisi* decreses its virulence on pea[J]. Plant Cell,1994,6:935-945.

[46]Romano N,Macino G. Quelling:transient inactivation of gene expression in *Neurosora crassa* by transformation with homologous sequences[J]. Molec Microbiol ,1992,6:3343-3353.

[47]Rose J K, Ham K S, Darvill A G, et al. Molecular cloning and characterization of glucanase inhibitor proteins:coevolution of a counter-defense mechanism by plant pathogens [J]. Plant Cell, 2002, 14:1329-1345.

[48]Rogers L M, Flaishman M A, Kolattukudy P E. Cutinase gene disruption in *Fusatium solani* f. sp. *Pisi* decreses its virulence on pea[J]. Plant Cell,1994,6:935-945.

[49]Schoonbeek H,Del Sorbo G D E,Waard M A. The ABC transporter *BcatrB* affects the sensitivity of *Botrytis cinerea* to the phytoalexin resveratrol and the fungicide fenpiclonil[J]. Mol Plant Microbe Interact,2001,14:562.

[50]Shen K A,Chin D B,Arroyo-Garcia R,et al. Dm3 is one member of a large constitutively expressed family of nucleotide binding site-leucine-rich repeat encoding genes[J]. Mol Plant Microbe Interact,2002,15:251-261.

[51]Stahl D J,Schafer W. Cutinase is not required for fungal pathogenicity on pea[J]. Plant Cell ,1992,4:621-629.

[52]Sweigard J A,Carroll A M,Farrall L,et al. *Magnaporthe grisea* pathogenicity genes obtained through insertional mutagenesis [J]. Mol Plant Microbe Interact,1998,11:404-412.

[53]Sandhu D,Gao H,Cianzio S,et al. Deletion of a disease resistance nucleotide-bindingsite leucine-rich-repeat-like sequence is associated with the loss of the *Phytophthora* resistance gene Rps4 in soybean[J]. Genet-

ics,2004,168:2157-2167.

[54]Song J,Bradeen J M,Naess S K,et al. Gene RB cloned from *Solanum bulbocastanum* confers broad spectrum resistance to potato late blight[J]. Proc Nat Acad Sci USA ,2003,100:9128-9133.

[55]Tian M,Kamoun S. A two disulfide bridge Kazal domain from *Phytophthora* exhibits stable inhibitory activity against serine proteases of the subtilisin family[J]. BMC Biochem ,2005,6:15.

[56]Tian M,Benedetti B,Kamoun S. A Second Kazal-like protease inhibitor from *Phytophthora infestans* inhibits and interacts with the apoplastic pathogenesis-related protease P69B of tomato[J]. Plant Physiol, 2005,138:1785-1793.

[57]Tian M,Huitema E,Da Cunha L,et al. A Kazal-like extracellular serine protease inhibitor from *Phytophthora infestans* targets the tomato pathogenesis-related protease P69B [J]. J of Biol Chem, 2004, 279: 26370-26377.

[58]Tian M,Win J,Song J,et al. A *Phytophthora infestans* cystatin-like protein targets a novel tomato papain-like apoplastic protease[J]. Plant Physiol,2007,143:364-377.

[59]Takami H,Nakasone K,Hirama C,et al. An improved physical and genetic map of the genome of alkaliphilic *Bacillus sp*. C-125[J]. Extremophiles,1999,3:21-28.

[60]Torto T A,Li S,Styer A,Huitema E,et al. EST mining and functional expression assays identify extracellar effector proteins from the plant pathogen *Phytophthora*[J]. Genome Res,2003,13:1675-1685.

[61]Tyler B M,Tripathy S,Zhang X,et al. *Phytophthora* genome sequnces uncover evolutionary origins and mechenisms of pathogenesis[J]. Science ,2006,313:1261-1266.

[62]Tyler B M. Molecular basis of recognition between *Phytophthora* species and their hosts[J]. Annual Rev Phytopath ,2002,40:137-167.

[63]Urban M,Bhargava T,Hamerj E. An ATP-driven efflux pump is a novel pathogenicity factor in rice blast disease[J]. EMBO J,1999,18: 512-521.

[64]Veit S,Worle J M,Nurnberger T,et al. A novel protein elicitor (PaNie) from *Pythium aphanidermatum* induces multiple defense response in Carrot,Arabidopsis and Tobacco[J]. Plant Physiol,2001,127:

832-841.

[65]Venisse J D,Mainoy M,Faize M,et al. Modulation of defense responses of *Malus* spp. during compatible and incompatible interactions with *Erwinia amylovora* [J]. Mol Plant-Microbe Interact，2002，15：1204-1212.

[66]Wang J Y,Cai Y,Gou J Y,et al. VdNEP,an elicitor from *Verticillium dahliae*,induces cotton plant wilting[J]. Appl Enviro Microb，2004,70:4989-4995.

[67]Wang P,Sandrock R W,Vanetten H D. Disruption of the cyanide hydratase gene in *Gloeocercospora sorghi* increases its sensitivity to the phytoanticipin cyanide,but does not affects pathogenicity on the cyanogenic plant sorghum[J]. Fungal Genet Biol,1999,28:126-134.

[68]Wasmann C C,Vanetten H D. Transformation-mediated chromosome loss and disruption of a gene for pisatin demethylase decrease the virulence of *Nectria haematococca* on pea[J]. Mol Plant Microbe Interact，1995,9:793-803.

[69]Whisson S C,Boevink P C,Moleleki L,et al. A translocation signal for delivery of oomycete effector proteins into host plant cells[J]. Nature,2007,450:115-119.

[70]Win J,Morgan W,Bos J,et al. Adaptive evolution has targeted the C-terminal domain of the RXLR effectors of plant pathogenic oomycetes[J]. Plant Cell,2007,19(8):2349-2369.

[71]Wolpert T J,Dunkle L D,Ciuffetti L M. Host-selective toxins and avirulence determinants：what's in a name? Annu Rev Phytopathol，2002,40:251-285.

[72]Wroblewski T,Piskurewicz U,Tomczak A,et al. Silencing of the major family of NBS-LRR-encoding genes in the loss of multiple resistance specificities[J]. Plant J ,2007,51:803- 818.

[73]李剑凤,洪宇植,肖亚中. 栓菌 420 漆酶同工酶 B 基因克隆及异源表达[J]. 生物学杂志,2007,24 (3):25-28.

[74]詹旭,曹志艳,董金皋. 植物病原真菌产漆酶菌株的筛选[J]. 中国农业科学,2011,44(4):723-729.

[75]冯宝珍,李培谦,成娟丽,等. 辣椒疫霉 NPP 效应子基因家族生物信息学分析[J]. 江农业科学,2014,42 (7):28-32

[76]冯宝珍,李培谦,刘丽华. 辣椒疫霉漆酶基因 *Pclac3* 克隆表达[J].

山西农业科学,2014,42(1):1-5.

[77] 任光驰,马平虎,王廷杰,等.甘肃辣椒疫病的发生与防治研究[J].植物保护,1990,5:16-17.

[78]Bajpai P. Application of Enzymes in the pulp and paper industry [J]. Biotechnology Progress,1999,15(2):147-157.

[79]Bollag J M,Shulleworh K L,Anderson D H. Laccase mediated detoxification of phenolic compounds[J]. Applied Environmental Microbiology,1998,54(12):3086-3091.

[80]Bugg T D H,Ahmad M,Hardiman E M,et al. Pathways for degradation of lignin in bacteria and fungi[J]. Natural Product Reports,2011,28(12):1883-1896.

[81]Canero D C,Roncero M I G. Functional analyses of laccase genes from *Fusarium oxysporum*[J]. Phytopathology,2008,98 (5):509-518.

[82]Chung H J,Kwon B R,Kim J M,et al. A tannic acid-inducible and hypoviral-regulated Laccase3 contributes to the virulence of the chestnut blight fungus *Cryphonectria parasitica*[J]. Molecular plant-microbe interactions,2008,21(12):1582-1590.

[83]Dashtban M,Schraft H,Syed T A,et al. Fungal biodegradation and enzymatic modification of lignin[J]. International Journal of Biochemistry Molecular Biology,2010,1(1):36-50.

[84]Feng B Z,Li P Q,Sun B B,et al. Identification of 18 genes encoding NPP (Necrosis-inducing Phytophthora Proteins) from the plant pathogen *Phytophthora capsici*[J]. Genetics and Molecular Research,2011,10(2):910-922.

[85]Feng B Z,Li P Q,Wang H M,et al.,Functional analysis of Pcpme6 from Oomycete Plant Pathogen *Phytophthora capsici*[J]. Microbial Pathogenesis,2010,49(1):23-31.

[86]Feng B Z,Li P Q. Cloning and expression of a novel laccase gene from *Phytophthora capsic*[J]i. Journal of Plant Pathology 2013,95(2):417-421.

[87]Feng B Z,Li P Q. Genome-wide identification of laccase gene family in three Phytophthora species[J]. Genetica, 2012, 140 (10-12):477-484.

[88]Feng B Z,Li P Q. Molecular characterization and functional analysis of a Nep1-like protein-encoding gene from *Phytophthora capsici*[J].

Genetics and Molecular Research 2013,12(2):1468-1478.

[89]Feng Baozhen, Li peiqian, Fu Li, et al. Exploring laccase genes from plant pathogen genomes: a bioinformatic approach[J]. Genetics and Molecular Research,2015,14 (4):14019-14036.

[90]Feng Baozhen, Li peiqian. Cloning, characterization and expression of a novel laccase gene Pclac2 from *Phytophthora capsici*[J]. Brazilian Journal of Microbiology,2014,45 (1):351-357

[91]Harald C. Laccases and their occurrence in prokaryotes[J]. Archives of Microbiology,2003,179(3):145-150.

[92]Hoegger Patrik J,Navarro-Gonza'lez M,Kilaru S,et al. The laccase gene family in *Coprinopsis cinerea* (*Coprinus cinereus*)[J]. Current Genetics,2004,45(1):9-18.

[93]Hong Y Z,Zhou H M,Tu X M,et al. Cloning of a laccase gene from a novel basidiomycete *Trametes* sp. 420 and its heterologous expression in *Pichia pastoris*[J]. Current Microbiology,2007,54 (4):260-265.

[94]Hoshida H,Nakao M,Kanazawa H,et al. Isolation of five laccase gene sequences from the White-rot fungus *Trametes sanguinea* by PCR, and cloning,characterization and expression of the laccase cDNA in yeasts [J]. Journal of Bioscience and bioengineering,2001,92(4):372-380.

[95]Kim J E,Han K H,Jin J,et al. Putative polyketide synthase and laccase genes for biosynthesis of aurofusarin in *Gibberella zeae*[J]. Applied and environmental microbiology,2005,71(4):1701-1708.

[96]Kumar S V,Phale P S,Durani S,et al. Combined sequence and structure analysis of the fungal laccase family[J]. Biotechnology and Bioengineering,2003,83 (4):386-394.

[97]Li P Q,Feng B Z,Wang H M,et al. Isolation of nine *Phytophthora capsici* pectin methylesterase genes which are differentially expressed in various plant species[J]. Journal of Basic Microbiology,2011,51(1):61-70.

[98]Lin S Y,Okuda S,Ikeda K,et al. LAC2 encoding a secreted laccase is involved in appressorial melanization and conidial pigmentation in *Colletotrichum orbiculare*[J]. Molecular Plant-Microbe Interactions,2012, 25(12):1552-1561.

[99]Litvintseva, Henson. Cloning, characterization, and transcription of three laccase genes from *Gaeumannomyces graminis* var. *tritici*, the take-all fungus[J]. Applied and environmental microbiology,2002,68(3):

1305-1311.

[100]Lundell T K, Mäkelä M R, Hildén K. Lignin-modifying enzymes in filamentous basidiomycetes-ecological, functional and phylogenetic review[J]. Journal of Basic Microbiology, 2010, 50(1):5-20.

[101]Pihet M, Vandeputte P, Tronchin G, et al. Melanin is an essential component for the integrity of the cell wall of *Aspergillus fumigatus* conidia[J]. BMC Microbiology, 2009, 9(1):177.

[102]Punellia F, Reverberia M, Porrettab D, et al. Molecular characterization and enzymatic activity of laccases in two *Pleurotus* spp. with different pathogenic behaviour[J]. Mycological Research, 2008, 113(3): 381-387.

[103]Savoie J M, Mata G, Billette C. Extracellular laccase production during hyphal interactions between *Trichoderma* sp. and Shiitake, *Lentinula edodes*[J]. Applied Microbiology and Biotechnology, 1998, 49 (5):589-593.

[104]Sugareva V, Härtl A, Brock M, et al. Characterisation of the laccase-encoding gene abr2 of the dihydroxynaphthalene-like melanin gene cluster of *Aspergillus fumigatus*[J]. Archives of Microbiology, 2006, 186 (5):345-355.

[105]Sun W X, Jia Y J, Feng B Z, et al. Functional analysis of Pcipg2 from the straminopilous plant pathogen *Phytophthora capsici*[J]. Genesis, 2009, 47(8):535-544.

[106]Tetsch L, Bend J, Janssen M, et al. Evidence for functional laccases in the acidophilic ascomycete *Hortaea acidophila* and isolation of laccase-specific gene fragments[J]. FEMS Microbiology Letters, 2005, 245 (1):161-168.

[107] Chisholm S T, Chisholm S T, Coaker G, et al. Host-microbe interactions: shaping the evolution of the plant immune response[J]. Cell, 2006, 124:803-814.

[108] Hogenhout S A, Van der Hoorn R A, Terauchi R, et al. Emerging concepts in effector biology of plant-associated organisms[J]. Molecular Plant Microbe Interactions, 2009, 22:115-122.

[109] Kamoun S. Groovy times: filamentous pathogen effectors revealed[J]. Current Opinion in Plant Biology, 2007, 10:358-365.

[110] Pemberton C L, Salmond G P C. The Nep1-lke proteins-a

growing family of microbial elicitors of plant necrosis [J]. Molecular Plant Pathology,2004,5:353-359.

[111] Whisson S C,Boevink P C,Moleleki L,et al. A translocation signal for delivery of oomycete effector proteins into host plant cells [J]. Nature,2007,450:115-119.

[112] Stam R,Jupe J,Howden A J M,et al. Identification and characterization CRN Effectors in *Phytophthora capsici* shows modularity and functional diversity [J]. Plos one,2001,8(3):e59517.

[113] Orsomando G,Lorenzi M,Raffaelli N,et al. Phytotoxic protein PcF, purification, characterization, and cDNA sequencing of a novel hydroxyproline-containing factor secreted by the strawberry pathogen *Phytophthora cactorum* [J]. J Biol Chem,2001,276:21578-21584.

[114] Bos J I B,Armstrong M,Whisson S C,et al. Intraspecific comparative genomics to identify avirulence genes from Phytophthora [J]. New Phytol,2003,159:63-72.

[115] Tyler B M,Tripathy S,Zhang X,et al. Phytophthora genome sequnces uncover evolutionary origins and mechenisms of pathogenesis [J]. Science,2006,313:1261-1266.

[116] Jennings J C,Apel-Birkhold P C,Mock N M,et al. Induction of defense responses in tobacco by the protein Nep1 from *Fusarium oxysporum* [J]. Plant Science,2001,161:891-899.

[117] Veit S,Worle J M,Nurnberger T,et al. A novel protein elicitor (PaNie) from *Pythium aphanidermatum* induces multiple defense response in Carrot, Arabidopsis and Tobacco [J]. Plant Physiol,2001,127:832-841.

[118] Fellbrich G,Romanski A,Varet A,et al. NPP1,a Phytophthora-associated trigger of plant defense in parsley and Arabidopsis[J]. Plant J,2002,32:375-390.

[119] Keates S E,Kostman T A,Anderson D,et al. Altered gene expression in three plant species in response to treatment with Nep1,a fungal protein that cause necrosis [J]. Plant Physio,2003,132:1610-1622.

[120] Bailey B A,Bae H,Strem M D,et al. Developmental expression of stress response genes in Theobroma cacao leaves and their response to NeP1 treatment and a compatible infection by *Phytophthora megakarya* [J]. Plant Physiol Biochem,2005,43:611-622.

[121] Wang J Y,Cai Y,Gou J Y,et al. VdNEP,an elicitor from *Verticillium dahliae*,induces cotton plant wilting [J]. Appl Enviro Microb, 2004,70:4989-4995.

[122] Mattinen L,Tshuikina M,Mae A,et al. Identification and characterization of Nip,necrosis-inducing virulence protein of *Erwinia carotovora subsp. Carotovora* [J]. Mol Plant Microbe Interac, 2004, 17: 1366-1375.

[123] Qutob D,Kamoun S,Gijzen M. Expression of a *Phytophthora sojae* necrosis-inducing protein occurs during transition from biotrophy to necrotrophy [J]. Plant J,2002,32:361-373.

[124] Bendtsen J D,Nielsen H,von Heijne G,et al. Improved prediction of signal peptides:SignalP 3. 0 [J].J Mol Biol,2004,340:783-795.

[125] Marchler-Bauer A,Anderson J B,Chitsaz F,et al. CDD:specific functional annotation with the Conserved Domain Database [J]. Nucleic Acids Res,2009,37:D205-210.

[126] Letunic I,Doerks T,Bork P. SMART 7:recent updates to the protein domain annotation resource [J]. Nucleic Acids Res, 2012, 40: D302-305.

[127] Galagan J E,Calvo S E,Borkovich K A,et al. The genome sequence of the filamentous Neurospora crassa [J]. Nature,2003,422:859-868.

[128] Jores J,Lewin A,Appel B. Cloning and molecular characterization of a unique hemolysin gene of *Vibrio pommerensis sp. nov.* development of a DNA probe for the detection of the hemolysin gene and its use in identification of related *Vibrio spp.* from the Baltic sea [J]. FEMS Micro Lett,2003,229:223-229.

[129]Arango M,Gevaudant F,Oufattole M,et al. The plasma membrane proton pump ATPase:the significance of gene subfamilies[J]. Planta ,2003,216:355-365.

[130]Bae H,Bowers J H,Tooley P W,et al. NEP1 orthologs encoding necrosis and ethylene inducing proteins exist as a multifamily in *Phytophthora megakarya* causal agent of black pod disease on cacao[J]. Mycol Res ,2005,12:1373-1385.

[131]Bailey B A. Purification of a protein from culture filtrates of *fusarium-oxysporum* that induces ethylene and necrosis in leaves of *erythroxylum-coca*[J]. *Phytopathology* ,1995,85:1250-1255.

[132]Dean R A,Talbot N J,Ebbole D J,et al. The genome sequence of the rice blast fungus *Magnaporthe grisea* [J]. Nature, 2005, 434: 980-986.

[133]Doehlemann G,van der Linde K,Aβmann D,et al. Pep1,a secreted effectorprotein of *Ustilago maydis*,is required for successful invasion of plant cells[J]. PloS Pathog ,2009,5:1-16.

[134]Feng Baozhen, Zhu Xiaoping, Fu Li, et al. Characterization of necrosis-inducing NLP proteins in *Phytophthora capsici* [J]. BMC Plant Biology,2014,14(1):126

[135]Fellbrich G,Romanski A,Varet A,et al. NPP1,a *Phytophthora*-associated trigger of plant defense in parsley and *Arabidopsis*[J]. Plant J,2002,32:375-390.

[136]Judelson H S,Tani S. Transgene-induced silencing of the zoosporogenesis-specific NIFC gene cluster of *Phytophthora infestans* involves chromatin alterations[J]. Eukaryot Cell,2007,6:1200-1209.

[137]Garcia O,Macedo J A,Tiburcio R,et al. Characterization of necrosis and ethylene-inducing proteins (NEP) in the basidomycete *Moniliophthora perniciosa* ,the causal agent of witches' broom in *Theobroma cacao*[J]. Mycol Res ,2007,3:443-455.

[138]Gijzen M,Nürnberger T. Nep1-like proteins from plant pathogens:Recuitment and diversification of the NPP1 domain across taxa[J]. Phytochemistry ,2006,67:1800-1807.

[139]Hann D R,Gimenez-lbanez S,Rathjen J. Bacterial virulence effectors and their activities[J]. Curr Opin Plant Biol ,2010,13:388-393.

[140] Lacroix H,Spanu P D. Silencing of six hydrophobins in *Cladosporium fulvum*: complexities of simultaneously targeting multiple genes[J]. Appl Environ Microb ,2009,75:542-546.

[141]Lewis J D,Guttman D S,Desveaux D. The targeting of plant cellular systems by injected type III effector proteins[J]. Seminars Cell Devel Biol,2009,20:1055-1063.

[142]Lister R,Chew O,Lee M N,et al. A transcriptomic and proteomic characterisation of the *Arabidopsis* mitochondrial protein import apparatus and its response to mitochondrial dysfunction[J]. Plant Physiol,2004,134:777-789.

[143]Mattinen L,Tshuikina M,Mae A,et al. Identification and char-

acterization of Nip,necrosis-inducing virulence protein of *Erwinia caroto-vora subsp. carotovora* [J]. Mol Plant Microbe Interac, 2004, 17: 1366-1375.

[144]Miki D,Itoh R,Shimamoto K. RNA silencing of single and multiple members in a gene family of rice[J]. Plant Physiol,2005,138:1903-1913.

[145]Motteram J,Küfner I,Deller S,et al. Molecular characterization and function analysis of MgNLP,the sole NPP1 domain-containing protein,from the fungal wheat leaf pathogen *Mycosphaerella graminicola* [J]. Mol Plant Microbe Interac ,2009,22:790-799.

[146]Nei M,Rooney A P. Concerted and birth-and-death evolution of multigene families[J]. Ann Rev Genet ,2005,39:121-152.

[147]Ottmann C,Luberacki B,Küfner I,et al. A common toxin fold mediates microbial attack and plant defense [J]. PNAS, 2009, 106: 10359-10364.

[148]Pemberton C L,Salmond G P C. The Nep1-lke proteins-a growing family of microbial elicitors of plant necrosis[J]. Mol plant pathol, 2004,5:353-359.

[149]Qutob D,Tedman-Jones J,Gijzen M. Effector-triggered immunity by the plant pathogen *Phytophthora*[J]. Trends Microbiol,2006,14: 470-473.

[150]Qutob D,Kamoun S,Gijzen M. Expression of a *Phytophthora sojae* necrosis-inducing protein occurs during transition from biotrophy to necrotrophy[J]. Plant J ,2002,32:361-373.

[151]Sarria R,Wagner T A,O'Neill M A,et al. Characterization of a family of *Arabidopsis* genes related to xyloglucan fucosyl transferase1[J]. Plant Physiol ,2001,127:1595-1606.

[152]Staats M,van Baarlen P,Schouten A,et al. Functional analysis of NLP genes from *Botrytis elliptica* [J]. Mole Plant Pathol, 2007, 8: 209-214.

[153]Tian M,Kamoun S. A two disulfide bridge Kazal domain from *Phytophthora* exhibits stable inhibitory activity against serine proteases of the subtilisin family[J]. BMC Biochem,2005,6:15.

[154]Tyler B M,Tripathy S,Zhang X,et al. *Phytophthora* genome sequnces uncover evolutionary origins and mechanisms of pathogenesis [J]. Science,2006,313:1261- 1266.

[155]Veit S,Worle J M,Nurnberger T,et al. A novel protein elicitor (PaNie) from *Pythium aphanidermatum* induces multiple defense response in Carrot,Arabidopsis and Tobacco[J]. Plant Physiol ,2001,127: 832-841.

[156]Wang J Y,Cai Y,Gou J Y,et al. VdNEP,an elicitor from *Verticillium dahliae*,induces cotton plant wilting[J]. Appl Enviro Microb, 2004,70:4989-4995.

[157]Wroblewski T,Piskurewicz U,Tomczak A,et al. Silencing of the major family of NBS-LRR-encoding genes in the loss of multiple resistance specificities[J]. Plant J,2007,51:803- 818.

[158]Wu C H,Yan H Z,Liu L F,et al. Functional characterization of a gene family encoding polygalacturonases in *Phytophthora parasitica* [J]. Mole Plant Microbe Interact,2008,21:480-489.

[159]Randall T A,Dwyer R A,Huitema E,et al. Large-scale gene discovery in the oomycete *Phytophthora infestans* revels likely components of phytopathogenicity shared with true fungi[J]. Mol Plant Microbe Interact,2005,18:229-243.

[160] Harald C. Laccases and their occurrence in prokaryotes [J]. Archives of Microbiology,2003,179:145-150.

[161] Bollag J M,Shulleworh K L,Anderson DH. Laccase mediated detoxification of phenolic compounds[J]. Applied Environmental Microbiology,1998,54(12):3086-3091.

[162] Bajpai P. Application of Enzymes in the pulp and paper industry[J]. Biotechnology Progress,1999,15(2):147-157.

[163] Dashtban M,Schraft H,Syed T A,et al. Fungal biodegradation and enzymatic modification of ligni[J]. International Journal of Biochemistry Molecular Biology,2010,1(1):36-50.

[164]Lundell T K,MäkeläM R,Hilden K. Lignin-modifying enzymes in filamentous basidiomycetes—ecological,functional and phylogenetic revie[J]. Journal of Basic Microbiology,2010,50(1):5-20.

[165] Bugg T D H,Ahmad M,Hardiman E M,et al. ,Pathways for degradation of lignin in bacteria and fungi[J]. Natural Product Reports, 2011,28:1883-1896.

[166] Hoshida H,Nakao M,Kanazawa H,et al. Isolation of Five Lactase Gene Sequences from the White-Rot Fungus Trametes sanguinea by

PCR, and Cloning, Characterization and Expression of the Lactase cDNA in Yeasts [J]. Journal of Bioscience and bioengineering, 2001, 92 (4): 372-380.

[167] Hoegger Patrik J, Navarro-Gonza'lez M, Kilaru S, et al. The laccase gene family in *Coprinopsis cinerea* (*Coprinus cinereus*) [J]. Current Genetics, 2004, 45: 9-18.

[168] Hong Y Z, Zhou H M, Tu X M, et al. Cloning of a laccase gene from a novel basidiomycete Trametes sp. 420 and its heterologous expression in *Pichia pastoris* [J]. Current Microbiology, 2007, 54 (4): 260-265.

[169] Kumar S V, Phale P S, Durani S, et al. Combined sequence and structure analysis of the fungal laccase family[J]. Biotechnology and Bioengineering, 2003, 83 (4): 386-394.

[170] Savoie J M, Mata G, Billette C. Extracellular laccase production during hyphal interactions between *Trichoderma sp.* and Shiitake, *Lentinula edodes* [J]. Applied Microbiology and Biotechnology, 1998, 49: 589-593.

[171] Claus H. Laccases: structure, reactions, distribution[J]. Micron, 2004, 35: 93-96.

[172] Tetsch L, Bend J, Janβen M, et al. Evidence for functional laccases in the acidophilic ascomycete Hortaea acidophila and isolation of laccase-specific gene fragments[J]. FEMS Microbiology Letters, 2005, 245: 161-168.

[173] Litvintseva, Henson. Cloning, Characterization, and Transcription of Three Laccase Genes from Gaeumannomyces graminis var. tritici, the Take-All Fungus [J]. Applied and environmental microbiology, 2002, 68(3): 1305-1311.

[174] Canero D C, Roncero M I G. Functional Analyses of Laccase Genes from Fusarium oxysporum [J]. Phytopathology, 2008, 98 (5): 509-551

[175] Punellia F, Reverberia M, Porrettab D, et al. Molecular characterization and enzymatic activity of laccases in two Pleurotus spp. with different pathogenic behaviour[J]. Mycological Research, 2008, 113, (3): 381-387.

[176] 马海宾, 郑服丛, 康丽华. 辣椒感染疫病后生化指标的响应研究 [J]. 生物技术, 2006, 3: 37-40.

[177] Feng Baozhen, Li Peiqian. Genome-wide identification of laccase

gene family in three *Phytophthora* species [J]. Genetica, 2012, 140: 477-484.

[178] Feng Baozhen, Li Peiqian. Cloning and expression of a novel laccase gene from *Phytophthora capsic* [J]. Journal of Plant Pathology, 2013,95 (2),417-421.

[179] Feng Baozhen, Li Peiqian. Molecular characterization and functional analysis of a Nep1-like protein-encoding gene from *Phytophthora capsici* [J] . Genetics and Molecular Research,2013,12 (2):1468-1478.

第3章 农 药

3.1 农药概述

3.1.1 农药概念

农药是指用于预防、消灭或者控制危害农业、林业的病、虫、草和其他有害物,以及有目的地调节植物、昆虫生长的化学合成或者来源于生物、其他天然物质的一种物质或者几种物质的混合物及其制剂。具有这种性质的物质不全是农药,其中用于以下范围和场所的各类是农药。

①预防、消灭或者控制危害农业、林业(具体指农、林、牧、渔业中的种植业)的病、虫(包括昆虫、蜱、螨)、草和鼠软体动物等有害生物的;

②预防、消灭或者控制仓储病、虫、鼠和其他有害生物的;

③调节植物、昆虫生长的(调节植物生长是指对植物萌发、开花、受精、坐果、成熟及脱落等发育过程具有抑制、刺激和促进作用的生物或化学制剂);

④用于农林产品防腐或者保鲜的;

⑤用于预防、消灭或者控制蚊、蝇、蜚蠊、鼠和其他有害生物的(包括用于防治人生活环境和农林业、养殖业中用于防治动物生活卫生的害虫的);

⑥预防、消灭或者控制危害河流堤坝、铁路、机场、建筑物和其他场所的有害生物的;

⑦利用基因工程技术引入抗病、虫、草害的外源基因改变基因组的农业生物;

⑧防治农林作物有害生物的商业化天敌生物(如寄生蜂、生防菌等);

⑨农药与肥料的混合物。

3.1.2 农药的类型

农药按照来源、使用目的、作用方式、防治对象等可以划分为不同类型。

1. 按原料的来源及成分分类

（1）无机农药

主要由天然矿物质原料加工、配制而成的农药，故又称为矿物性农药。这种农药的有效成分都是无机的化学物质。常见的有石灰（CaO）、硫黄（S）、砷酸钙[Ca$_3$(ASO$_4$)$_2$]、磷化铝（AlP$_3$）、硫酸铜（CUSO$_4$）。

（2）有机农药

又可分为天然有机农药、微生物农药和人工合成有机农药。

天然有机农药指存在于自然界中可用作农药的有机物质。

①植物性农药：如烟草、除虫菊、鱼藤、印楝、川楝及沙地柏等。这类植物中往往含有植物次生代谢产物如生物碱（尼古丁）、糖苷类（巴豆糖苷）、有毒蛋白质、有机酸酯类、酮类、萜类及挥发性植物精油等。

②矿物油农药：主要指由矿物油类加入乳化剂或肥皂加热调制而成的杀虫剂。如石油乳剂、柴油乳剂等。其作用主要是物理性阻塞害虫气门，影响呼吸。

微生物农药：主要指用微生物或其代谢产物所制得的农药。如苏云金杆菌、白僵菌、农用抗菌素、阿维菌素（Avermectin）等。

（3）人工合成有机农药

即用化学手段工业化合成生产的可作为农药使用的有机化合物。如对硫磷、乐果、稻瘟净、溴氰菊酯、草甘磷等。

2. 按用途分类

按农药主要的防治对象分类，是一种最基本的分类方法。

（1）杀虫剂（Insecticides）

对有害昆虫机体有毒或通过其他途径可控制其种群形成或减轻、消除危害的药剂。

（2）杀螨剂（Acaricides，miticides）

可以防除植食性有害螨类的药剂。如双甲脒、克螨特、三氯杀螨醇（砜）、石硫合剂、杀螨素等。

（3）杀菌剂（Fungicides）

对病原菌能起毒害、杀死、抑制或中和其有毒代谢物，因而可使植物及其产品免受病菌危害或可消除病症、病状的药剂。如粉锈宁（三唑酮）、多菌灵、代森锰锌、灭菌丹、井岗霉素等。

（4）杀线虫剂（Nematocides，Nemacides）

用于防治农作物线虫病害的药剂。如滴滴混剂、益舒宝、克线丹、克线磷等。另有些药剂具有杀虫、防病等多种生物活性,如硫代异硫氰酸甲酯类药剂-棉隆既杀线虫,也能杀虫、杀菌和除草;溴甲烷、氯化苦对地下害虫、病原菌、线虫均有毒杀作用。

(5)除草剂(Herbicides)

可以用来防除杂草的药剂。或用以消灭或控制杂草生长的农药,也称除莠剂。

如 2,4-D、敌稗、氟乐灵、稳杀得、盖草能、拿捕净等。

(6)杀鼠剂(Rodenticides)

用于毒杀危害农、林、牧业生产和家庭、仓库等场合的各种有害鼠类的药剂。

如磷化锌、立克命、灭鼠优等。

(7)植物生长调节剂(Plant growth regulators)

人工合成的具有天然植物激素活性的物质。可以调节农作物生长发育、控制作物生长速度、植株高矮、成熟早晚、开花、结果数量及促进作物呼吸代谢而增加产量的化学药剂。常见的有 2、4-D、矮壮素、乙烯利、抑芽丹、三十烷醇等。

3. 按作用方式分类

这种分类方法常指对防治对象起作用的方式,但有时也和保护对象有关,如内吸剂就是对在植物体内的传导运输方式而言的。常用的分类途径如下:

(1)杀虫剂(Insecticides)

①胃毒剂(Stomachpoisons)。只有被昆虫取食后经肠道吸收到达靶标,才可起到毒杀作用的药剂。如砷酸钙、敌百虫等。胃毒剂适用于防治咀嚼式口器的害虫,如粘虫、蝗虫、蝼蛄等,也适用于防治虹吸式及舐吸式等口器害虫。

②触杀剂(Contactpoisons)。药剂通过接触害虫的体壁渗入虫体,使害虫中毒死亡。如1605、辛硫磷等。目前使用的杀虫剂大多数属于此类,对各类口器的害虫都适用,但对体壁被蜡质等物保护的害虫(如蚧、粉虱等)效果不佳。

③熏蒸剂(Fumigantpoisons)。在常温常压下能气化为毒气或分解生成毒气,并通过害虫的呼吸系统进入虫体,使害虫中毒死亡。如溴甲烷、敌敌畏、磷化铝、氢氰酸等。使用时应在密闭条件下,如氯化苦(三氯硝基甲烷)防治仓库害虫;磷化铝片剂防治温室害虫和果树蛀干性害虫等,磷化氢是有毒气体。大田使用一般只能在无风或气流对流小的情况下效果才好,如傍晚施用敌敌畏麦糠熏杀棉蚜。

④内吸剂。药剂通过植物的叶、茎、根或种子被吸收进入植物体内或萌发的苗内，并且能在植物体内输导、存留，或经过植物的代谢作用而产生更毒的代谢物，使害虫取食后中毒死亡。实质上是一类特殊的胃毒剂。如1059(内吸磷)、3911(甲拌磷)、乐果等。一般情况下，内吸剂对刺吸式口器害虫效果较好。

⑤拒食剂。药剂可影响昆虫的味觉器官，使其厌食或宁可饿死也不取食(拒食)，最后因饥饿、失水而逐渐死亡，或因摄取不够营养而不能正常发育。如拒食胺、印楝素、川楝素等。印楝素在 0.02～0.1 $\mu g/mL$ 对多种如鳞翅目、直翅目等害虫有效。

⑥驱避剂。施用于保护对象表面后，依靠其物理、化学作用(如颜色、气味等)使害虫不愿接近或发生转移、潜逃等现象，从而达到保护寄主(植物)目的的药剂。如避蚊油、卫生球(樟脑丸)、避蚊胺(N,N-二乙基-间-甲苯甲酰胺)。主要用于卫生害虫，在农业上几乎无使用价值。

⑦引诱剂。使用后依靠其物理、化学作用(如光、颜色、气味、微波信号等)可将害虫诱聚而利于歼灭的药剂。如糖醋加敌百虫做成毒饵，以诱杀粘虫等。

(2)杀菌剂(Fungicides)

①保护性杀菌剂。在病害流行前(即在病菌没有接触到寄主或在病菌侵入寄主前)施用于植物体可能受害的部位，以保护植物不受侵染的药剂。目前所用的杀菌剂大都属于这一类，如波尔多液、代森锌、灭菌丹、百菌清等。

②治疗性杀菌剂。在植物已经感病以后(即病菌已经侵入植物体或植物已出现轻度的病症、病状)施药，可渗入植物组织内部，杀死萌发的病原孢子、病原体或中和病原的有毒代谢物以消除病症与病状的药剂。

对于个别在植物表面生长的病菌，如白粉病，便不一定要求药剂具有渗透性，只要可以使菌丝萎缩、脱落即可，这种药剂也称治疗剂，有时也称为表面化学治疗。有些药剂不但能渗入植物体内，而且能随着植物体液运输传导而起到治疗作用(内部化学治疗)。如多菌灵、粉锈宁、乙磷铝、瑞毒霉等。常见的治疗性杀菌剂有稻瘟净、代森铵等。

③铲除性杀菌剂。对病原菌有直接强烈杀伤作用的药剂。可以通过熏蒸、内渗或直接触杀来杀死病原体而消除其危害。这类药剂常为植物生长期不能忍受，故一般只用于植物休眠期或只用于种苗处理。常见的有甲醛、五氯酚、高浓度的石硫合剂等。

(3)除草剂

①按作用方式分为内吸性除草剂和触杀性除草剂。

a. 内吸性除草剂(输导性除草剂)。施用后可以被杂草的根、茎、叶或芽鞘等部位吸收,并在植物体内输导运输到全株,破坏杂草的内部结构和生理平衡,从而使之枯死的药剂。如 2,4-D、西玛津、草甘膦等。内吸性除草剂可防除一年生和多年生的杂草,对大草也有效。

b. 触杀性除草剂。药剂喷施后,只能杀死直接接触到药剂的杂草部位。这类除草剂不能在植物体内传导,因此只能杀死杂草的地上部分,对杂草地下部分或有地下繁殖器官的多年生杂草效果差或无效。因此主要用于防除一年生较小的杂草。如敌稗、五氯酚钠等。

②按用途(对植物作用的性质)分为灭生性除草剂和选择性除草剂。

a. 灭生性除草剂(非选择性除草剂)。在常用剂量下可以杀死所有接触到药剂的绿色植物体的药剂。如五氯酚钠、百草枯、敌草隆、草甘膦等。这类除草剂一般用于田边、公路和铁道边、水渠旁、仓库周围、休闲地等非耕地除草,也可用于果园、林下除草。

b. 选择性除草剂。所谓选择性,即在一定剂量或浓度下,除草剂能杀死杂草而不杀伤作物;或是杀死某些杂草而对另一些杂草无效;或是对某些作物安全而对另一些作物有伤害。具有这种特性的除草剂被称为选择性除草剂。

目前使用的除草剂大多数都属于此类。如敌稗只杀死稗草,对水稻无害;西玛津是玉米地杂草的有效除草剂,对玉米无毒。除草剂的选择性是相对的,有条件的,而不是绝对的。就是说,选择性除草剂并不是对作物一点影响也没有,就把杂草杀光。其选择性受对象、剂量、时间、方法等条件影响。

选择性除草剂在用量大、施用时间或喷施对象不当时也会产生灭生性后果,杀伤或杀死作物。灭生性除草剂采用合适的施药方法或施药时期,也可使其具有选择性使用的效果,即达到草死苗壮的目的。

③按施药对象分类:土壤处理剂和茎叶处理剂。

a. 土壤处理剂。即以土壤处理法施用的除草剂,把药剂喷洒于土壤表面,或通过混土把药剂拌入土壤中一定深度,建立起一个封闭的药土层,以杀死萌发的杂草。

这类药剂是通过杂草的根、芽鞘或胚轴等部位进入植物体内发生毒杀作用,一般是在播种前或播种后出苗前施药,也可在果树、桑树、橡胶树等林下施药。

b. 茎叶处理剂:即以喷洒方式将药剂施于杂草茎叶的除草剂,利用杂草茎叶吸收和传导来消灭杂草,也称苗(期)后处理剂。

4. 按性能特点等方面分类

(1)广谱性农药

一般来讲,广谱性药剂是针对杀虫、治病、除草等几类主要农药各自的防治谱而言的。如一种杀虫剂可以防治多种害虫,则称其为广谱性农药。同理也可以定义广谱性杀菌剂与广谱性除草剂。

(2)兼性农药

兼性农药常用两个概念:一是指一种农药有两种或两种以上的作用方式和作用机理,如敌百虫既有胃毒作用,又有触杀作用;二是指一种农药可兼治几类害物,如稻瘟净、富士一号等,既可防治水稻稻瘟病又可控制水稻飞虱、叶蝉的种群发生。

(3)专一性农药

又可称为专效性农药。是指专门对某一、两种病、虫、草害有效的农药。如三氯杀螨醇只对红蜘蛛有效;抗蚜威只对某些蚜虫有效;井岗霉素只对水稻、小麦纹枯病有效;敌稗只对稗草有效。这些药剂便属于专一性农药。专一性农药有高度的选择性,有利于协调防治。

(4)无公害农药

这类农药在使用后,对农副产品及土壤、大气、河流等自然环境不会产生污染和毒化,对生态环境也不产生明显影响,也就是指那些对公共环境、人、畜及其他有益生物不会产生明显不利影响的农药。昆虫信息素、拒食剂和生长发育抑制剂便属于这一类。

为了让使用者便于区分农药的类别,《农药标签和说明书管理办法》中针对农药按其防治对象划分类型方法作出了相应规定:农药类别采用相应的文字和特征颜色标志带表示,不同类别的农药采用在标签底部加一条与底边平行的、不褪色的特征颜色标志带表示。杀虫(螨、软体动物)剂用"杀虫剂"或"杀螨剂""杀软体动物剂"字样和红色带表示;杀菌(线虫)剂用"杀菌剂"或"杀线虫剂"字样和黑色带表示;除草剂用"除草剂"字样和绿色带表示;植物生长调节剂用"植物生长调节剂"字样和深黄色带表示;杀鼠剂用"杀鼠剂"字样和蓝色带表示;杀虫/杀菌剂的混剂用"杀虫/杀菌剂"字样、红色和黑色带表示。

3.1.3 农药的名称和标签

1. 名称

农药的名称是农药的生物活性也就是农药有效成分的称谓。包括通用名称、化学名称、代号、商品名称等,自 2008 年 7 月 1 日起我国农药产品已不再使用商品名,农药标签或说明书上体现的类似商品名的为商标名称。因为我国农药产品较多,各种各样的农药商品名让农药使用者、销售者及管理者难以分清,为解决一药多名的问题,农业部于 2007 年 12 月发布第 944 号公告,规定取消使用农药商品名。为规范农药名称,维护农药消费者权益,农业部和国家发展和改革委员会又联合发布了第 945 号公告,规定采用农药有效成分通用名称或简化通用名称,简化通用名称长度一般不超过 5 个汉字。含有单一有效成分的农药产品直接用农药有效成分通用名称。如溴氰菊酯、啶虫脒、多菌灵、二氯喹啉酸等。含有两种或两种以上有效成分的农药混配制剂则用简化通用名,如多菌灵和福美双混配的制剂称为多·福,毒死蜱和高效氯氟氰菊酯混配的制剂称为氯氟·毒死蜱,苯磺隆、苄嘧磺隆和乙草胺混配的制剂称为苯·苄·乙草胺等。

直接使用的卫生用农药以功能描述词语和剂型作为产品名称,如蚊香、杀蟑胶饵、杀虫气雾剂等。

农药有效成分通用名称由全国农药标准化技术委员会命名,以国家标准发布。简化通用名称由首次申请该混配制剂的企业拟定、提出申请,经农药登记管理机构审查后,由农业部批准、公布。

2. 农药标签

农药标签是指农药包装物上或附于农药包装物的,以文字、图形、符号说明农药内容的一切说明物。根据《农药管理条例》和《农药标签及说明书管理办法》规定,农药产品应当在其包装物表面印制或贴有标签。农药标签是向广大农药使用者说明农药产品性能、用途、应用技术和方法、毒性、注意事项等内容,是指导使用者正确选购农药和安全合理使用农药的重要依据。农药标签标注的主要内容包括:农药产品名称、有效成分及含量、剂型;农药登记证号、农药生产许可证号及产品标准号;生产企业名称及联系方式;生产日期、批号、有效期及重量;产品性能、用途、使用技术和方法;毒性及标识、中毒急救措施、储存和运输方法、农药类别、象形图及其他农业部要求标注的内容。农药标签标注的内容是通过各种试验验证总结得出并经过农药登记部门审查批准的,农药使用者为维护自身利益一定要严格按照农药标签规定内容使用农药。

农药象形图是以图示的形式向农药使用者展示告知:如何存放农药、如何配制农药、如何喷洒农药等一系列相关要求及安全防护等注意事项,广大农药使用者除了要养成仔细阅读农药产品标签的习惯之外,也应学会识别农药象形图。

3.1.4　农药剂型

一种农药可以加工成很多种剂型,常见剂型有粉剂、粒剂、可湿性粉剂、可溶性粉剂、浓悬浮剂及胶体剂、乳油、种衣剂、油剂、缓释剂、烟剂等。

1. 乳油

乳油是农药基本剂型之一,它是由农药原药按规定比例溶解在有机溶剂(如苯、甲苯)中,再加入一定量的农药专用乳化剂而制成的均相透明油状液体,加水形成稳定的乳状液。其优点是加工过程简单、设备成本低、配制技术容易掌握,有效成分含量高,储存稳定性好,使用方便,药效高。其缺点是使用大量的易燃、有毒有机溶剂,加工储运安全性差,使用时气味大,对环境相容性差。因此乳油的发展方向是高浓度乳油部分代替有机溶剂的水基型制剂。

凡是液态或在常用有机溶剂中易溶解的农药原药一般均可加工成乳油;对水溶性较强的原药,加工成乳油较为困难,需使用助溶剂。原则上,乳油含量越高越经济。

乳油的加工中需要用溶剂对原药进行稀释和溶解,要求对原药溶解度大,与原药相容性好,来源丰富成本低,闪点高,常用溶剂如苯、甲苯、二甲苯等芳烃类化合物。同时乳化剂是乳油配方筛选的关键,常用复配乳化剂,多为非离子型与阴离子型十二烷基苯磺酸钙的混合乳化剂。助剂能提高溶剂对原药的溶解能力,常用的如醇类、酮类、乙酸乙酯。

2. 水乳剂

农药的水乳剂,也称浓乳剂是不溶于水的原药液体或原药溶于不溶于水的有机溶剂所得的液体分散于水中形成的一种农药制剂。外观为不透明的乳状液。油珠粒径通常为 $0.7 \sim 20 \ \mu m$,比较理想的是 $1.5 \sim 3.5 \ \mu m$。

水乳剂有水包油型(O/W)和油包水型(W/O)两类。农药水乳剂有实用价值的是水包油型,即油为分散相,水为连续相,农药有效成分在油相。与乳油相比,由于不含或只含有少量有毒易燃的苯类等溶剂,无着火危险,无难闻的有毒气味,对眼睛刺激性小,减少了对环境的污染,大大提高了对生产、贮运和使用者的安全性。以廉价水为基质,乳化剂用量为 $2\% \sim 10\%$,与乳油的近似,虽然增加了一些共乳化剂、抗冻剂等助剂,有些配方在经济上已经可以与相应乳油竞争。有不少试验证明,药效与同剂量相应乳油相当,而对温血动物的毒性大大降低;对植物比乳油安全;与其他农药或肥料的可混性好。由于制剂中含有大量的水,容易水解的农药较难或不能加工成水乳剂。贮存过程中,随着温度和时间的变化,油珠可能逐渐长大而破乳,有效成分也可能因水解而失效。一般来说,油珠细度高的乳状液稳定性好,为了提高细度有时需要特殊的乳化设备。水乳剂在选择配方和加工技术方面比乳油难。

水乳剂作为一种农药制剂应具有良好的热贮稳定性、冻融稳定性和水稀释稳定性。因此配方比较复杂,通常含有有效成分、溶剂、乳化剂或分散剂、共乳化剂、水、抗冻剂、消泡剂、抗微生物剂、密度调节剂、pH 调节剂、增稠剂、着色剂和气味调节剂。其中有的是必需的,有的可有可无。配方研究的任务就是筛选和优化各个组分及其含量,以获得性能优良而又廉价的水乳剂。

水乳剂的加工工艺比较简单。通常方法是将原药、溶剂和乳化剂、共乳化剂加在一起,使溶解成均匀油相。将水、抗冻剂、抗微生物剂等混合在一起成均一水相。在高速搅拌下,将水相加入油相或将油相加入水相,形成分散良好的水乳剂。一般来说,油珠越小稳定性越好。配方中选用的乳化剂系统分散乳化能力强,通常通过搅拌可使分散相达到要求细度,配制设备可选用带普通搅拌的搪瓷釜。配方分散乳化能力弱,则需选用具有高剪切搅拌能力的均化器和胶体磨。以聚乙烯醇为分散剂,加增稠剂使水乳剂稳定的配方使用均化器才能使分散相达到所要求的细度。加工通常在常温下进行,也有加热到 $60 \sim 70 ℃$ 进行加工的,由配方分散难易情况决定。

3. 微乳剂

由油溶性原药、乳化剂和水组成的感官透明的均相液体剂型。借助乳化剂的作用,将液态或固态农药均匀分散在水中形成透明或半透明的农药微乳剂。一般制成为 O/W 微乳剂,因其液滴微细化及以水为分散介质的结果,使这种剂型具备很多优点:闪点高,不燃不爆炸,生产、贮运和使用安全;不用或少用有机溶剂。环境污染小,对生产者和使用者的毒害大为减轻,有利于生态环境质量的改善;乳状液的粒子超微细,比通常的乳油粒子小,对植物和昆虫细胞有良好渗透性,吸收率高,因此低剂量就能发生药效;以水为基质,资源丰富价廉,产品成本低,包装容易;喷洒臭味较轻,对作物药害及果树落花落果现象明显减小。

然而农药微乳剂的开发毕竟较晚,其在农业领域中的实际应用还较少,也未在农药加工中得到普遍推广。关于该剂型的生物活性,安全性,药害特征以及微乳理论和配制加工技术,贮存稳定性等问题,还有待通过理论和实践,进一步深化和完善。

4. 可湿性粉剂

可湿性粉剂是含有原药、载体或填料、表面活性剂（润湿剂、分散剂等）、辅助剂（稳定剂、警色剂等）并粉碎得很细的农药制剂。此种制剂在用水稀释成田间使用浓度时，能形成一种稳定的、可供喷雾的悬浮液。含量通常在10%～50%，也可以达到80%以上。它不使用有机溶剂，又具有粉剂的优点，如包装、运输费用低，有效成分含量高，耐储存。尤其对除草剂和杀菌剂更是如此。缺点是使用时计量不方便，且对使用者存在污染，在其基础上又开发了水分散粒剂。

一种原药如为固体，熔点较高，易粉碎，则适宜加工成粉剂或可湿性粉剂。如需制成高浓度或需喷雾使用时，则一般都加工成可湿性粉剂。

如果原药不溶于常用的有机溶剂或溶解度很小，那么该原药大多加工成可湿性粉剂。大多数杀菌剂原药都是固体，且不溶于常用的有机溶剂，化学性质较稳定，故大多加工成可湿性粉剂。

近年来，很多除草剂都加工成可湿性粉剂。一方面，这些除草剂原药为易粉碎的固体，不易被常用有机溶剂所溶解；另一方面，它们大多是要求进行叶面喷雾以通过触杀和内吸传导达到防除杂草的目的。对液体原药即原油或低熔点固体原药来说，一般不加工成可湿性粉剂，但根据情况和要求，也可加工成可湿性粉剂。

5. 可溶性粉剂

可溶性粉剂是指在使用浓度下，有效成分能迅速分散而完全溶解于水中的一种新剂型，其外观呈粉末状或颗粒状，称之为可溶性粉剂（SP）或可溶性粒剂（SG）。由于原药性能不同和加工工艺不同，生产的产品往往同时具有粉末状和颗粒状，统称可溶性粉（粒）剂。可溶性粉剂有效成分含量多在50%以上，有的高达90%。由于浓度高，贮存时化学稳定性好，加工和贮运成本相对较低；由于它是固体剂型，可用塑料薄膜或水溶性薄膜包装，与液体剂型相比，可大大节省包装运输费；它在贮藏和运输过程中不易破损和燃烧，比乳油安全。

可溶性粉剂是由原药、填料和适量的助剂所组成。常温下水中有一定溶解度的固体原药，能加工成可溶性粉剂的农药，如敌百虫、乙酰甲胺磷、吡虫清、乐果等；也有一些农药在水中难溶或溶解度很小，但当转变成盐后能溶于水中，也可以加工成可溶性粉剂使用，如多菌灵盐酸盐、巴丹盐酸盐、单甲脒盐酸盐、甲磺隆钠盐、杀虫环草酸盐、杀虫双等。

填料可用水溶性的无机盐（如硫酸钠、硫酸铵等），也可用不溶于水的填料(如陶土、白炭黑、轻质 $CaCO_3$ 等)。但其细度必须 98％通过 320 目筛,速样,在用水稀释时能迅速分散并悬浮于水中。喷雾时,不致堵塞喷头。

助剂大多是阴离子型、非离子型表面活性剂或是二者的混合物,主要起助溶、分散、稳定和增加药液对生物靶标的润湿和黏着力。

6. 水分散粒剂

水分散粒剂又叫干悬浮剂或粒型可湿性粉剂,它在水中,能较快地崩解、分散,形成高悬浮的分散体系。水分散粒剂是 20 世纪 80 年代初期发展起来的农药新制剂,它具有很多优点:

①没有粉尘飞扬,对作业者安全,减少对环境的污染,这是在美国、欧洲,此剂型受到青睐和迅速发展的主要原因;

②与可湿性粉剂(WP)和悬浮剂(SC)相比,有效成分含量高,产品相对密度大、体积小,给包装、贮存、运输带来了很大的经济效益和社会效益;

③物理化学稳定性好,特别是在水中表现出不稳定性的农药,制成此剂型比悬浮剂要好;

④水中分散性好,悬浮率高,当天用不完第二天再用时,只需搅动,就可以重新悬浮起来成为均匀的悬浮液,照样可以充分发挥药效;

⑤流动性好,易包装、易计量、不粘壁,包装物易处理;

⑥剧毒品种低毒化,提高了对作业者的安全性。

3.2　杀菌剂的作用机制

3.2.1　杀菌剂的作用方式

杀菌剂的作用方式是一个很广泛的含义,可以指药剂的保护作用或是治疗作用,或通过内吸而起作用;也可以指药剂是专化性的作用还是非专化性的作用;或指药剂的防病谱广还是窄、多作用位点还是单一作用位点,也可以指药剂的毒性作用是使菌的形态受破坏还是菌的生理生化过程受影响等。杀菌剂的作用方式还可以指药剂对病原菌的直接作用还是通过对寄主的作用而影响病菌的。

1. 杀菌剂对病原菌的直接作用

(1)抑制毒素的产生
病原真菌能够分泌多种毒素,这些毒素中有很多是与病害发生或病状的出现有关,因此抑制毒素的产生被认为是一种可能用于防治病害的方法。但至今能在实际中应用的却为极少数,尤其是对那些通过多酮途径而生成的毒素来说更是如此。而通过类枯烯途径生成的毒素则还有个别的例子,如嘧菌醇抑制稻恶苗病菌分泌赤霉素。不过,该杀菌剂也抑制了菌的生长,其原因可能是抑制了甾醇的合成,因此还不能算是单纯的毒素抑制剂,而氧化氧乙三甲铵则是单纯的赤霉素抑制剂,对镰孢菌本身的生长没有什么影响。

（2）调节胞外酶的产生

真菌在侵染植物时其分泌的胞外酶常起着重要作用,如内多聚半乳糖醛酸酶,纤维素酶等,因此用化学物质降低或抑制病菌这些酶的产生,也是防治病害的一个可能的途径。通常用所谓"饥饿"方法,即降低糖基质浓度可以促进这些酶的产量,因此采用相反的提高糖的含量就可能会降低这些酶的产量。

（3）改变菌体代谢过程

改变菌体的代谢过程是杀菌剂对病菌细胞水平的作用,也可以作为杀菌剂的作用机制来研究,它可以在多方面影响菌的致病力。如抑制附着胞的形成或细胞壁上几丁质或黑色素的形成,表现为细胞壁的损坏而失去致病力;由于肌动蛋白受影响而改变细胞骨架或无法定殖等。

（4）杀菌剂对各种子实体的抑制作用

杀菌剂对各种子实体的抑制作用其实质也是杀菌剂对菌细胞代谢影响的反映。杀菌剂对不同子实体的抑制是属于宏观的反映,具有多种多样的方式,如对孢子的形成和散发的抑制,对孢子囊释放的抑制,对菌核形成的抑制等。因此,药剂对病菌的哪一种子实体起哪一种的抑制作用,亦可认为是药剂的不同作用方式。

2. 杀菌剂对寄主植物的作用

植物对病菌侵染的反应有两种:抗病或感病。因此杀菌剂对寄主植物的作用有两种:一是提高植物的抗病性;二是降低植物对病菌的感病性。通过化学物质对寄主植物的作用而减轻病害或使病害得到防治,其实质是诱导其抗病性的产生。植物保护素是在植物体内生成对病菌有毒的化学物质,一些植物保护素诱导剂可以诱导植物体内大量生成保护素而达到防治病害的目的。杀菌剂对寄主植物的作用还可以是降低植物对病菌毒素的敏感性,或提高植物钝化毒素的能力,如绿原酸可以钝化稻瘟菌分泌的稻疽素。

3.2.2 杀菌剂的作用机制

目前的杀菌剂多是干扰真菌的生物合成过程（如核酸、蛋白质、麦角甾醇、几丁质等）、呼吸作用、生物膜结构、细胞核功能和诱导植物抗性系统的化合物的产生。常见的杀菌剂主要作用于菌体的各部位和细胞内的各种结构，以及重要的细胞器等，其主要作用对象为细胞壁、细胞膜、线粒体、核糖体、细胞核等。杀菌剂的作用机制，从生物化学的角度讲，可归结为两大类型：杀菌剂影响了病原菌的生物合成；影响了病原菌的生物氧化。

1. 杀菌剂影响生物合成

（1）杀菌剂对细胞壁的影响

真菌的细胞壁对保持菌的形态和保护细胞的完整性起着重要的作用。细胞壁受影响后通常表现为芽管末端膨大、扭曲、分枝增多等异型，造成这些异型的原因是细胞壁上纤维原的结构变形。作用于真菌细胞壁的杀菌剂主要是影响细胞壁的形成，通过抑制真菌细胞壁中几丁质合成酶、多糖的合成或者与多糖及糖蛋白相结合的机制破坏细胞壁结构，达到抑制或杀灭真菌的目的。

（2）杀菌剂对细胞膜的影响

菌体细胞膜是由许多亚单位组成的，每个亚单位主要含有类脂质、蛋白质、甾醇和一些盐类，这些亚单位又使金属桥和疏水键连接起来。膜最大的功能是呈现选择通透性，能让一些物质进入细胞内，又能保持住细胞内许多物质不会外流，同时这种选择通透性也与膜上一些酶的活性有关。当有些杀菌剂作用细胞膜时，膜上亚单位的连结点的金属桥或其他疏水键会与杀菌剂结合，受到破坏而失去正常的生理功能；有些杀菌剂通过改变其原有的形态或使膜的功能受损而起到防治作用；有些杀菌剂对膜上一些酶的活性有影响，如异稻瘟净和克瘟散是抑制磷脂-N-甲基转移酶的活性而影响膜卵磷脂的正常合成。

（3）对细胞代谢物质合成的影响

对细胞代谢物质合成主要包括对蛋白质、多种酶、核酸的合成以及细胞有丝分裂，有些杀菌剂可以通过对其合成的抑制而达到杀菌抑菌的效果。

2. 杀菌剂影响病原菌生物氧化

病原菌的生命过程需要能量，尤其是孢子萌发，更需要较多的能量，这些能量来自碳水化合物、脂肪和蛋白质的氧化,最终生成的 ATP。有氧呼吸即有氧氧化,糖无氧降解与有氧降解的分水岭就是丙酮酸。丙酮酸不走乳酸的途径而走向三羧酸循环的方向,则为有氧氧化。丙酮酸要进入三羧酸循环则应先形成乙酰辅酶 A,虽然有少数物质可直接进入呼吸链,但细胞内大多数物质是要经过三羧酸循环而进入的。杀菌剂对有氧呼吸的影响主要分为对乙酰辅酶 A 形成的干扰、对三羧酸循环的影响、对呼吸链上氢和电子传递的影响和对氧化磷酸化的影响。

总之,杀菌剂的作用方式和作用机理相对来说比较复杂,对菌体各方面的作用都有相互影响与联系,难以分割,特别是对生命结构和生物合成的影响联系更为密切。随着抗药性问题的日益严重,使得人们对新杀菌剂的要求越来越高,对研制广谱、新型作用机制的杀菌剂的需求也越来越迫切。因此,研究新型杀菌剂的作用方式和作用机制,可以为创制作用机制新颖、环境相容性好、与现有杀菌剂无交互抗性的新型杀菌剂奠定良好的理论基础。

3.2.3 常见杀菌剂的作用机制

1. 酞酰亚胺类(三氯甲硫基类)杀菌剂作用机制

酞酰亚胺类是 20 世纪 50 年代初发展起来的一类有机硫杀菌剂。1951年 Kittleson 报道了克菌丹,它是一种比较安全的杀菌剂,同时药效高,不但对真菌且对细菌也有毒杀作用。因此三氯甲硫基类化合物很快作为铜、汞类杀菌剂的代用品。

三氯甲硫基类杀菌剂主要有两个品种:克菌丹(captan)、灭菌丹(folpet)。克菌丹和灭菌丹都是杀菌谱广的保护性杀菌剂,对植物安全。如克菌丹是广谱性杀菌剂,对豆类、蔬菜的根腐病、立枯病、马铃薯、晚疫病、葡萄霜霉病、小麦赤霉病都有很好的防效。

酞酰亚胺类杀菌剂主要作用机制是:

①影响丙酮酸的脱羧作用,使之不能进入三羧循环。棉铃红腐病菌(*Fusarium roseum*)用克菌丹处理后,发现其细胞内丙酮酸大量积累,而很少有乙酰辅酶 A 生成。实质是克菌丹改变了丙酮酸脱氢酶系中一种辅酶硫胺素(TPP)。硫胺素在丙酮酸脱羧过程中的作用是转移乙酰基。TPP的关键结构是噻唑环中氮和硫原子之间的碳原子上的氢很容易离解,使该碳原子形成反应性很强的负碳离子,因而可亲核攻击丙酮酸的羰基原子(δ^+)形成加成物。TPP 的噻唑环上的氮带正电,可作为电子受体使脱羧容

易进行,脱羧后产生羟乙基 TPP。TPP 是一些脱羧酶的辅基,如丙酮酸脱羧酶、琥珀酰脱氢酶系,其作用是在脱羧过程中转移乙酰基,而 TPP 接受乙酰基时只能以氧化型(TPP$^+$)进行,在有克菌丹存在的情况下,TPP$^+$ 的结构就会受破坏,失去转乙酰基的作用,乙酰辅酶 A 就不能形成,丙酮酸大量积累,因此以后的氧化反应都受到抑制。此外,克菌丹还作用于含-SH 的酶或辅酶,生成的硫光气,也会抑制酶或辅酶的活性。

②抑制 α-酮戊二酸脱氢酶系的活性,阻断三羧酸循环。三羧循环中,从 α-酮戊二酸到琥珀酰辅酶 A 需要 α-酮戊二酸脱氢酶系催化,而这一酶系的一种辅酶也是硫胺素(TPP),因此和上述丙酮酸脱氢酶系的情形相同,克菌丹也作用于 TPP,从而阻断了三羧酸循环。因此克菌丹等酞酰亚胺类杀菌剂是多作用点的杀菌剂,具有广泛的杀菌谱。

③铜、汞制剂影响:主要作用于细胞膜,破坏菌体细胞膜,膜的通透性发生变化,使一些金属离子,主要是 K$^+$ 向细胞膜外渗透,而菌体内糖酵解过程中最重要的磷酸果糖激酶的活性是由 K$^+$ 来活化的。丙酮酸激酶也需要 K$^+$ 作为辅助因素。在药剂作用下,使膜内 K$^+$ 浓度降低,这些酶的活性受到破坏而使糖酵解受阻。

2. 硫代氨基甲酸酯类杀菌剂的作用机制

硫代氨基甲酸酯类包括乙撑双二硫代氨基甲酸盐,即"代森"类,二甲基二硫代氨基甲酸类,即"福美"类,其主要作用机制:

①破坏 COASH,从而影响脂肪酸的氧化。辅酶 A 被瓦解后直接影响了脂肪酸的 β-氧化,丙酮酸脱氢酶系、α-酮戊二酸脱氢酶系的活性受到抑制,因为这些酶系中必须要有辅酶 A 的参与。

②抑制以铜、铁等为辅基的酶的活性。

硫代氨基甲酸酯类杀菌剂可和铁、铜等形成螯合物可使酶失去活性。

如在三羧酸循环中,柠檬酸经乌头酸到异柠檬酸必须要有乌头酸酶的参与,而乌头酸酶的辅基含有高铁,代森类、福美类杀菌剂和铁形成螯合物使乌头酸酶失活,三羧酸循环中断。

3. 取代苯类杀菌剂的作用机制

取代苯类杀菌剂以百菌清(chlorothalonil)为代表,还有 diclroan 和 dichlone,其主要作用机制在于和含—SH 的酶反应,抑制了含—SH 基团酶的活性,特别是磷酸甘油醛脱氢酶的活性。磷酸甘油醛脱氢酶催化糖酵解途径中从 3-磷酸甘油醛到 1,3-二磷酸甘油酸的反应。其催化机理是磷酸甘油醛脱氢酶活性位置上半胱氨酸残基的—SH 基是亲核基团,它与醛基作用形成中间产物,可将羟基上的氢移至与酶紧密结合的 NAD^+ 上,从而产生 NADH 和高能硫酯中间产物。NADH 从酶上解离,另外的 NAD^+ 与酶活性中心结合,磷酸攻击硫酯键从而形成 1,3-二磷酸甘油。百菌清和该酶的—SH 结合,抑制其活性,中断糖酵解,从而影响 ATP 的生成。

4. 羧酰苯胺类杀菌剂作用机制

羧酰苯胺类,以氧硫杂环二烯为主,还有噻吩、噻唑、呋喃、吡唑、苯基等衍生物,代表品种有萎锈灵(carboxin)、氧化萎锈灵(oxycarboxin)、邻酰胺(mebenil)、氟酰胺(flutolanil)、furametper、triflumazid 等。这些杀菌剂的主要作用部位是线粒体呼吸电子传递链中从琥珀酸到辅酶 Q 之间的氧化还原体系,即复合体Ⅱ。复合体Ⅱ是由黄酶Ⅱ(FAD)为辅酶的黄素蛋白、非血红素铁硫蛋白及其他结合蛋白组成的。底物(琥珀酸)脱出的 2 个 H 传递给 FAD 成为 $FADH_2$,而 Fe^{3+} 将 $FADH_2$ 氧化成 FAD,放出 2 个 H,同时 Fe^{3+} 转化成 Fe^{2+},这 2 个 H 又被 CoQ 接受,成 $CoQH_2$。

萎锈灵和复合体Ⅱ的活性中心——非血红素铁硫蛋白结合,从而阻断了电子向辅酶 Q 的传递。氟酰胺等杀菌剂也作用于复合体Ⅱ,但这些杀菌剂的结合部位既不是黄素蛋白,也不是非血红素铁硫蛋白这两个主要的亚单位,而是结合于一种固膜蛋白,嵌入铁硫蛋白和辅酶 Q 之间,阻止电子传递。

5. 甲氧丙烯酸酯类杀菌剂的作用机制

Strobilurin A. B 是 Anke 和 Oberwinkler(1977)从担子菌中分离的天然抗菌活性物质。近年来以 Strobilurin A 为先导化合物,开发出一类新型杀菌剂——甲氧丙烯酸酯类,代表品种有 ICIA5504 和 BAS490F。甲氧丙烯酸酯类杀菌剂同样抑制了病原菌线粒体呼吸电子传递链中电子的传递,其作用部位是复合体Ⅲ(即细胞色素 b 和细胞色素 C1 复合体)。据研究,甲氧丙烯酸酯类杀菌剂就通过和复合体Ⅲ中的活性部位结合而抑制了线粒体的电子传递。此外,抗菌素抗霉素 A (antimycin A)和杀菌剂杀枯净(phenazine,5-氧吩嗪)也是作用于复合体Ⅲ。

6. 敌克松的作用机制

敌克松(dexon)为重氮磺酸盐类杀菌剂,主要用于防治烟草黑胫病、小麦腥黑穗病、白菜软腐病及水稻烂秧。敌克松作用于复合体工,阻断了辅酶Ⅰ(NAD)和黄酶Ⅰ(FMN)之间的电子传递。FMN(磷酸核黄素)中具有异咯嗪环结构,敌克松可能和这种异咯嗪环组成了一个稳定的复合物,从而使 FMN 失去传递电子的功能。

7. 氟啶胺的作用机制

氟啶胺(fluazinam)近年来投入欧洲市场,主要用于防治马铃薯晚疫病。据研究,氟啶胺是一种强有力的解偶联剂,破坏氧化磷酸化,推测是分子中的氨基基团的质子化和质子化作用引起的。此外,五氯硝基苯(terrachlor)也是解偶联剂。

8. 有机磷杀菌剂的作用机制

有机磷杀菌剂以异稻瘟净(IBP)和克瘟散(edifenphos)为代表,主要用于防治水稻稻瘟病。关于有机磷杀菌剂的作用机制,20 世纪 70 年代人们认为是干扰了病原菌细胞壁几丁质的合成,20 世纪 80 年以后人们倾向于认为这类杀菌剂主要是抑制了卵磷脂的合成而破坏了细胞质膜的结构。卵磷脂(磷脂酰胆碱)是细胞质膜最重要的组分。卵磷脂的合成必须要有磷脂酰乙醇胺甲基转移酶的参与。异稻瘟净的作用机制主要是抑制磷脂酰乙醇胺甲基转移酶的活性,阻断了卵磷脂合成。

9. 嘧啶胺类杀菌剂作用机制

早期开发的嘧啶胺类杀菌剂有甲菌啶(dimethirimol)和乙菌啶(ethirimol),主要用于防治瓜类和谷物白粉病。关于乙菌啶的作用机制,Hollomoon(1979)曾指出,主要是非竞争性地抑制了腺(嘌呤核)苷脱氨酶的活性而影响了某些碱基及核酸的合成。腺苷脱氨酶是在一条"补救"(salvage pathway)途径中起作用,即某一组织中的核酸分解后的碱基可以被另一组织重新利用来合成新的核酸。

近年来,又有几种新的嘧啶苯胺商品化,如嘧菌胺(mepanipyrim),pyrimethanil 和 cyprodini,对灰葡萄孢引起的多种病害,特别是灰霉病有特效,而且与二甲酰亚胺类杀菌剂无交互抗性。目前对嘧菌胺等杀菌剂的作用机制主要有两种解释:

(1)抑制细胞壁降解酶的分泌

以蚕豆褐斑病菌为试验材料的研究发现,Pyrimethanil 对孢子萌发和附着孢的形成没有影响,对病原菌的早期入侵阶段几乎没有影响,但能显著地减少入侵点周围寄主细胞的死亡。正常情况下,接菌后 6～8 h 寄主细胞开始裂解,2～3 d 出现水渍状扩展的病斑,经 Pyrimethanil 处理的蚕豆叶片上病菌侵入点周围被裂解的寄主细胞很少,相应的病斑也很小。寄主细胞的裂解是病菌分泌的各种细胞壁降解酶(如果胶酶、纤维素酶等)作用的结果,病原菌依靠这些酶的分泌破坏寄主细胞,并获得自身发展所需营养。Pyrimethanil 和嘧菌胺在很低的浓度下就对病菌细胞壁降解酶的分泌有抑制作用,结合显微技术的观察结果,可以认为对酶分泌的抑制作用是这些杀菌剂极其重要的抗菌机制。

(2)干扰甲硫氨酸(蛋氨酸)的生物合成

在寄主植物和病原菌体内,甲硫氨酸是由天冬氨酸合成的。许多研究结果表明,Pyrimethanil、嘧菌胺抑制了甲硫氨酸生物合成途径中次末端-β胱硫醚裂解酶(β-cyctathionase)的活性从而抑制了甲硫氨酸的合成,但详细的抑制机理还不清楚。

10. 苯基酰胺类杀菌剂的作用机制

苯基酰胺类杀菌剂至少包括 4 类:酰基丙氨酸类、丁内酯类、硫代丁内酯类和恶唑烷酮类,其中以酰基丙氨酸类(以甲霜灵为代表)、恶唑烷酮类(以恶霜灵为代表)最重要。这类杀菌剂广泛用于藻菌纲病害(如霜霉病)的防治。关于苯基酰胺类的作用机理,一般认为是抑制了病原菌中核酸的生物合成,主要是 RNA 的合成。

细胞各类 RNA,包括参与翻译过程的 mRNA、rRNA 和 tRNA,以及具有特殊功能的小 RNA,都是以 DNA 为模板,在 RNA 聚合酶的催化下合成的,真核生物的 RNA 聚合酶有好多种,分子量大约在 50 万,通常由 46 种亚基组成,并含有 Zn^{2+}。利用抑制剂 α-鹅膏蕈碱的抑制作用可将其分为 3 类,对抑制剂不敏感的 RNA 聚合酶 A(或 I),可被低浓度抑制剂抑制的 RNAB(或 II),只被高浓度抑制剂抑制的 RNAC(或 III)。Hayes 等认为,甲霜灵、恶霜灵主要是抑制了对 α-鹅膏蕈碱不敏感的 RNA 聚合酶 A,从而阻碍了 rRNA 前体的转录。具体的抑制机理尚不清楚。

11. 农用抗菌素的作用机制

农用抗菌素的种类较多,作用也比较复杂。现就几种常用农用抗菌素的作用机制作简单介绍。

(1)多氧霉素 D 的作用机制

多氧霉素 D(polyoxin D)主要干扰真菌几丁质的合成。几丁质是构成某些真菌细胞壁的主要组分,其合成主要底物是尿苷二磷酸 N-乙酰葡萄糖胺。由于多氧霉素 D 和尿苷二磷酸 N-乙酰葡萄糖胺分子结构有一定相似性,多氧霉素 D 和底物竞争性地结合几丁质合成酶,从而抑制了该酶的活性,破坏了真菌细胞壁的结构。

(2)井冈霉素的作用机制

井冈霉素,国外称有效霉素,主要是有效霉素 A(VMA),是水溶性内吸杀菌剂,而且很容易在纹枯病菌丝中传导,引起菌丝异常分枝,从而抑制其生长。作用机制主要是抑制核酸和蛋白质合成。

最近的研究结果表明,VMA 对菌体中海藻糖酶有颉颃性抑制作用,因此提出有效霉素的作用机制是基于阻断了海藻糖分解而切断了葡萄糖供应。海藻糖酶把一个海藻糖分子分解成 2 个葡萄糖。

（3）春雷霉素和灭瘟素的作用机制

这两种农用抗菌素主要用于防治水稻稻瘟病。根据现有的研究资料,春雷霉素和灭瘟素主要是抑制了病原菌的蛋白质合成。

12. 麦角甾醇合成抑制剂作用机制

麦角甾醇(ergosterol)是病原菌细胞膜的重要组分,其合成受阻将间接地影响细胞膜的通透性功能。此外,麦角甾醇还是甾类激素的前体,在无性、有性生殖过程中起重要作用。

13. 苯并咪唑类杀菌剂作用机制：

苯并咪唑类杀菌剂,苯来特、多菌灵和甲基硫菌灵等杀菌剂主要影响菌体内微管的形成而影响细胞分裂。

微管(microtubule)是广泛存在于植物(包括病菌)细胞中的纤维状结构,直径 $20 \sim 25$ nm,主要含有一种蛋白质,叫作微管蛋白(tububin)。它的功能是保护细胞形状、细胞运动和细胞内物质运输,和微丝、居间纤维共同形成了立体网络,称为"微梁系统"。细胞器和膜系统都由这个网络来支架。可以说,微管是细胞的骨骼。微管除了参与合成细胞壁和在鞭毛、纤毛运动中起作用外,最主要的是在细胞分裂中起作用——微管构成了减数分裂和有丝分裂纺锤体的纤维。

微管是由微管蛋白的亚单位靠疏水键的结合聚合成多聚体,最后再形成完整的微管。在植物体内,苯来特和硫菌灵都转换成多菌灵起作用。近年的研究表明,这类杀菌剂的主要作用机制是由于多菌灵和微管蛋白的 β 亚单位相结合,阻止了微管的组装,从而破坏了纺锤体的形成,影响了细胞分裂。

14. 三环唑和丰谷隆的作用机制

杀菌剂三环唑(tricyclelazole)、咯嗪酮(pyroquilon)、稻瘟醇、四氯苯酞,chlobenthiazone 等都主要用于防治水稻稻瘟病,其作用机制主要在于影响了黑素的生物合成。

菌类黑素(Velanin)是一类酚类化合物,以 1,8-二羟萘的聚合物为主要成分。黑素在病原菌的致病性(Pathogenicity)中起主要作用。稻梨孢及豆刺盘孢和葫芦科刺盘孢对植物侵染前先形成一种附着孢的结构,然后该结构穿透寄主表皮细胞壁而产生侵染。在附着孢穿透表皮之前不久,这些附着孢的壁黑化(产生黑素),如果附着孢的壁不黑化,则不会穿透表皮或其他屏障。

附着孢壁的黑化可提供刚度和结构,这种刚度和结构在穿透过程中起着支持和集中机械力的作用。黑化尤其可使稻梨孢的附着孢的下壁变硬,对寄主角质层产生膨胀力,当附着孢向下生长到寄主表面细胞时,这一坚实的黑化壁可有助于切断角质层。

三环唑等杀菌剂主要切断了菌类黑素合成,从而阻碍了稻瘟病菌附着孢对水稻细胞的穿透。因此,三环唑等又称为抗穿透剂。

也有人认为,三环唑可能是抑制了多聚乙酰的代谢,造成多聚乙酰的积累,而多聚乙酰对稻瘟病菌来说是有毒物质。亦或抑制多聚乙酰代谢和阻断黑素合成相辅相成。

15. 苯基吡咯杀菌剂的作用机制

近年来,以天然抗生素硝吡咯菌素(pyrrolnitrin)为先导化合物开发出的一类新型杀菌剂,拌种咯(fenpiclonil)和fludioxonil是其代表。

关于苯基吡咯杀菌剂的作用机制已有较深入的研究。当以拌种咯处理Fusarium sulphureum,使其生长受到50%抑制时,菌丝中单糖的输送受到抑制;细胞内中性多元醇如甘油和甘露醇积累。除此之外,拌种咯对细胞核分裂、呼吸氧化、几丁质合成、甾醇合成、磷酯、核酸和蛋白合成均无影响。基于这些研究结果,Jesper等(1995)认为拌种咯的初始靶标是与输送相联系的葡萄糖磷酸化的酶,特别是己糖激酶(hexokinase),然而没有找到拌种咯对己糖激酶有直接影响的证据。最近,Pillonel和Meyer(1997)研究后认为蛋白激酶PK-Ⅲ才是苯基吡咯杀菌剂的初始靶标。拌种咯和蛋白激酶PK-Ⅲ结合,抑制了它的活性,使活化的调节蛋白不失活(不被磷酸化),从而导致甘油合成失控,细胞内渗透压加大,细胞发生肿胀而死亡。

16. 防御素激活剂的作用机制

这一类杀菌剂对病原菌在离体条件下并无杀菌作用,但它们可以诱导病原菌的寄主植物产生某些防御作用物质,即所谓植物防御素(phytotoxin),从而防止病害的蔓延。

乙磷铝(aliette)可以有效地防治藻菌纲病害,但在离体条件下乙磷铝并不表现明显的杀菌作用,而在活体试验中,当乙磷铝喷到叶面上却表现明显的防病效果。Bompeix 等研究证实,乙磷铝是通过干扰植物多元酚代谢、刺激寄主植物产生酚类及倍半萜烯类植物防御素,从而抑制了病害的扩展。

噻菌灵(probenazole)对稻瘟病和白叶枯病有良好的防治效果。噻菌灵及其在稻株中的主要代谢产物糖精(邻磺酰苯甲酰亚胺)和水杨酸,可以促使有毒脂类物质的产生并提高过氧化物酶的水平,阻止病菌扩展。

水杨酸类似物 CGA41396 和 CGA245704 是一类新杀菌剂,用于白粉病、叶稻瘟、烟草霜霉病的防治,其作用机理同样是激活了寄主植物的防御系统。

3.3　科学使用农药

合理使用农药首先从选择农药开始。一是根据需要防治的作物病、虫、草种类对症选购合适的农药产品,如果选购的药剂不对症,不但达不到防治目的,还会造成浪费,甚至会造成其他危害。如果购买者自己搞不清楚到底该买什么农药,可以咨询当地的植保技术人员、农药经销商或者查阅技术资料。二是选择到正规农药销售门店购买农药,购买时要查验需要购买的农药产品三证号是否齐全(农药登记证、生产许可证和产品质量标准证)、产品是否在有效期内、产品外观质量有没有分层沉淀或结块、包装有没有破损、标签内容是否齐全等,购买后要向销售者索取发票,以备出现效果不好或药害问题时核查。

1. 用药量及稀释剂用量的计算

①根据用药面积求用药量:
制剂用量[mL(g)]=单位面积农药制剂用量[mL(g)/m²]×施药面积(m²)

例如:防治小麦蚜虫每平方米用 10%吡虫啉可湿性粉剂制剂量 0.03 g,现有 534 m² 小麦需要进行防治,求需要 10%吡虫啉可湿性粉剂制剂多少克?

解:0.03 g/m² × 534 m² = 16.02 g

即 534 m² 小麦需用 10%吡虫啉可湿性粉剂制剂量为 16.02 g。

②根据已定浓度计算所需药剂制剂用量(mL 或 g):

$$原药剂用量=所配药剂重量÷稀释倍数$$

例如:要配制 25%多菌灵可湿性粉剂 500 倍稀释液 100 kg 防治苹果

树轮纹病,求需要用25%多菌灵可湿性粉剂制剂量为多少?

解:100 kg÷500=0.2 kg

0.2 kg×1 000=200 g

即需称25%多菌灵可湿性粉剂200 g。

③稀释剂(水或土)用量计算公式

稀释剂用量(L或kg)=原药剂重量×稀释倍数

例如:用40%稻瘟灵乳油100 mL加水稀释成600倍液防治稻瘟病,求需加多少千克水?

解:100 mL×600=60 000 mL

60 000 mL÷1 000=60 L=60 kg

即需加水60 kg。

2. 农药的安全施用

安全、正确地施用农药是保证农产品质量安全、达到防治农林作物病、虫、草、鼠害理想效果的关键,重点应该把握好以下几个环节。

(1)把握好用药时期

用药时期是安全合理使用农药的关键,如果使用时期不对,既达不到防治病、虫、草、鼠害的目的,还会造成药剂、人力的浪费,甚至出现药害、农药残留超标等问题。要注意按照农药标签规定的用药时期,结合自己要防治病、虫、草、鼠的生育期和作物的生育期,选择合适的时期用药。施药时期要避开作物的敏感期和天气的敏感时段,以避免发生药害。防治害虫施用杀虫剂,一般掌握在害虫卵孵盛期,或低龄幼虫期施药。具有杀卵作用的农药不能等卵孵化成幼虫再打药,几乎所有杀虫剂都不能等到害虫发育为高龄成虫再施药;防治作物病害施用杀菌剂,一般在发病前或始见病斑的发病初期施药,因绝大部分杀菌剂为保护性药剂,一旦施药晚了则不能有效防治作物病害;防治杂草施用除草剂,多数是在作物播后苗前,或杂草3~5叶期施药;施用植物生长调节剂则需根据药剂的特性和使用目的,按照标签规定的施药方法和施用时期施药,切不可随意乱用。另外,还要注意施药时的天气条件,应避开刮风、下雨和高温时段施药,一般施药后6 h内遇雨会降低药效。

(2)把握好用药量

合适的用药量是保证防治病、虫、草、鼠害效果的基本条件,农药产品标签上明确规定了农药使用量。标签规定的用药剂量是经过农药登记前在不同年份于不同地点进行田间药效试验验证得出的,是经过效果及安全性评价的,一般是能收到防治效果的安全使用剂量。因此,在确定农药使用量时应严格按照标签规定的用药量施用,当然根据用药时作物生育期的不同可以在标签规定的用药剂量范围内选择低量、高量或中量,切忌随意超出标签规定范围加大用量,因超量使用易导致作物药害、农产品农药残留超标、浪费药剂、危害人体健康、影响外贸出口等一系列问题。因此,广大农药使用者不必在此基础上再加大用量,要克服打放心药的不良习惯。

(3)把握好施药次数和施药间隔时间

施药次数和每次间隔时间是根据药剂的持效期和病、虫、草、鼠害的发生危害规律而定的,是经过科学试验验证确定的,因此,要严格按标签规定施用,切不可违背规定,不等药剂的作用充分发挥,就增加施药次数。另外,要切实执行农药使用安全间隔期(农药使用安全间隔期:是指最后一次施用农药的时间到农产品收获时相隔的天数)。还要注意不能单一多次使用一种农药,即使是再好的药剂也不要连续使用,要合理轮换使用不同类型的农药,随意增加施药次数、不遵守农药使用安全间隔期及单一多次使用同一种农药,都容易导致病、虫、草、鼠抗药性的产生和农产品农药残留量超标,同时也会缩短好药剂的使用寿命。

(4)把握好施药质量

施药质量也是有效防治病、虫、草、鼠害的关键,茎叶喷雾施药时,只有让所有叶片都均匀着药,不留死角才能达到较好的防治效果,一般喷至所有叶片均匀着药而不往下滴水为宜;种子处理及撒施等施药方法也必须做到施药均匀,否则,粗放的不均匀施药方式,很容易形成新的虫源和菌源,引起病虫害再次暴发,还会导致产生药害和浪费药剂,高质量的施药才能收到理想的防治效果。施药时还应特别注意药剂对作物的安全性,也就是不要使药剂对作物造成药害。不管是产生哪种药害都会影响作物的安全性和产量。因此,农药使用者一定要严格按照标签使用说明用药,严格掌握农药使用技术,最大限度地避免由于农药使用不当而造成的药害损失。

参考文献

[1]农业部种植业管理司,农业部农药检定所.新编农药手册[M].2版.北京:中国农业出版社,2015.

[2]张化霜.氟醚菌酰胺的杀菌谱及作用机制的初步研究[D].泰安:山东农业大学,2013.

[3]贺字典,王秀平. 植物化学保护[M]. 北京:科学出版社,2018.

[4]徐汉虹. 植物化学保护学[M]. 4 版. 北京:中国农业出版社,2007.

[5]董金皋. 农业植物病理学[M]. 北京:中国农业出版社,2007.

[6]Balba H. Review of strobilurin fungicide chemicals[J]. J Environ Sci Health B. 2007,42(4):441-51.

[7]Díaz M V,Miranda M R,Campos-Estrada C,et al. Pentamidine exerts in vitro and in vivo anti Trypanosoma cruzi activity and inhibits the polyamine transport in Trypanosoma cruzi[J]. Acta Trop. 2014,134:1-9.

[8]Lucas J A,Hawkins N J,Fraaije B A. The evolution of fungicide resistance[J]. Adv Appl Microbiol. ,2015,90:29-92.

[9]Mares D,Romagnoli C,Andreotti E,et al. Synthesis and antifungal action of new tricyclazole analogues[J]. J Agric Food Chem. 2004,52(7):2003-2009.

[10]Matsubara T,Hagihara B. Action mechanism of phenothiazine derivatives on mitochondrial respiration[J]. J Biochem. 1968,63(2):156-64.

[11]Mendoza L,Ribera A,Saavedra A,et al. Action mechanism for 3β-hydroxykaurenoic acid and 4,4-dimethylanthracene-1,9,10(4H)-trione on Botrytis cinerea[J]. Mycologia,2015,107(4):661-666.

[12]Nicholls P,Wenner C E. The action mechanism of apparent stoicheiometric uncouplers of respiratory-chain phosphorylation[J]. Biochem J,1970,116(4):11P-12P.

[13]Runkle J,Flocks J,Economos J,et al. A systematic review of Mancozeb as a reproductive and developmental hazard[J]. Environ Int,2017,99:29-42.

[14]Saiz-Urra L,Racero J C,Macías-Sáchez A J,et al. Synthesis and quantitative structure-antifungal activity relationships of clovane derivatives against *Botrytis cinerea* [J]. J Agric Food Chem,2009,57(6):2420-2428.

[15]Yan X,Liang X,Jin S,et al. Primary study on mode of action for macrocyclic fungicide candidates (7B3,D1) against Rhizoctonia solani Kuhn [J]. J Agric Food Chem,2010,58(5):2726-2729.

[16]Yan X,Qin W,Sun L,et al. Study of inhibitory effects and action mechanism of the novel fungicide pyrimorph against Phytophthora capsica [J]. J Agric Food Chem,2010,58(5):2720-2725.

第4章 植物病原真菌抗药性

4.1 抗药性概念

植物病原菌对杀菌剂产生抗药性是植物病害化学防治中面临的主要问题之一,简称植物病原菌抗药性或杀菌剂抗药性。特别是随着高效、内吸、选择性强的杀菌剂被开发和广泛应用,杀菌剂抗药性越来越严重和普遍,成为制约化学防治措施发展的关键因素之一。

4.1.1 植物病原菌抗药性的概念

植物病原菌抗药性(resistance of plant pathogen to fungicide),是指病原菌长期在单一药剂选择作用下,通过遗传、变异,对此获得的适应性。联合国粮农组织(FAO)对杀菌剂抗药性推荐的定义是"遗传学为基础的灵敏度降低"。例如,"抗药性""耐药性""不敏感性",都常常被用来表示植物病原菌抗药性。但是随着对植物病原菌抗药性问题研究的深入,上述三种被看作是同义语的说法往往会造成一些不必要的混乱。

首先,是植物病原菌的耐药性(tolerance)。它是指植物病原菌的自然属性,是由于植物病原菌菌种的不同,或同一种植物病原菌但生长时期不同、生理状态不同、生长环境不同等因素造成的对杀菌剂敏感性的差异。例如:对多菌灵来说,稻瘟病菌、核盘菌的敏感性就有所不同;同是核盘菌,不同菌株的敏感性也不相同。耐药性的高低不是由于杀菌剂的长期应用而产生的。

与耐药性相反,植物病原菌的抗药性(resistance),是指由于在同一地区,连续使用同一种杀菌剂使植物病原菌对杀菌剂的敏感性明显降低的现象。例如:应用苯来特连续防治花生叶斑病两年以后,花生叶斑病菌对苯来特的可耐浓度提高了 10 倍,说明该菌株对苯来特产生了抗药性;由于对多菌灵的长期使用,灰霉病菌(*Botrydis cinerea*)菌株能够在含有 1 500 mL 多菌灵的培养基上生长,对多菌灵的敏感性比初用时下降了 500 倍,说明该菌对多菌灵产生了抗药性。

植物病原菌的抗药性,一般是通过比较杀菌剂对抗性菌株和敏感菌株的有效中浓度(EC_{50})或有效中量(ED_{50})来确定的。如果杀菌剂对植物病原菌的有效中浓度(EC_{50})或有效中量(ED_{50})提高了,就可以认为植物病原菌对该药剂产生了抗药性。

由于有些杀菌剂的作用机理很相似,植物病原菌常常因为对一种杀菌剂产生了抗药性,而另一种从未使用过的,但作用机理相似的药剂也出现了抗性,这样的现象被称为交互抗药性(cross resistance)。例如,马铃薯晚疫病菌对甲霜灵和恶霜灵的抗药性就属于这种类型。另外,植物病原菌对苯并咪唑类不同杀菌剂也容易产生交互抗药性,当病原菌对苯来特产生抗药性以后,往往对甲基托布津、多菌灵和啌菌灵等其他苯并咪哇类杀菌剂也具有抗药性。

与交互抗药性相反,有的植物病原菌会因为对某一种杀菌剂产生了抗药性,而对另一种从未使用过的药剂敏感性更强,这样的现象被称为负交互抗药性(negative cross resistance)。例如,抗苯并咪哩的灰霉病菌对 N-苯基氨基甲酸酯更加敏感就属于负交互抗药性。另外,对多菌灵高抗的梨黑星病菌(*Venturia nashicola*)菌株也对 N-苯基氨基甲酸酯更加敏感,而多菌灵中抗或低抗的 *V. nashicola* 菌株对 N-苯基氨基甲酸酯并非更敏感。

在某些病原菌中,所具有的多个抗性基因是相互独立的,它们能够导致这些病原菌同时对多种类型的杀菌剂产生抗性,这种现象叫作多重抗药性(multiple resistance)。例如有些黄瓜霜霉病菌就能同时对苯并咪唑类、羟基嘧啶类和甾醇合成抑制剂产生抗药性。这是不同于交互抗药性的。

另外,有的抗药性还具有多效性(pleiotropy),抗性菌的抗性基因可以同时引起其他的性状,例如,对低温或高温的敏感性。

4.1.2 抗药性真菌生物学特性

抗药性菌株的生物学特性即抗性菌株的越冬、越夏、生长、繁殖和致病力等方面的特性,研究上主要以适合度来评价抗药性菌株的生物学性状改变情况。适合度是指病菌抗药性突变体与敏感群体在自然环境条件下的生存竞争能力,即是在生长、繁殖速率、致病性等方面,是否变化及变化程度,其强弱关系到抗药性菌株是否容易形成抗药性群体。

除少数杀菌剂外,病菌对多数药剂产生抗性后均表现不同程度的适合度下降。对抗氟硅唑的叶霉菌抗性菌株的菌丝生长速率、菌丝鲜重、渗透敏感性、抗药性突变体遗传稳定性共 4 项指标的测定显示番茄叶霉病菌的生物学特性与其对氟硅哇的敏感无直线相关性。低抗和中抗突变体与敏感菌株相比较能够正常生长,但当菌株产生高抗药性时生长能力显著下降。对稻瘟病菌抗烯肟菌酯的抗药性菌株的生长速率、产孢能力研究证明,抗药性菌株适合度显著低于敏感性菌株,活体试验表明,抗药性突变体的致病力较差,与敏感性菌株相比差异显著。在紫外线诱导、药剂驯化条件下诱导产生的两株抗烯肟菌胺黄瓜白粉病菌株和敏感菌株分别接种黄瓜叶片发现获得的抗性菌株致病力低于敏感菌株的致病力。再根据Tooley 等介绍的一种测定适合度指数的方法,测定发现驯化获得的抗性菌株的适合度指数明显低于敏感菌株,主要表现在其致病力减弱、产孢能力的减弱上。也有一些菌株适合度较高,与野生敏感菌没有差异甚至高于敏感菌株。周明国研究证明禾谷镰孢菌对多菌灵抗药性菌株的生长、繁殖和致病力等性状与野生菌株几乎没有变化,说明抗药性病原群体与敏感性病原群体有较高的生存竞争能力或适合度。通过抗药性菌株与敏感性菌株混合接种、不同选择压力下自然界抗药性病原群体比例,以及抗药性病害循环不同阶段抗药性群体比例的变化态势等研究也证实了这一点。王文桥发现了在药剂驯化条件下,对恶霜灵产生抗性的突变马铃薯晚疫病菌和葡萄霜霉病菌株适合度好于原菌株,竞争力较强,稳定性较好。

4.2　抗药性机制

　　研究植物病原菌对杀菌剂产生抗药性的原因和抗性机制对有效防止或延缓对杀菌剂抗药性的产生具有重要意义,不仅可以加深对杀菌剂抗药性的认识,还为正确提出和实施治理对策提供理论依据。

4.2.1　植物病原菌抗药性的遗传机制

　　植物病原菌的抗药性有两种,即核基因(nuclear gene)控制的抗药性和胞质基因(cytoplasmic gene)控制的抗药性,分别是由染色体基因或胞质遗传基因的突变产生的。其中核基因控制的抗药性多发生在病原真菌上,而胞质基因控制的抗药性在病原细菌上较为常见。对于核基因控制的抗药性,又可以分为主效基因(major-gene)抗药性和微效多基因(poly-gene)抗药性。

1. 主效基因控制的抗药性

　　由主效基因控制的抗药性,田间病原群体或敏感性不同的菌株杂交后代对药剂的敏感性都呈明显的不连续性分布,表现为质量性状,很容易识别出抗药性群体。使病原物表现质量遗传抗性反应的杀菌剂有苯并咪唑类、苯酰胺类、羧酰替苯胺类、二甲酰亚胺类及有关含铜化合物。

　　主效基因抗药性根据控制抗药性主效基因的多少还可分为多基因(multi-gene)抗药性和单基因(single-gene)抗药性。在多基因抗性中,其中的任何一个主效基因的突变都会使病菌产生抗性,如在粗糙链孢霉(*Neurospora crassa*)中有6个主效基因控制对二甲酰亚胺类杀菌剂的抗性,其中任何一个基因发生突变都可产生抗性。但当有两个或两个以上的主效基因同时发生突变时,存在两种情况,一是某一主效基因会对其他主效基因具有上位显性作用,即抗性水平与该主效基因单独突变时一致;二是主效基因间会发生互作,从而使得抗性水平不同于单一主效基因发生突变,如Molnar研究证明在尖孢镰刀菌(*Fusarium oxysporum*)对苯菌灵的高水平抗性就是由两个主效基因的互作引起的。

　　但如果两个主效基因中有一个是上位基因的话,那么这两个基因的作用只相当于一个基因的作用。而Farctra研究灰葡萄孢霉(*Botrytis cinerea*)对苯并咪唑类药剂的抗性中报道,单基因抗性的基因座位上不同的碱基位点可以分别发生突变或同一碱基位点可以发生不同的突变,并能使病菌表现出不同的抗性水平,即存在一种复等位基因抗性(multiple allelic resistance)的情况,即该基因座位上不同的碱基位点可以分别发生突变或同一碱基位点可以发生不同的突变,并能使病菌表现出不同的抗性水平,如灰霉病菌(*Botrytis cinerea*)、苹果黑星病菌(*Venturia inaequalis*)等对苯并咪唑类杀菌剂的抗性。这与袁善奎研究玉蜀黍赤霉(*Gibberella zeae*)对多菌灵的田间抗药菌株的抗性遗传方式一致,都属于单基因抗药性。但无论在什么情况下,只要是主效基因控制的植物病原菌抗药性,田间病原群体或敏感性不同的菌株杂交后代对药剂的敏感性都呈明显的不连续性分布,很容易识别出抗药群体。

　　2. 微效多基因控制的抗药性

　　微效多基因抗药性由多个微效基因控制,其区别于主效基因所控制的抗药性的基本特征是田间病原群体或敏感性不同的菌株的杂交后代对药剂的敏感性呈连续性分布,表现数量性状。即这些基因间具积加效应,单个或少数基因的突变引起的抗性水平是微不足道的。此类抗性病菌对药剂高水平抗性的敏感性下降,但很少表现完全失效,增加用药量或缩短用药周期可提高防效。使病原物表现数量遗传抗药性反应的杀菌剂有多果定、甾醇脱甲基抑制剂、放线菌酮、吗啉类和哌啶类及乙菌啶等。Polach根据田间群体对药剂的敏感性呈连续性分布以及遗传学的研究,认为 *Venturia inaequalis* 对多果定的抗性是由微效多基因控制的。在 *Nectria haematococca var. cucurbitae* 和 *Nectria haematococca var. pisi* 中,Demarkopoulou 及 De Falandre 分别研究其诱导的丁苯吗啉的抗药突变体都有 3 个与抗性有关的基因,而且具有积加效应,因此认为对该药剂的抗药性是微效多基因抗药性。

3. 胞质基因控制的抗药性

真菌对少数药剂和细菌对大多数药剂的抗药基因属于胞质基因控制的抗药性,这些抗药基因主要位于真菌的线粒体和细菌的质粒中。Chang等对寄生疫霉(*Phytophthora parasitica*)的研究表明,链霉素抗性也是由胞质遗传因子决定的,属母性遗传。王源超等报道了恶疫霉突变株对甲霜灵的抗性在游动孢子后代持续发生分离的现象,认为这种抗性性状可能由细胞质因子控制。而早在 1971 年就发现了病原真菌对作用于菌体细胞色素 bc1 复合物的 QoIs 类药剂的抗药性也是由线粒体基因控制的。使病原物表现胞质基因控制的抗药性反应的化合物有铜制剂(copper)、链霉素(streptomycin)、QoIs 类药剂(Qo respiration inhibitors)等。

4.2.2　植物病原菌抗药性的生理生化机制

1. 改变细胞壁细胞膜的通透性,减少摄入量或增加排泄

病原物细胞常通过某些代谢变化使细胞膜通透性变化而阻碍足够量的药剂通过细胞膜或细胞壁而到达作用靶点,使其无法发挥其杀菌作用来产生自我保护。如多氧霉素类是抑制菌体几丁质合成酶的生物活性,破坏细胞壁的生成的一类杀菌物质,而抗药性菌体的细胞壁结构发生变化,使抗菌素难以进入菌体到达作用部位而产生抗药性。有些病原菌避免其自身中毒的方式是在杀菌剂大量进入体内后迅速地将杀菌剂排出体外,阻止药剂积累而表现抗药性。周明国研究了脉孢霉对三唑醇的抗药分子机制,结果表明突变体增加了对药剂的排泄作用,降低了药剂在体细胞内的积累,致使在相同的药剂剂量处理下,麦角甾醇生物合成过程受阻影响降低。Waard 等在含药培养基上获得 *Aspergillus nidulans* 对氯苯嘧啶醇的抗性菌株,敏感菌株相比于抗性菌株体内药剂耗能外流是在药剂流入一开始就进行,使菌株体内氯苯嘧啶醇的积累要比敏感的菌株体内积累少得多。

2. 影响杀菌化合物毒性

抗药菌株可通过某些变异影响生化代谢过程,在药剂到达作用位点之前就与细胞内其他生化成分结合而降低杀菌剂转毒能力、钝化乃至去除毒性,将有毒的农药转化成无毒化合物。例瓜枝孢菌通过降低 6-氮杂尿苷嘧啶转化成 6-氮杂尿苷-5-磷酸的能力来提高其抗药性。Miyagi 和 Uesugi 等研究表明,田间中抗异稻瘟净菌株对异稻瘟净降解速率高,降解产物毒性低。祝明亮等研究认为室内获得的稻梨孢菌(*Pyricularia oryzae*)高抗突变体对硫代磷酸醋类杀菌剂的抗药性的抗药机制是裂解有机磷类药剂"s-c"键以至于使其失去生物活性。

3. 降低亲和性或形成保护性代谢途径

病原菌可通过改变杀菌剂作用位点的结构,使杀菌剂与其作用位点的亲和能力降低,或改变其代谢途径,使杀菌剂无法在作用位点发挥作用,从而降低了杀菌剂的杀菌能力。研究发现病原菌 β-微管蛋白发生变化,导致苯并咪唑类杀菌剂与病原菌亲和性下降是病原菌产生抗药性的主要原因。Butters 在研究病菌对苯并咪唑类药剂的抗性分子机制时发现,田间抗药性菌株大都主要涉及 198 和 200 位置氨基酸的改变。常用的杀菌剂如苯并咪唑类、苯酰胺类、羧酰替苯胺类杀菌剂及春雷霉素等抗菌素等,真菌产生抗药性就是分别在相应的作用靶点 β-微管蛋白、mRNA 聚合酶、琥珀酸-辅酶 Q 还原酶复合体和核糖体组成发生构象改变,降低了药剂与这些靶点的亲和性而表现抗药性的。

形成"保护性"的代谢途径即改变某一段的代谢途径,使其不通过作用点。例如抗霉素 A 是作用于呼吸链中的细胞色素 b 和 c 间的电子传递。但是具抗性的玉蜀黍赤霉(*Gibberella zeae*)孢子的电子传递通道发生突变,使电子传递绕道而行,以至产生抗药性。

4.2.3 植物病原菌对常见单位点杀菌剂抗药性机制

在植物真菌病害防治中,杀菌剂发挥着极其重要的作用。不同杀菌剂作用方式、防治效果和防治谱区别较大,根据它们的作用方式可分为保护性和治疗性两种。保护性杀菌剂在发病前使用,防治效果相对差,但是防治谱广,且药效不易丧失,多为多位点杀菌剂。治疗性杀菌剂也称为单位点杀菌剂,兼有保护和治疗功能,防治效果较高,但作用靶标单一,防治谱较窄,相对容易丧失药效,一般为单位点杀菌剂。单位点杀菌剂是植物病害管理的重要组成部分,随着单位点杀菌剂的大量、广泛使用,抗性问题也随之产生。到目前为止,有植物病原菌对各大类单位点杀菌剂均具抗性的报道。

1. 常用杀真菌剂的种类和作用机理

(1)苯并咪唑类杀菌剂(methyl benzimidazole carbamate,MBCs)

苯并咪唑类杀菌剂为 β-微管蛋白抑制剂,亦称为 MBCs 杀菌剂,代表品种有噻菌灵(thiabendazole)、苯菌灵(benomyl)、甲基硫菌灵(thiophanate methyl)和多菌灵(carbendazim)等,是 20 世纪六七十年代开发的一大类杀菌剂。这类药剂的作用特点是不抑制孢子萌发,但在低浓度下能显著抑制芽管的伸长及菌丝的生长,且杀菌谱广,对哺乳动物安全点。其作用机制是通过与真菌微管蛋白的结合破坏纺锤丝的形成,最终阻碍细胞的正常有丝分裂,以达到杀菌目的。由于该类杀菌剂作用位点单一,真菌病原物容易产生抗药性。

(2)二甲酰亚胺类杀菌剂(dicarboximide fungicides,DCFs)

二甲酰亚胺类杀菌剂于 20 世纪 70 年代初开始使用,是一类广谱性杀菌剂。该类药剂包括异菌脲(iprodione)、乙烯菌核利(vinclozolin)及腐霉利(procymidone)等,其化学结构式都存在一个 3,5-二氯苯基基团。二甲酰亚胺类杀菌剂具有较高的活性,对孢子萌发和菌丝生长均有抑制作用,已被广泛地用于控制 *Botrytis cinerea*、*Monilinia fructicola*、*Sclerotinia spp.* 和 *Alternaria spp.* 等引起的植物真菌病害。该类药剂的作用机制尚不明确,推测可能是干扰渗透压信号转导途径上组氨酸激酶和 MAP 激酶。

(3)α-脱甲基酶抑制剂(14α-demethylase inhibitors,DMIs)

DMIs 是 20 世纪七八十年代开发的杀菌剂,具有杀菌谱广、活性高、单位点强及种类多等特点,其代表品种有咪鲜胺(prochloraz)、丙环唑(propiconazole)、三唑酮(Triadimefon)、三唑醇(triadimenol)、戊唑醇(tebuconazole)、腈苯唑(febuconazole)和苯醚甲环唑(difenoconazole)等。该类杀菌剂通过杂环上的氮原子与羊毛甾醇 14α-脱甲基酶的血红素-铁活性中心结合,抑制 14α-脱甲基酶的活性,从而阻碍麦角甾醇的合成,最终起到杀菌的作用,是甾醇途径合成抑制剂中最重要的一类杀菌剂。农用甾醇合成抑制剂还包括甾醇 Δ^{14}-还原酶或 Δ^8-Δ^7 异构酶抑制剂[如丁苯吗啉(fenpropimorph)和十三吗啉(tridemorph)等];C-4 脱甲基化抑制剂[如环酰菌胺(fenheximide)]。

(4)QoIs 杀菌剂(quinone outside inhibitors)

QoIs 是 20 世纪 90 年代末以天然产物嗜球果伞素 A(strobilurin A)为

先导化合物衍生合成的一类新型杀菌剂,具有广谱(能有效地防治子囊菌和担子菌真菌及卵菌引起的植物病害)、高效、对环境和非靶标生物友好等特点。该类杀菌剂通过与细胞色素 bc1 复合物中的 Qo 位点(线粒体内膜外壁位点)结合,阻止复合物 Ⅲ 中电子从细胞色素 b 传到细胞色素 c1 从而阻止 ATP 的产生而干扰病原菌的能量循环。其作用机理有别于氰霜唑等,后者作用于呼吸链中的 Qi 位点(线粒体内膜内壁位点),因此也称为 Qi 抑制剂(即 QiIs)。QoIs 代表性药剂有嘧菌酯(azoxystrobin)、醚菌酯(kresoxim methyl)、啶氧菌酯(picoxystrobin)和吡唑醚菌酯(pyraclostrobin)等。

(5)琥珀酸脱氢酶抑制剂(succinate dehydrogenase inhibitors,SDHIs)

SDHI 类杀菌剂最早开发于 20 世纪 60 年代,其代表品种为萎锈灵(carboxin)。早期的 SDHIs 杀菌剂杀菌谱窄,只对担子菌如锈菌具有较高活性,而对其他真菌活性低,因此其使用范围受到限制。到了 21 世纪,随着研究的深入和化合物合成技术的改进,新型 SDHIs 如甲呋酰胺(ofurace)、啶酰菌胺(boscalid)、噻呋酰胺(thifluzamid)、氟吡菌酰胺(fluopyram)和吡噻菌胺(penthiopyra)被成功开发。这些新型 SDHIs 具有较广杀菌谱,被用于防治多种植物真菌病害。与 QoIs 类似 SDHIs 杀菌剂也是通过影响病原菌的呼吸电子传递系统起作用。不同的是 SDHIs 作用于呼吸电子传递链的蛋白复合物Ⅱ即琥珀酸脱氢酶(succinate dehydrogenase,SDH),而 QoIs 作用于复合物Ⅲ。琥珀酸脱氢酶也称为琥珀酸-泛醌还原酶(succinate ubiquinone reductase,SQR),由黄素蛋白(Fp,Sdh A)、铁硫蛋白(Ip,Sdh B)和另外 2 种嵌膜蛋白(SdhC 和 SdhD)等 4 亚基共同组成。黄素蛋白含 1 个共价结合的 FAD 辅因子,而铁硫蛋白含 3 个铁硫中心[2Fe-2S]、[4Fe-4S]和[3Fe-4S]。另外 2 种嵌膜蛋白分别为大的细胞色素结合蛋白 cybL 和小的细胞色素结合蛋白 cybS。SdhA 和 SdhB 组成琥珀酸脱氢酶的外周膜(membrane-peripheral)结构域,该结构域比较保守,具有琥珀酸脱氢酶活性,可将琥珀酸氧化成延胡索酸。SdhC 和 SdhD 组成的膜锚着点(membrane-anchor)结构域在物种间同源性较差,其主要功能是将 SdhA、SdhB 固定在内膜上,同时具有泛醌还原酶活性。此外,在 SdhC 和 SdhD 之间还含有 1 个血红素 B。泛醌结合区由靠近[3Fe-4S]和血红素 b 簇的 SdhB、SdhC 和 SdhB 的残基组成,该区域在真菌中高度保守。SDHI 杀菌剂通过阻碍电子从[3Fe-4S]传递到位于泛醌结合区的泛醌以干扰病原真菌的呼吸作用。

2. 单位点杀菌剂抗药性机制

由于杀菌剂的长期大量使用,在生产上常常会有药剂防效下降或失效的现象出现。防效下降主要是由于病原菌对其产生了抗药性。随着分子生物学技术的发展,研究者可以从分子水平上揭示病原菌产生抗药性的机理,明确药剂失效的根本原因,最终为药剂的选用和田间病原菌的抗性监测提供理论基础。

(1)对苯并咪唑类杀菌剂的抗性机制

真菌对该类药剂的抗药性主要由靶标蛋白 β-微管蛋白基因的单点突变造成的,突变造成的氨基酸变化多集中于第 50、167、198、200 和 240 这 5 个位置,且不同位点的点突变甚至同一位点的不同氨基酸替代都会引起抗性水平的差异。如 *Venturia inaequalis* 的第 198 和 200 位氨基酸变异分别对苯菌灵造成高抗和中抗;当 *Tapesia yallundae* 的第 198 位氨基酸由谷氨酸(E)变成丙氨酸(A)、赖氨酸(K)和谷氨酰胺(Q)时,其对多菌灵的抗性逐渐加强。同样,当 *Monilinia fructicola* 的第 198 位氨基酸由谷氨酸(E)变成丙氨酸(A)时,其对甲基托布津的抗性显著高于由谷氨酸(E)突变成谷氨酰胺(Q)。另外,在不同病原菌中相同位点氨基酸的突变会导致不同的抗性表现,例如 *T. yallundae* 和 *T. acuformis*、*B. cinerea*、*V. inaequalis* 中,E198A 和 F200Y 点突变分别导致对苯菌灵高抗和中抗,然而在 *M. fructicola* 上,同样的突变却对甲基硫菌灵都表现为高抗。值得提出的是 *Gibberella zeae* 含有 2 个 β-微管蛋白,β1-微管蛋白与其他真菌的 β-微管蛋白同源性更高,但是该病原菌对 MBCs 的抗性却与 β2-微管蛋白的点突变 F167Y、F200Y、Q67R 和 E198L 有关,该突变位置与热点区域相同。

(2)对二甲酰亚胺类杀菌剂的抗性机制

尽管近几年对这类药剂的抗性形成有了一定的研究,但由于对这类杀菌剂的作用机制不明确,对其抗性机制研究的进展也有限。有学者认为双源组氨酸激酶基因 BcOS-1 上的点突变 I86S,Type Ⅱ(含 V368F、G369H 和 T447S)和 Type Ⅲ(含 Q369P 和 N373S)点突变可能和二甲酰亚胺类药剂抗性有关。Alternaria alternata 对异菌脲菌田间抗性与 HK 上游区的序列重复有关,该现象也在室内诱导的 Neurospora crassa 突变体中观察到。HK1(OS-1 的同源基因)不但与 Alternaria longipes 抗二甲酰亚胺有关,还影响菌株的渗透敏感性和致病性。此外,BcOs4 也参与真菌对二甲酰亚胺类杀菌剂的抗性。关于这类杀菌剂的作用位点和抗性机制有待于进一步的研究。

(3)对 DMIs 杀菌剂的抗性机制

真菌对 DMI 类杀菌剂的抗药机制主要包括靶标基因 Cyp51 点突变或过量表达、ABC 运输体和 MFS 运输体基因过量表达 3 种,也有部分报道是病原菌对杀菌剂的代谢作用引起的。不同真菌中含 Cyp51 的数量不同,在 38 种子囊菌中,含 1～3 个 Cyp51 的分别占 47%(18 种)、40%(15 种)和 13%(5 种)。含 2 个 Cyp51 的种如 *Aspergillus spp.*、*Magnaporthe* 和 *Penicillium*;3 个 Cyp51 如 *Fusarium graminearum*。在含多个 Cyp51 的病原菌中,抗性往往更复杂。

靶标基因 Cyp51 点突变是抗 DMI 的主要机制。用 *S. cerevisiae* 异源表达验证表明,同一点突变对不同的三唑类杀菌剂敏感性表现不尽相同,不同位置的点突变在同一病原菌中对不同三唑类杀菌剂的敏感性影响也不同,相同结果在人类病原 *Candida albicans* 上也能观察到。在后者,部分单点突变会降低酶与底物的结合能力和催化作用,如 Y132H、F145L、T315A、G464S 和 R467K;而 I471T 的点突变导致酶和底物的亲和能力增强,从而降低了与药剂的结合能力。点突变数量在不同的真菌中表现不同,有单个发生,也有多个同时发生,且对抗药性具有积累效应在 *M. graminicola* 中,Cyp51 不但会发生点突变,还会发生部分氨基酸缺失,特别是 Y459 和 G460,这 2 个氨基酸经常同时缺失。在含有多个 Cyp51 的真菌中,不同的 Cyp51 具有不同的功能,发生在不同 Cyp51 的点突变对药剂的敏感性不同。比如,*A. fumigatus* 含有 *Af CYP*51A 和 *Af CYP*51B 两个基因,其中 *Af CYP*51A 主要编码负责菌丝生长的 14α-脱甲基酶,*Af CYP*51B 则是在特定条件下起 14α-脱甲基酶作用,与抗性相关的点突变只发生在 *Af CYP*51A 上,且抗性菌株一般只含一个点突变,其中 G54、L98 和 M220 发生突变的频率较高。

Cyp51 过量表达产生过量的脱甲基酶,需要更多的药剂与之结合,从而导致抗性的产生。Cyp51 过量表达主要是由该基因上游序列插入引起的,有关 Cyp51 过量表达引起抗药性的报道相对较少,且多发生在近几年。例如,*Penicillium digitatum* 对咪唑类药剂的抗性由 3 种不同序列插入引起,相关菌株分别被命名为 IMZ-R1、IMZ-R2 和 IMZ-R3。IMZ-R1 菌株的 Cyp51 启动子区域含有 4 个大小为 126 bp 的重复序列插入,该重复系列起转录增强子的作用。有些 P. digitatum 菌株在转录增强子区域多了 1 个 126 bp 和 1 个 199 bp 的序列插入,这类菌株被称为 IMZ-R2。此外,在该病原菌的另一 Cyp51 即 Cyp51B 上游插入 1 个 199 bp 片段可引起第 3 种抗性表型即 IMZ-R3,该插入片段为一个微小转座子(MITE),起着启动子的功能。插入片段起启动子功能引起 DMIs 抗性的现象在 *M. fructicola* 中也有报道。另外,前人研究还认为 *Blumeriella jaapii* 对腈苯唑的抗性与 Cyp51 上游区域的 1 个 2.1～5.2 kb 序列插入有关,该插入片段可能为 LINE 型的反转座子。

ABC 运输体（ATP-binding cassette transporter）和 MFS 运输体（major facilitator superfamily）是生物细胞膜上与运输相关的两大蛋白质家族，其功能之一是排除细胞体内的有害天然化合物，2 种运输体在病原真菌对 DMIs 抗性和对植物防御体系的抵制中均起着重要的作用。

ABC 和 MFS 结构不同，典型的真菌 ABC 运输体包括 2 个细胞质内区域即核苷酸结合区域（NBF，nucleotide binding domains）和 2 个膜上疏水区，每个疏水区含 6 个跨膜运输区（TMD6，transmembrane domains），而典型的 MFS 运输体只含有 1 个由 12 个跨膜运输区组成的疏水区。NBF 负责水解 ATP，TMD 则利用其释放的能量将有毒物质排出细胞膜。由于结构的差异，两者在运输有毒物质时所依赖的能量来源也不同。ABC 运输体可利用水解 ATP 产生的能量也可利用电化学势产生的能量，而 MFS 运输体只能利用跨膜电化质子梯度产生的质子动力。

植物病原真菌对 DMIs 杀菌剂的抗性可能与 ABC 和 MFS 运输体的过量表达有关，但迄今为止尚无明确结论。由运输体引起的抗药性一般具有多药物抗性（multidrug resistance，MDR）的特征，即菌株对多种不同作用机制的药物同时产生抗性的现象例如，*B. cinerea* 存在 3 种 MDR 菌株，不同类型的菌株对所抗药剂的种类和程度不同。MDR1 是由 AtrB 过量表达引起的，而该基因的过量表达则由转录子 Mrr1 的点突变导致的；相反，MDR2 是由 mfs M2 的过量表达引起的，而 mfsM2 的过量表达由其上游序列的一段反转座子引起。MDR3 的菌株同时包含点突变的 Mrr1 转录因子和反转座子，似乎 MDR1 和 MDR2 重组体，但事实 MDR3 可以通过 DMI 处理敏感菌株而直接获得。

（4）植物病原菌对 QoIs 杀菌剂的抗性机制

此类杀菌剂的活性高、杀菌谱广，但是病原菌出现抗药性的现象也很严重。真菌对 QoIs 的抗性主要是通过点突变对靶标基因 Cytb 的修饰引起的，其他机制如交替氧化酶（alternative oxidase，AOX）基因的突变和运输体基因的过量表达对真菌抗 QoIs 也可能有关。

靶标基因 Cytb 的点突变引起的抗性。与抗性相关的点突变主要发生在 Cytb 的 120～155 和 255～280 两个编码区，其中 G143A 和 F129L 为最主要的点突变，在很多田间病原菌中都能检测到。F129L 点突变引起的抗性水平较低，在生产中可以通过提高药剂使用量来弥补，但 G143A 突变引起的抗性水平高，难以通过提高 QoIs 使用量来控制病害，且该点突变现象普遍，已在 20 多种植物病原真菌中发生。

交替氧化酶参与旁路氧化途径，可直接把电子从辅酶 Q（Co Q）传递到氧原子形成水，无须经过复合物Ⅲ和复合物Ⅳ。旁路氧化途径产生 ATP

的效率大概是 40%，可供细胞新陈代谢使用。有关诱导 AOX 酶而导致真菌抗 QoIs 也有过报道，例如在室内紫外诱变的抗嘧菌酯的小麦叶枯病菌（*M. graminicola*），加入 2 mol·L^{-1} 的 AOX 酶抑制剂水杨肟酸（SHAM）后突变体变成敏感，说明该抗性由 AOX 酶被诱导表达。

虽然首例有关 MFS 运输体参与植物病原真菌对 QoIs 杀菌剂抗性的报道是 *M. graminicola* 的 Mgfs1，但是这些抗性菌株中同样存在 Cytb 的点突变 G143A，因此 Mgfs1 的作用无法得到准确的评估。然而通过对马铃薯晚疫病菌的突变体研究表明，其对 QoIs 杀菌剂的抗性可能与运输体的过量表达有关。

（5）对 SDHIs 杀菌剂的抗性机制

虽然新一代的 SDHIs 杀菌剂比原来的具有较广的杀菌谱，但是随着药剂的连续使用，真菌对新生代的 SDHIs 也会产生抗性，抗性原因主要是组成琥珀酸脱氢酶的不同亚基的氨基酸发生点突变而导致蛋白结构变化。多数病原真菌对 SDHIs 的抗性与 SdhB 点突变有关，少数病原真菌与亚基 SdhC 和 SdhD 上的氨基酸改变有关，但是究竟哪个亚基对抗药性起主要作用，目前尚不明确。Avenot 等对 38 株从开心果上分离的抗啶酰菌胺 *A. alternata* 菌株研究表明，39% 菌株的氨基酸变异出现在 SdhB 亚基上，52.6% 出现在 SdhC 上，7.9% 出现在 SdhD 上。如前所述，SdhB 亚基结构域比较保守，而 SdhC 和 SdhD 结构域比较不保守，但是其氨基酸点突变均发生在不同亚基的保守区域。尽管如此，所有已报道的与抗性有关的氨基酸变化均发生在临近泛醌结合区的亚基上。另外，SdhB 点突变发生位置比较单一，在多种病原菌中突变均发生在相同的组氨酸上，而 SdhC 和 SdhD 突变位点比较多。在有些病原真菌如 *C. cassiicola*，对啶酰菌胺的抗性与琥珀酸脱氢酶的亚基基因点突变无关，说明除基因点突变引起的琥珀酸脱氢酶亚基结构改变外，还有其他抗药机制存在。一般而言，同类杀菌剂之间存在交互抗药性，但是 SDHIs 药剂有时存在特例。萎锈灵（carboxin）是第 1 个 SDHIs，啶酰菌胺（boscalid）是新一代 SDHIs 的典型代表，抗萎锈灵的关键突变位点同样在抗啶酰菌胺的菌株中发现，如 *A. alternata* 的 277 位和 *B. cinerea* 的 272 位等同于 *U. maydis* 的 257 位和 *M. graminicola* 的 267 位，因此两者存在交互抗药性是正常的现象。但最近开发的 SDHIs 间不一定存在交互抗药性，例如 *A. solani* 对啶酰菌胺表现为抗性，但所有抗性菌株对氟吡菌酰胺表现为敏感，大部分抗性菌株对吡噻菌胺表现为敏感。

参考文献

[1]杨谦.植物病原菌抗药性分子生物学[M].北京:科学出版社,2003.

[2]詹家绥,吴娥娇,刘西莉,陈凤平.植物病原真菌对几类重要单位点杀菌剂的抗药性分子机制[J].中国农业科学,2014,47(17):3392-3404.

[3]张弛.番茄叶霉病菌对氟硅唑抗药性研究[D].沈阳:沈阳农业大学,2004.

[4]陈明丽.辽宁省稻瘟病菌对烯肟菌酯的抗药性及其分子机制研究[D].沈阳:沈阳农业大学,2008.

[5]孙芹.黄瓜白粉病菌对烯肟菌胺敏感基线的建立及室内抗性风险评估[D].陕西:西北农林科技大学,2009.

[6]周明国,王建新.禾谷镰孢菌对多菌灵的敏感性基线及抗药性菌株生物学性质研究[J].植物病理学报,2001,31(4):365-370.

[7]王文桥,刘国容.葡萄霜霉病菌和马铃薯晚疫病菌对三种杀菌剂的抗药性风险研究[J].植物病理学报,2000,30(1):48-52.

[8]袁善奎,周明国.植物病原菌抗药性遗传研究[J].植物病理学报,2004,34(4):289-295.

[9]王源超,郑小波.恶疫霉有性生殖交配行为的研究[J].植物病理学报,1998,28(2):183-188.

[10]张承来,欧晓明.植物病原物对杀菌剂的抗药性机制概述[J].湖南化工,2000,30(5):7-10.

[11]周明国,Hollomon D W. *Neurospora crassa* 对三唑醇的抗药性分子机制研究[J].植物病理学报.1997,17(3):175-180.

[12]杨谦,赵小岩.多菌灵抗性基因在木霉菌中的转化方法[J].科学通报,1998,43(22):2423-2326.

[13]杨谦.植物病原菌抗药性概论[M].哈尔滨:黑龙江省科学技术出版社,1995.

[14]郑肖兰,傅帅,郑服丛,等.植物病原菌抗药性研究进展[J].热带农业科学,2011,31:86-90.

[15]Ackrell B A C. Progress in understanding structure-function relationships in respiratory chain complex II[J]. FEBS Letters, 2000, 466(1):1-5.

[16]Albertini C, Gredt M, Leroux P. Mutations of the β-tubulin gene

associated with different phenotypes of benzimidazole resistance in the cereal eyespot fungi *Tapesia yallundae* and *Tapesia acuformis*[J]. Pesticide Biochemistry and Physiology,1999,64(1):17-31.

[17]Banno S,Fukumori F,Ichiishi A,et al. Genotyping of benzimidazole-resistant and dicarboximide- resistant mutations in *Botrytis cinerea* using real-time polymerase chain reaction assays[J]. Phytopathology, 2008,98(4):397-404.

[18]Becher R,Weihmann F,Deising H B,et al. Development of a novel multiplex DNA microarray for *Fusarium graminearum* and analysis of azole fungicide responses[J]. BMC Genomics,2011,12:52.

[19]Brent K J,Hollomon D W. Fungicide Resistance: The Assessment of Risk. Second revised edition[C]. Fungicide Resistance Action Committee,2007:27.

[20]Butters J A,Hollomon D W. Resistance to benzimidazole can be caused by changes in β-tubulin isoforms[J] . Pesticide Science,1999,55: 501-503.

[21]Chen C J,Yu J J,Bi C W,et al. Mutations in a β-tubulin confer resistance of *Gibberella zeae* to benzimidazole fungicides[J]. Phytopathology,2009,99(12):1403-1411.

[22]Chen F,Liu X,Schnabel G. Field strains of *Monilinia fructicola* resistant to both MBC and DMI fungicides isolated from tone fruit orchards in the eastern United States[J]. Plant Disease, 2013, 97 (8): 1063-1068.

[23]Chung W H,Chung W C,Peng M T,et al. Specific detection of benzimidazole resistance in Colletotrichum gloeosporioides from fruit crops by PCR-RFLP[J]. New Biotechnology,2010,27(1):17-24.

[24]Cools H J,Parker J E,Kelly D E,et al. Heterologous expression of mutated eburicol 14α-demethylase (CYP51) proteins of Mycosphaerella graminicola to assess effects on azole fungicide sensitivity and intrinsic protein function[J]. Applied and Environmental Microbiology, 2010, 76 (9):2866-2872.

[25]Davidson R M,Hanson L E,Franc G D,et al. Analysis of β-tubulin gene fragments from benzimidazole-sensitive and -tolerant *Cercospora beticola*[J]. Journal of Phytopathology,2006,154(6):321-328.

[26]Dry I B,Yuan K H,Hutton D G. Dicarboximide resistance in

fieldisolates of *Alternaria alternata* is mediated by a mutation in a two-component histidine kinase gene[J]. Fungal Genetics and Biology,2004,41 (1):102-108.

[27]Fernandez-Ortuno D,Tores J A,De Vicente A,et al. Mechanisms of resistance to Qol fungicides in phytopathogenic fungi[J]. International Microbiology,2008,11(1):1-9.

[28]Grindle M, Temple W. Fungicide resistance of os mutants of *Neurospora crassa*[J]. Neurospora Newsletter,1982,29:16-17.

[29]Hägerhäll C. Succinate:quinone oxidoreductases:Variations on a conserved theme[J]. Biochimica et Biophysica Acta (BBA)-Bioenergetics, 1997,1320(2):107-141.

[30]Horsefield R, Yankovskaya V, Sexton G, et al. Structural and computational analysis of the quinone-binding site of complexII (succi-nate- ubiquinone oxidoreductase):A mechanism of electron transfer and proton conduction during ubiquinone reduction[J]. The Journal of Biological Chemistry,2006,281(11):7309-7316.

[31]Huang L S,Sun G,Cobessi D,et al. 3-Nitropropionic acid is a suicide inhibitor of mitochondrial respiration that,upon oxidation by Complex II,forms a covalent adduct with a catalytic base arginine in the active site of the enzyme[J]. The Journal of Biological Chemistry,2006,281(9): 5965-5972.

[32]Imazaki I,Ishikawa K,Yasuda N,et al. Incidence of thiophanate-methyl resistance in Cercospora kikuchii within a single lineage based on amplified fragment length polymorphisms in Japan[J]. Journal of General Plant Pathology,2006,72(2):77-84.

[33]Ishii H,Raak M. Inheritance of increased sensitivity to N-phenyl-carbamates in benzimidazole-resistance *Venturia nashicola* [J]. Phytopa-thology,1998,78(6):695-698.

[34]Keon J P R,White G A,Hargreaves J A. Isolation,characteriza-tion and sequence of a gene conferring resistance to the systemic fungicide carboxin from the maize smut pathogen,*Ustilago maydis*[J]. Current Ge-netics,1991,19(6):475-481.

[35]Koenraadt H,Somerville S C,Jones A L. Characterization of mu-tations in the beta-tubulin gene of benomyl-resistant field strains of *Ven-turia inaequalis* and other plant pathogenic fungi[J]. Phytopathology,

1992,82(11):1348-1354.

[36]Kongtragoul P,Nalumpang S,Miyamoto Y,et al. Mutation at codon 198 of Tub2 gene for carbendazim resistance in *Colletotrichum gloeosporioides* causing mango anthracnose in Thailand[J]. Journal of Plant Protection Research,2011,51(4):377-384.

[37]Lamb D C,Kelly D E,Schunck W H,et al. The mutation T315A in Candida albicans sterol 14 α-demethylase causes reduced enzyme activity and fluconazole resistance through reduced affinity[J]. The Journal of Biological Chemistry,1997,272(9):5682-5688.

[38]Lancashire W E,Griffiths D E. Biocide resistance in yeast:isolation and general properties of trialkyltin resistant mutants [J]. Fed. Europ. Biochem. Soc. Letters,1971,17:209-214.

[39]Leroux P,Walker A S. Multiple mechanisms account for resistance to sterol 14α-demethylation inhibitors in field isolates of *Mycosphaerella graminicola*[J]. Pest Management Science,2011,67(1):44-59.

[40]Liu X,Jiang J,Shao J,et al. Gene transcription profiling of *Fusarium graminearum* treated with an azole fungicide tebuconazole[J]. Applied Microbiology and Biotechnology,2010,85(4):1105-1114.

[41]Luo Y Y,Yang J K,Zhu M L,et al. The group III two-component histidine kinase Alhk1 is involved in fungicides resistance,osmosensitivity,spore production and impacts negatively pathogenicity in Alternaria longipes[J]. Current Microbiology,2012,64(5):449-456.

[42]Ma Z H,Michailides T J. Advances in understanding molecular mechanisms of fungicide resistance and molecular detection of resistant genotypes in phytopathogenic fungi[J]. Crop Protection,2005,24(10):853-863.

[43]Malandrakis A A,Markoglou A N,Ziogas B N. PCR-RFLP detection of the E198A mutation conferring resistance to benzimidazoles in field isolates of *Monilinia laxa* from Greece[J]. Crop Protection,2012,39:11-17.

[44]Martin L,Teresa Martin M. Characterization of fungicide resistant isolates of Phaeoacremonium aleophilum infecting grapevines in Spain [J]. Crop Protection,2013,52:141-150.

[45]Mellado E,Diaz-Guerra T M,Cuenca-Estrella M,et al. Identification of two different 14-α sterol demethylase-related genes (cyp51A and

cyp51B) in *Aspergillus fumigatus* and other *Aspergillus* species[J]. Journal of Clinical Microbiology,2001,39(7):2431-2438.

[46]Miyagi Y. Inhibitory of isoprothiolane on metabolism of a phosphoramidate by isolates of *Pyriculoria oyae* Cav. in relation to fungicide sensitivity[J]. Pestic. Bioehem. Physiol. 1985,23:102-107.

[47]Ochiai N,Fujimura M,Motoyama T,et al. Characterization of mutations in the two-component histidine kinase gene that confer fludioxonil resistance and osmotic sensitivity in the os-1 mutants of *Neurospora crassa*[J]. Pest Management Science,2001,57(5):437-442.

[48]Oshima M,Banno S,Okada K,et al. Survey of mutations of a histidine kinase gene BcOS1 in dicarboximide-resistant field isolates of *Botrytis cinerea*[J]. Journal of General Plant Pathology,2006,72(1):65-73.

[49]Oshima M,Fujimura M,Banno S,et al. A point mutation in the two-component histidine kinase Bc OS-1 gene confers dicarboximide resistance in field isolates of Botrytis cinerea[J]. Phytopathology,2002,92(1):75-80.

[50]Polach F J. Genetic control of dodine tolerance in *Venturia inaequalis* [J]. Phytopathology,1973,63:1189-1190.

[51]Qiu J B,Xu J Q,Yu J J,et al. Localisation of the benzimidazole fungicide binding site of Gibberella zeae β2-tubulin studied by site-directed mutagenesis[J]. Pest Management Science,2011,67(2):191-198.

[52]Quello K L,Chapman K S,Beckerman J L. In situ detection of benzimidazole resistance in field isolates of Venturia inaequalis in Indiana [J]. Plant Disease,2010,94(6):744-750.

[53]Schmidt L S,Ghosoph J M,Margosan D A,et al. Mutation at β-tubulin codon 200 indicated thiabendazole resistance in *Penicillium digitatum* collected from California citrus packinghouses[J]. Plant Disease,2006,90(6):765-770.

[54]Shi H,Wu H,Zhang C,et al. Monitoring and characterization of resistance development of strawberry Phomopsis leaf blight to fungicides [J]. European Journal of Plant Pathology,2013,135(4):655-660.

[55]Sun F,Huo X,Zhai Y J,et al. Crystal structure of mitochondrial respiratory membrane protein complex II [J]. Cell, 2005, 121 (7): 1043-1057.

[56]Tomizawa C,Uesugi Y. Metaoolism of S-benzil O,O-diisopropyl

phosphorothiolate (Kitain P) by Mycelia cells of *Pyricularia oryzae*[J]. Agric. Biol. Chem. ,1972,36:294-300.

[57]Trkulja N,Ivanovic Z,Pfaf-Dolovac E,et al. Characterisation of benzimidazole resistance of Cercospora beticola in Serbia using PCR-based detection of resistance-associated mutations of the β-tubulin gene[J]. European Journal of Plant Pathology,2013,135(4):889-902.

[58]Warrilow A G S,Martel C M,Parker J E,et al. Azole binding properties of Candida albicans sterol 14-α demethylase (Ca CYP51)[J]. Antimicrobial Agents and Chemotherapy,2010,54(10):4235-4245.

[59]Windass J D,Heaney S P,Renwick A,et al. ,Methodsfor detecting low frequencies of mutations in mitochondrially encoded genes [P]. International Patent:2000:667-673.

[60]Yang Q,Yan L,Gu Q,et al. The mitogen-activated protein kinase B Os4 is required for vegetative differentiation and pathogenicity in Botrytis cinerea[J]. Applied Microbiology and Biotechnology, 2012, 96 (2):481 492.

[61]Yang Qian. Advanced Study on Plant Pest Biological Control [M]. Harbin:Heilongjiang Science andTechnology Press,2000.

[62]Yankovskaya V,Horsefield R,Tornroth S,et al. Architecture of succinate dehydrogenase and reactive oxygen species generation[J]. Science,2003,299(5607):700-704.

[63]Yin Y,Liu X,Shi Z,et al. A multiplex allele-specific PCR method for the detection of carbendazim-resistant *Sclerotinia sclerotiorum* [J]. Pesticide Biochemistry and Physiology,2010,97(1):36-42.

[64]Ziogas B N,Nikou D,Markoglou A N,et al. Identification of a novel point mutation in the β-tubulin gene of *Botrytis cinerea* and detection of benzimidazole resistance by a diagnostic PCR-RFLP assay[J]. European Journal of Plant Pathology,2009,125(1):97-107.

第5章 真菌抗药性研究及抗性机理分析

5.1 真菌抗药性研究方法

　　了解田间病菌对杀菌剂敏感性变化及杀菌剂抗性风险,对科学合理用药、治理抗性菌株具有重要意义。随着人们对抗药性问题研究的不断深入,所使用的研究手段也越来越丰富、越来越先进。到目前为止,进行抗药性问题研究的方法已经不仅局限于简单的生物测定,还包括生物化学,分子生物学,特别是基因工程等方面的现代化技术手段。这大大地推动了抗药性研究水平的提高。同时也对从事抗药性研究的人们提出了更高的要求。

5.1.1 杀菌剂毒力的生物测定

　　对杀菌剂毒力的生物测定就是利用病原菌对某些杀菌剂的反应(如生长抑制率),通过特定的实验设计,以生物统计为工具,评价杀菌剂生物活性的过程。杀菌剂生物活性不仅包括杀菌作用,而且包括抑菌作用。例如对菌丝生长的抑制,对孢子萌发的抑制等。

　　为了提高对杀菌剂毒力生物测定的准确性,最大限度地减小误差,应该在室内标准的条件下,培养有代表性、不同类型的标准微生物菌种(株)。这些标准菌应该生长整齐迅速,能大量产生孢子,并且有较高的孢子萌发率。对这些标准菌的培养方法应该操作简便。

　　进行杀菌剂毒力生物测定的方法很多。经常使用的是离体平板法,即以抑制孢子萌发、菌丝生长,导致菌丝变色、变型等指标作为衡量毒力的标准。然而,在近代杀菌剂的开发过程中,人们发现单靠这些方法是不够的。故由经典的离体(in vitro)法趋向于活体(in vivo)法,并针对各种病害及不同作用机理,发展成为专一性的方法。前者方法简便,是抗性监测中不可或缺的方法。后者与实际情况结合紧密,结果更加可靠,但涉及因素较多,对寄主植物和试验条件要求较高,如光照、温度、湿度等。为了控制病原菌与寄主相互作用的条件,必须有适合的温室,而且费工耗资很大。因此,近年来又逐步减化了活体方法,采用部分组织或器官作为试材的方法。例如,黄瓜果实法适用于多种寄生性病原菌,叶柄、枝条及叶圆片法适用于内吸性杀菌剂。根据杀菌剂作用机理的研究,也发展出了专一性方法。例如抑制细胞膜功能测定法、微管形成抑制法、RNA,DNA 生物合成测定法,都可以用来进行病原菌抗性水平的测定。

1. 离体测定法

(1)分生孢子萌发率(germination of spore)测定法

有载片萌发法和平板培养基萌发法两种。即将不同的药液喷布于玻片表面或平板上,定量滴加孢子悬浮液,药液和悬浮液接触后,经一定培育时间,镜检孢子萌发百分率(萌发孢子数/总孢子数)。载玻片萌发法适用于水溶性较好的保护剂,能比较单位面积药液的沉积量及药液浓度,接近实际条件,但对萌发时需氧较多的原菌孢子不适用。平板萌发法适用于不易分解的保护剂。根据测定对象生长需要的配方来制备培养基。由于孢子在培养基的表面,能得到充足的空气,萌发时不会因缺氧而受影响。

(2)抑菌圈(inhibitory zone)法

此法广泛地应用于真菌、细菌对杀菌剂敏感性的生物测定。其基本原理是将病原菌孢子或菌丝的悬浮液与琼脂培养基混匀,冷凝后在培养基平面上放置消毒的并蘸有不同浓度药液的圆形滤纸片(直径约 6 mm)或者放置直径 8 mm、高 10 mm 的牛津环,将配好药液定量加在牛津杯内,经定温培养一定时间后,由于药剂的扩散作用,使病原菌生长受到抑制,形成抑菌圈。测量抑菌圈的大小,以比较病原菌对杀菌剂敏感性的高低。

(3)菌丝生长速率(rate of growth)测定法

在培养基中均匀混入不同浓度的药液,待培养基冷凝后,用打孔器切取病原菌在正常培养基上生长的菌丝,然后将切取的圆形菌块接种在培养基表面,经一定时间的定温培养后,观察和测量菌落生长半径,计算出不同浓度的生长抑制率,进而根据不同浓度与对应的生长抑制率之间的关系,求出 EC_{50} 值。然后根据 EC_{50} 值来判断病原菌对杀菌剂敏感性的高低。

上述这三种方法的优点是活性效应显现较快,影响因素较少,条件均一且容易控制。但缺点是有时与植物上的活体测定结果不一致,甚至相反。因此为了举免误差,提高准确性,还应视具体的药剂而设置必要的活体测定。

2. 活体测定法

活体测定一般是在温室里进行的,也称病原—寄主组合法。需要根据不同病原菌、不同药剂的作用机理、不同植物寄主具体设计。而解决具体植物的培养、病原菌的培养和保存等都是必不可少的前提条件。不同作用方式的杀菌剂，如保护剂、治疗剂、内吸剂的测定方法都各不相同。

（1）保护剂测定法

一般以定量喷雾法处理供试植物，为了使药液喷布均匀，可在低速旋转台上定量、定压进行。喷药后间隔一定时间再接种。接种的方法很多，有多针接种、剪叶法或将菌丝块贴在叶片上等。接种后，要保持发病所需的温、湿度条件，发病后再按病情分级标准进行统计，以病叶率、病情指数增长率等指标判断病原菌对杀菌剂的抗性水平。

（2）治疗剂测定法

治疗剂测定法是先在植株上接种，保温、保湿一定时间，待病菌菌丝侵入或始见发病，再进行喷药处理。其他结果观察、记录、统计、分析等方法同上。

（3）内吸剂测定法

测定根的内吸输导试验，可以采用水培的稻株（或棉株）在营养液中加入定量的药剂，待 24 h 或 48 h 后进行接菌，发病后进行调查。若以土培盆栽方法进行测定，则定量将药液灌入土壤中，其他程序与上面的方法相同。测定持效期的试验，可以在上述方法的基础上，用先喷药后接菌或先接菌后喷药，间隔不同日期进行处理，就能够测出杀菌剂的残效。

3. 离体与活体相结合的生物测定技术

下面以水稻白叶枯病菌对不同杀菌剂敏感性的测定方法为例，介绍离体与活体相结合的生物测定技术。

首先是供试稻苗的培养。采用水培法（以水稻营养液）及特制的水稻盆钵培育供试稻株。随着稻株的生长，定期更换培养液。一般五叶期稻株就可以供测定使用。温室要求保湿，特别是在白叶枯发病时，要求湿度更高。接种后要用塑料薄膜制成蚊帐式罩，罩在水池上以保持高湿度。

其次是菌种的分离、培养和保存。作为菌种的白叶枯病菌，采自新鲜病叶，叶片以水浸泡两小时（病叶：水为 1:5）用纱布过滤，除去病叶即得病原菌悬浮液。再以目测比色法确定供试菌液浓度，一般为 15 亿～20 亿个/mL。获得纯菌种的过程，也就是培养大量菌脓的过程。可置于 5℃ 条件下保存，时间一般不超过 3 个月。

完成了稻苗的培养和菌种的分离、培养以后，就可以进行生物测定试验了。生物测定试验的第一步是离体测定可采用纸片法平板测定，将菌脓稀释成的悬浮液，按 1:10 混入牛肉膏蛋白脉培养基（温度 45℃）制成平板,每皿加入培养基 10 mL 左右。将滤纸用打孔器制成圆形纸片(直径 1 cm),浸泡在 200 mL 药液中,及时取出甩去纸片上的液滴,平放在制成的培养皿平板上,在 28~30℃ 温箱中培养 48 h,检查其抑菌圈。以此评定该菌对杀菌剂的敏感性。生物测定试验的第二步是活体测定。可以采用剪叶法或多针法进行接种。接种后 1~2 d 作药剂处理,喷药量一般为 30~50 mL。在相对湿度 80% 以上、温度 30℃,充足的光照 2~3 d 后,对照发病程度较为明显时,即可检查发病率和病情指数。

此为该菌对治疗剂的敏感性。如果测定该菌对保护剂的敏感性,可先喷药,再间隔 1~2 d 后接种。如果测定该菌对内吸剂的敏感性,可先使植株根吸收药液其他步骤,方法与前面类同。

5.1.2　生物化学方法

在研究病原菌抗药性问题的过程中,不仅要对杀菌剂毒力进行生物测定,以判断抗药性的有无和抗性水平的高低,而且要通过一系列生物化学方法,去了解杀菌剂的作用机制和病原菌的抗性机理。主要包括同位素标记技术,蛋白质共聚合方法,电泳技术,蛋白质双向电泳,多肽谱分析技术,等等。蛋白质分析主要是利用凝胶电泳技术于病原菌抗药性生理机制的研究。由于氨基酸、多肽、蛋白质和核酸等分子都具有可电离的基团,因此在溶液中能够形成带电荷的阳离子或阴离子。此外具有相同电荷的分子,由于它们在分子质量上的区别而有不同的荷质比。所有这些差异足以使上述分子在溶液中形成离子,在场的作用下,有不同的迁移速率。因此,电泳技术可以用来研究氨基酸、多肽、蛋白质和核酸等分子的性质。在病原菌抗药性生理机制的研究中,对于电泳技术,特别是蛋白质的双向凝胶电泳技术的应用很多,前面介绍的仅仅是其中的一例。电泳技术不仅在病原菌抗药性生理机制的研究中很重要,而且在病原菌抗药性遗传机制的研究中也不可或缺。

除此以外,还有一些其他技术如电子显微镜技术、放射性同位素标记技术、细胞组分的分离与提纯技术、生物大分子的分离与提纯技术等也经常应用于病原菌抗药性生理机制的研究之中。

5.1.3　分子生物学方法

在明确了病原菌抗药性生理机制以后,还需要进一步了解这些生理机制的本质所在,即病原菌抗药性的遗传机制。因此,还要掌握病原菌抗药性遗传机制的研究方法。此外,在抗性基因利用的研究中,也需要应用许多新技术、新手段。所有这些都集中地体现在对新兴的分子生物学手段的应用,特别是对基因工程手段的应用上。

1. 基因工程概况

基因工程,也叫基因重组,基因操作,遗传重组,是在生物体外,对DNA 进行重新组合,然后引进宿主细胞进行增殖和表达的生物技术。其目的是获得决定某种多肽或蛋白质的碱基序列,也就是多肽或蛋白质的基因,并在宿主中表达。因此,基因工程的第一步是获得目的基因。

要获得的基因包括编码所要的那种多肽或蛋白质的碱基序列、启动子等其他必要的碱基序列,是否包括内含子要根据基因要转移到原核生物还是真核生物中而定。获得基因以后,如果要将基因转移到原核生物中,使之在原核生物中表达,需要构建可以进入原核生物的重组 DNA,重组 DNA是由基因和一种可以独立地进入原核生物的有几千或一万至两万个碱基的 DNA,一般为质粒或噬菌体。噬菌体是寄生于细菌的病毒。将基因通过特定酶的作用,插入经过改造的质粒或噬菌体,这时质粒或噬菌体成为目的基因的载体。然后,在适合的条件下使重组 DNA(载体和基因)进入原核生物(如细菌)。如果重组 DNA 具备基因在细菌中转录的结构,该目的基因就能在细菌中表达,细菌可以合成该目的基因所编码的多肽或蛋白质,不管这种多肽或蛋白质是哪一种生物所有,甚至包括人类的基因。如果是人类的基因,那么经过上述过程可以使细菌合成人体内的多肽或蛋白质。如果要把目的基因转移到真核生物(如动物或植物)体内,同样要有重组 DNA,但载体不同。基因的结构在启动子部分也不同,有时需要内含子。得到转移的动物称为转基因动物,而植物称为转基因植物。转移的过程也需要特定的方法。基因的表达在植物中相对简单,而在动物中则较为复杂。遗传也是这样。虽然做了许多工作,但是到目前为止,还缺乏能良好遗传的转基因动物(哺乳动物)。

(1)目的基因的获得

获得目的基因是得到含有编码某一个多肽或蛋白质遗传信息的DNA,它已脱离了其他的 DNA。获得一个基因的方法随着分子遗传学的进展,已不只是从基因组 DNA 中把这段 DNA 分离出来,而且有了其他的方法。到目前为止,获得目的基因的方法有 3 种:①人工合成 DNA,组成目的基因;②由 mRNA 反转录得到一种多肽或蛋白质的 cDNA 基因;③从基因组 DNA 中分离出目的基因,方法是构建一种生物基因组 DNA 的基因文库(基因图书馆),从基因文库中筛选出所需要的目的基因。这三种方法主要适用于哺乳动物等生物,而对原核生物和病毒来说,筛选基因的方法可以直接从基因组中用聚合酶链反应法扩增得到。这几种获得目的基因的方法虽然都可以编码一种多肽或蛋白质的遗传信息,但实际上它们所包含的碱基序列可以有所不同。因此它们有不同的用途。它们不是相互排斥,而是相互补充的。

①目的基因的人工合成。目的基因的人工合成(gene synthesis)是根据编码多肽或蛋白质的碱基序列,也就是多肽或蛋白质的各个氨基酸的密码子,用化学方法合成许多段寡核苷酸,然后把寡核苷酸连接成完整的基因。关于 DNA 的化学合成,是在弄清 DNA 分子结构的基础上发展起来的。在试管中,DNA 也可以依照在体内一样,应用一个单链的 DNA 模板,一个 DNA 或 RNA 引物,加上 4 种脱氧核苷三磷酸,在 DNA 聚合酶的作用下,合成与 DNA 的模板有互补顺序的 DNA。也可以说,从单链到双链。但这种合成方法受到许多条件的限制,在应用上有很大的局限性。因此科学家开始寻求 DNA 的化学合成,即完全使用化学的方法合成一定碱基序列的 DNA,或者严格地说是合成寡脱氧核苷酸,因为所合成的 DNA 不过含有最多几十个脱氧核苷酸单体。

人工合成基因的第一步要设计合成基因的碱基序列。基因碱基序列的设计依据可以不是基因的碱基序列本身,而仅是其蛋白质氨基酸的序列。人工合成基因目前主要用于原核生物中的基因克隆,因此基因必须根据原核生物的基因特点设计。这个特点就是原核生物的基因里没有内含子,也不具有 RNA 加工的能力。

如果真核生物的基因携带着内含子进入原核生物,那么 mRNA 也将带有内含子,这就不可能翻译成所需要的蛋白质。另外,原核生物也不具有翻译后加工的能力,因而如果一个有功能的蛋白质需要加工才能得到,那么在原核生物中就不可能得到。如果翻译成一个胰岛素原,那么在原核生物中不可能加工得到胰岛素。所以,设计在原核生物中表达的基因只能是同蛋白质中氨基酸序列相对应的碱基序列,只需要密码子的碱基序列,其数目是氨基酸数目的三倍。胰岛素 A 链是 21 个氨基酸,设计的基因碱基序列是 63 个碱基。除此以外,还有一个密码子的特点需要考虑。一个氨基酸的密码子可以有多个,但在某一种生物中常常有相同的一种是最常用的,称为密码子使用的偏爱性。

人工合成基因在已知蛋白质或氨基酸的条件下是直接而简便的过程,化学合成和酶的连接是比较容易完成的过程,得到的结果不会有其他的产物,主要是所要的基因。人工合成基因所遇到的问题是费用较高,但只是在基因较大、碱基序列较长时成为问题。如果这个问题得到解决,应当说人工合成基因是可以广泛应用的。

② cDNA 基因获得。cDNA 基因(cDNA gene)是由 mRNA. }向 DNA 反方向合成的寡脱氧核苷酸序列,其原理是以 RNA 为模板,利用它特有的依赖 RNA 的 DNA 聚合酶,合成 DNA,为区别于基因组中的基因称之为 cDNA。例如,以真核生物中的 mRNA 为模板,利用它特有的依赖 RNA 的 DNA 聚合酶,即可合成 cDNA。由于 mRNA 只含有一个基因的编码蛋白质的遗传信息,因而合成的 cDNA 可以称为 cDNA 基因,同基因组内基因的区别在于 cDNA 基因已没有内含子。获得某一种特定的 cDNA 基因的过程要比人工合成有更多的操作步骤,因为它需要从分离 mRNA 开始,而后经过反转录,得到 cDNA 基因文库(gene library),再从文库中筛选出所要的基因。

mRNA 由于基因在不同组织的细胞中有不同的表达,对于一些基本基因,即在各种组织细胞中都能表达的基因,可以选用任何易于取得的材料。但如果所需要的基因只在特定的组织细胞中表达,即转录,那么就必须用这种特定的组织细胞来分离 mRNA。例如,生长激素的 cDNA 在国内和国外都有成功的例子。提取和分离生长激素的 mRNA 是从动物脑下垂体的细胞中分离出来的,而且必须从活的动物上摘取脑下垂体。这是因为生长激素只能在脑下垂体中合成,生长激素基因只能在脑下垂体细胞中进行转录,只有在活体脑下垂体的细胞中才能有生长激素的 mRNA。因此,要获得所需基因转录的 mRNA 生物活组织,并且有良好的贮藏条件以防止 mRNA 的降解。

③从基因组文库中获得目的基因。获得目的基因的第三种方法是从为数几万个基因的基因组中筛选出一个基因。对哺乳动物来说,就是从 10^9 以上的基因序列中,分离出一个几千到几万个(大基因)碱基的片段。分离的方法是先建立基因组文库,从基因组文库中筛选出含有所需基因片段。然而,要真正得到只是一个基因的碱基序列,只有在应用 PCR 法以后才能顺利完成。

基因组文库实质上是基因组 DNA 片段的文库,因为用于建立文库所使用的不是一个个基因的片段,而是一定长度的限制酶片段,往往超出一个基因的碱基序列。具体建立基因组文库的过程是用一种以上限制酶把基因组 DNA 切成几十万个 DNA 片段,用这些片段同合适的载体构成重组 DNA,然后重组 DNA 转导入大肠杆菌,构成基因组文库,在基因组文库中筛选出含有所需基因 DNA 片段的细菌克隆。从含有所需基因 DNA 片段中分离目的基因的最佳方法是 PCR 法。

2. 基因重组

(1)限制性内切酶

在得到目的基因和用限制酶处理基因组 DNA 得到合适的 DNA 限制酶切片段以后,需要组成一个可以进入寄主细胞的复合体,称为重组DNA。重组 DNA 是将基因或限制酶片段插入 DNA 载体而组成。因此,除了前面提到的所分离的基因或 DNA 限制酶片段,还需要有载体和将基因插入载体所使用的 DNA 酶。

DNA 限制性内切核酸酶(restriction enzyme)是细菌所特有的酶,简称限制酶。它的功能是把外来的 DNA,如噬菌体的 DNA,在其内部碱基序列上切断,从而使噬菌体失去生存的可能,从而把噬菌体的寄生限制在一定的寄主范围以内,因此称之为限制性的,由于这种酶是在 DNA 内部切断DNA,因而称之为限制酶,以区别于在 DNA 的 5'或 3'末端把脱氧核苷酸一个个切去的 DNA 外切酶。这种酶之所以是限制酶的原因在于这种酶只能在 DNA 的一定碱基序列处把 DNA 两链切断。而 DNA 限制酶正是根据它切断 DNA 的碱基序列来分类的,并以其来源的细菌来命名。DNA 限制酶可分为两类:一类是把 DNA 双链在同一位置切断,所得到的切口称为平末端;另一类是两链都在同一碱基序列处切断,因而双链不在同一位置上断裂,这种末端称为粘末端。

(2)载体

体外基因重组是将外源基因连接到载体上。载体(vector)是一种具有独立复制和进入细胞(包括寄主)功能的 DNA,一般为几千到一万个碱基。DNA 载体现在基本上有两类:一类是细菌的质粒;另一类是多种病毒,其中有寄生于细菌的噬菌体,也有植物病毒和动物病毒。它们各有其不同的用途。质粒是存在于细菌内染色体外的、可以自我复制的小型环状 DNA,一般大小在 5~10 kb,有自己的复制起点,也有基因,如对抗生素的抗性基因。质粒的一个作为载体的特性是可以从一个细胞转移入另一个细胞,也可以从细胞外的环境中进入细胞。质粒的另一个作为载体的特性是可以接受外来 DNA 的插入,插入 DNA 在一定长度内,仍可以保持其自我复制的特性,一个完整质粒的特性。因此,可以把一个基因插入质粒,然后由质粒把这个基因带到细菌中,进行表达。

重组 DNA 和基因克隆的研究是从得到质粒作为载体开始的。最初使用的是自然存在的一些质粒,如 pSClOl,ColE1 和 pCRl。这些质粒虽然可以用作载体,但效率低、用途小。要开展基因工程的研究,需要有适用于基因工程操作的质粒。限制酶和其他分子生物技术的存在,使人们改造自然存在的质粒成为可能,逐渐构建出了具有适合于基因工程应用特点的质粒。进行这方面改造的内容有:用限制酶除去多余的碱基,把质粒的碱基数减少到 5kb 左右,从而使之具备良好的携带目的基因的能力;具有能够满足 DNA 操作的酶切位点,包括在质粒内的限制酶的种类、数量以及在质粒内的位置;具有适当的标记基因,可以用作筛选是否携带重组 DNA 的细菌寄主。第一个这样的质粒出现在 1977 年,定名为 pBR322。从 pBR322 又经过一系列的改进,出现了适合于各种用途的质粒。如在质粒中插入大肠杆菌的半乳糖酸酶基因或其中一部分和它的启动子,或者是色氨酸酶基因的一部分和它的启动子,以适合于一些多肽基因在大肠杆菌中的多肽合成。又如在质粒中插入一段人工合成的含有多个酶切位点的 DNA 片段,从而可以应用多种限制酶进行操作。又如在质粒中插入动物病毒 SV40,从而可以使这种质粒作为载体进入动物细胞中。对质粒的这些修饰可以使质粒适应基因工程的各种要求,从而用于不同的研究目的。

除了上述载体以外,还有单链 DNA 噬菌体载体 M13。这种载体有特殊的用途,如用于 DNA 碱基序列的测定。但它没有普遍用途,因此应用机会较少。

(3)重组过程

第一步,在载体和目的基因 DNA 上,用限制酶切得必要的粘末端,或者是加上去一个特定限制酶的粘末端。在载体上,不论是质粒或 λ 噬菌体在用作载体以前,都要经过必要的改造,因而都具备必要的限制酶位点,往往是多个限制酶位点。只要选合适的限制酶,即能得到相应的末端。对于目的基因 DNA 来说,往往在它们的末端并没有必要的限制酶位点,因为限制酶必须是一定的碱基序列,而这样的序列不可能正好出现在目的基因的末端。因此对目的基因 DNA 和基因组 DNA 的限制酶片段,需要通过 DNA 操作,加上去一个必要的限制酶位点。在人工合成基因中,可以在设计合成基因引物时,把限制酶的酶切位点序列加到目的基因 5' 和 3' 端。

第二步,当质粒用选定的限制酶在一定的酶辨认序列上切断时,质粒成为线状而不是环状。λ 噬菌体则经切断后形成双臂。从而做好插入 DNA 的准备。

第三步,构成重组 DNA 的工作是将上述制备好的载体,同插入的目的基因 DNA 或 DNA 限制酶片段放在连接反应的缓冲液中,加入适量的 DNA 连接酶,完成连接过程,构成重组 DNA。

(4)目的基因克隆和筛选

构建重组 DNA 的目的是要以质粒或 a 噬菌体为载体,把目的基因送入细菌、酵母菌或培养的动物细胞中并在宿主细胞中繁殖。这个繁殖的过程就是基因克隆的过程。对质粒载体(plasmid vector)和 λ 噬菌体载体(λvector)来说,这个过程是有所区别的,因为在基因工程中,基因克隆的含义往往包括重组 DNA 的构建过程。

①质粒载体的克隆(clone of plasmid vector)过程。为了使细菌,主要是大肠杆菌可以在一般条件下以合理的效率接受外来的 DNA 即质粒进入细胞,必须对细菌作必要的处理。这种处理一般是影响细胞膜,其后使外来的 DNA 可以通过细胞膜进入细胞。这种细菌(如大肠杆菌)被称为感受态细胞。处理的方法有多种,其中有两种最为常用:简单的方法是氯化钙处理,但用这种方法细菌的转化效率较低;转化效率较高的方法是用特定的缓冲液处理,在缓冲液中含有多种金属盐类和其他化合物。经过处理后的细菌,可以以一定的效率接受外来的 DNA。细菌接受了质粒重组 DNA,成为转化的细菌,其特点是由载体带入的基因可以在细菌中表达,合成该基因所编码的多肽。

②噬菌体载体的克隆(clone of vector)过程。作为载体的 λ 噬菌体也像 λ 噬菌体本身一样,可以寄生到大肠杆菌内。因此,虽然 λ 噬菌体 DNA 也可以像质粒一样,进入不经过处理的大肠杆菌,λ 噬菌体载体采用以病毒颗粒寄生的方式将噬菌体 DNA 送入大肠杆菌。其过程是先将 λ 噬菌体重组 DNA 和包装提取液混合在一起,形成 λ 噬菌体病毒颗粒。所谓包装提取液是一种从 λ 噬菌体溶菌过程中的细菌培养物里提取的蛋白质,其中包含着病毒包装所必需的各种蛋白质(病毒外壳蛋白等)。形成病毒后就可以主动地侵染大肠杆菌,并寄生大肠杆菌。由于其重组 DNA 的特点,重组 λ 噬菌体寄生在大肠杆菌内即可以合成各种形成病毒必需的蛋白,又可以表达其携带的基因。因而在筛选中可以用免疫检测的方法,测到重组的 λ 噬菌体载体。

(5)筛选转化子

转化子筛选有多种方法,比如抗生素法、杂交法等。

①抗生素标记。利用载体中某一基因内的一个限制酶位点,将外来 DNA,即基因插入这一位点内,使载体内这一基因失去合成多肽的能力,从而把重组 DNA 从非重组 DNA 中筛选出来。例如,质粒 pBR322 有一个抗四环素基因(tet),其中有 BamH I 限制酶位点,如果基因插入这个位点内,重组 DNA 质粒不能合成抗四环素基因,因而也就不能在含有四环素的培养基上生长。这种方法称为插入失活法。这个方法可以区别重组和非重组,但如果是总的 cDNA 基因插入,则不能区别是哪一个 DNA 基因。

②用 DNA 或 RNA 探针的分子杂交进行筛选。DNA 或 RNA 探针是一种与重组 DNA 基因的一段碱基序列相同的 DNA 或 RNA,它们可以来

自基因、cDNA 或 mRNA,也可以人工合成。将它们用放射性元素或生物素标记后,同基因的分子杂交,可以检出那些细菌克隆(或λ噬菌体)携带有所需要的基因。

基因克隆实验后的分子杂交筛选过程是先在培养基上培养转化后的细菌,待形成菌落后,利用在菌落上硝酸纤维膜滤纸的方法,将细菌菌落复印在硝酸纤维膜上,称为菌落复制滤膜。这一过程的采用是因为 DNA 分子杂交需要把细菌中的 DNA 解析出来,并把细菌破坏,还要准备好分子杂交必要的条件。更重要的是要保留活的转化细菌。因而通过上述方法,把菌落上一部分细菌转到硝酸纤维膜上。然后把硝酸纤维膜上的细菌用溶菌溶液处理,并在细菌溶解后将细菌内的 DNA 结合在硝酸纤维膜上。接下来是用一般的分子杂交方法,将 DNA 或 RNA 探针(标记的)同硝酸纤维膜上各个菌落的 DNA 杂交。凡是在以后的放射自显影或其他显影方式显示其 DNA 同检测探针杂交的,可以定为携带特定基因的重组 DNA 菌落。也就是所需要的基因工程细菌。这样的细菌将会合成导入基因的多肽。在基因文库中,所筛选出的将是含有特定基因的全部或其中一部分的限制酶片段。

③利用抗体进行免疫筛选。这种方法是用称为表达载体的质粒或 λ 噬菌体,对重组 DNA 细菌或 λ 噬菌体的选择,需要重组 DNA 中基因的表达,而后用这个基因所产生的多肽的抗体进行选择。实际上是检测某一菌落或 λ 噬菌体的噬菌斑在生物合成中所需要的多肽。能合成这种多肽的细菌或 λ 噬菌体必然是转基因的细菌或 λ 噬菌体。

从基因组文库筛选含有目的基因的限制酶片段和在 cDNA 文库中筛选某一 cDNA 基因,初看起来是极为困难的,工作量很大,因为在基因组文库中需要从几十万个菌落或噬菌体中选择出一个;在 cDNA 文库中也要从上万个菌落或噬菌体中选择出一个。但是实验技术的进步,已经可以把这一复杂的过程大大简化,成为短时间内可以完成的筛选过程。

5.2　灰霉菌对啶酰菌胺抗药性机理研究方法

灰霉病是由灰葡萄孢(*Botrytis cinerea*)侵染所引起的一种真菌病害,能够侵染包括番茄、辣椒、茄子在内的 200 多种作物。灰霉病是农业生产中普遍发生一种病害,对果树、大田作物、蔬菜作物及园艺作物都造成了极大的危害。

5.2.1 灰霉病概述

1. 病原菌

灰霉病的致病菌是灰葡萄孢(*Botrytis cinerea*),属半知菌亚门葡萄孢属(*B. cinerea*)。病原的分生孢子梗细长、直立并且具隔,颜色表现为灰色至灰褐色,分生孢子梗顶端有1~2次分枝,分枝顶端表现膨大,呈棒头状,其上有众多小炳并附着大量分生孢子。分生孢子表现为圆形或近椭圆形,单孢,几乎无色。从番茄上分离的灰霉菌,在培养基上培养后,菌丝透明无色,有隔膜(陈利锋和徐敬友,2001)。

其分生孢子梗丛生,无色,顶端1~2次分枝,顶端膨大呈球形,上面密生许多小梗;分生孢子单孢,无色,多椭圆形或近圆形,着生小梗上聚集成葡萄穗状。在寄主上通常见不到菌核,但当田间条件恶化后,则能产生黑褐色扁平菌核。从病变植株上分离到的灰霉病菌,在PDA培养基上一周后即开始产生菌核(许志刚,2003)。

该病菌适合生长湿度为95%以上,适合生长温度为4~31℃,18~25℃为最适温度,但湿度在50%以下,温度低于4℃或高于31℃时,病害停止发生,是一种典型的低温、高湿病害,其中湿度尤为重要,而大棚种植的规模化为病害的发生蔓延提供了有利的温湿条件,使得灰霉病迅速流行,导致蔬菜大量减产,果蔬灰霉病在后期的储藏和运输中也时常发生,最终降低果蔬品质(董金皋,2001)。

2. 番茄灰霉病

番茄灰霉病(*B. cinerea*)是番茄上危害较重且常见的病害,其不仅在植株生长期间发生严重,而且在采后的储藏、运输过程中也发生严重。在我国从20世纪80年代开始蔓延,现已成为番茄生产上的限制性障碍,造成其平均减产20%~40%,严重时可达60%以上,且该病害普遍发生在全国各地,呈逐年上升趋势。

番茄灰霉病可以损害番茄的茎、叶、花、果实,尤为果实,损害严重。茎患病时,开始是水滴一样的小点,后逐步扩大成椭球形或不规则形,浅褐色,湿气加重时染病处表面出现灰色霉层(病菌分生孢子及分生孢子梗),严重时害病部以上茎和叶死亡,形成枯萎病;叶子害病时,多从叶尖端开始,沿支脉间呈"V"形向内扩展,开始呈水滴状,蔓延开后为黄褐色的、外沿不规则的、颜色相间的轮纹,病、健组织界线突出,上面出现一些浅灰色霉层;果实害病后,先侵染残留的柱头、花瓣,后朝着果实或果柄扩大,果实霉烂,果皮呈现为灰白色,且生有厚厚的灰色霉层,呈水腐状。

番茄灰霉病病原菌为灰葡萄孢菌。病菌主要以菌核(酷寒区域)或菌丝体及分孢梗(热带区域)的方式随患病体散落在土中生存,待温度、环境等适合时,萌生菌丝,生出分生孢子,分生孢子萌发产生牙管。借气流、雨水和人类活动进行散播。分生孢子依靠气流扩散,从寄主患病处或衰弱部位进入,致其感染。

病原菌为弱寄生菌,可在有机物上营腐生生活,在寡照情况下,空气湿度达85%以上时开始发病,且持续时间越长,发病越严重;超过5℃低于33℃均可发病,但发病最适温度为22℃左右;寄主生长衰老部位该病发生严重。

生产上持续的低温高湿(如遇到连续阴雨天气,棚室内不注意通风排湿或者用了质量不合格的棚膜)、苗期带病、叶面施肥过量和植物生长调节剂蘸花等都是引起番茄灰霉病发生的主要原因。

初春大棚番茄,通常状况下,番茄灰霉病在番茄叶面上显示出明显的始发期、盛发期和末发期三个时期;栽种后3月上旬至4月初是叶子灰霉病的始发期,病情发展平缓;4月初至4月末是叶子灰霉病的上升期,病害蔓延飞快;4月末至5月初进入盛发期,但年度间有所不同。

番茄灰霉病的果实患病多发生在种植后21 d左右,3月末第一穗果开始发病,4月中期至5月上旬进入高峰期,以后随温度不断上升,放风量不断增大,病情扩展迟缓;第二穗果多在第一穗果发病后半个月开始害病,4月下旬至5月上旬进入盛发期;第三穗果在第二穗果患病后15 d左右开始感病,病果增至5月上旬开始下降。其中,花期是灰霉病菌的染病高潮期,特别是在穗果膨大期浇灌后,病果数目会快速增长,为烂果的盛发期。

3. 灰霉病防治

目前生产上对番茄灰霉病的防治有农业防治、生物防治、生态防治、化学防治等。

(1)农业防治

在实际生产中,为了减少灰霉病的发生,应该尽可能地选用产量高的抗灰霉病的品种,此外,还可以利用无菌土培养幼苗。并且现在已经发现了很多产量较高的番茄品种,比如多毛番茄等,这就为以后抗性基因的研发提供了技术的支持。同时,在种植植株时应当保证底肥的充足,这样也有利于植株生长,加强植株的抗病能力。大田浇水也要适当,避免给病原菌提供较高的湿度,由此来控制病原菌的繁殖。当发现植株感病后,要尽早地摘掉被侵染的花、果实、叶片,并且为了控制病源,我们有必要将其带出棚外集中处理,比如烧毁。

(2)生物防治

生物防治指以某类生物抑制另一类生物的防治方法,既运用生物物种间的相互关系。在农业活动中可以利用抗灰霉病的有益微生物来防治灰霉病。目前被用来深入研究的微生物,有细菌、真菌和放线菌等(沈寅初,1997)。

其中,被运用来预防灰霉病的生防真菌有 20 多种,研究和运用比较多的是木霉菌属和酵母菌。用于控制灰霉病的发生和危害的生防细菌主要有芽孢杆菌属、假单胞杆菌属和土壤杆菌属等(童蕴慧等,2000);放线菌被运用于生物防治中,是因为其能产生大量的、结构多样的、具有抗菌活性的抗生素。其中,链霉菌(streptomyces spp.)是目前研究最多和最深的放线菌(鲁素云,1993)。

(3)生态防治

生态防治主要指温度和湿度的控制,高温低湿的生态环境即为最佳。加强室内通风,在天气良好的上午要晚通风,使室内气温迅速上升,直到 30℃左右再通风,因为这样的高温不利于病原菌孢子的生长,中午也要继续通风,使棚内傍晚温度维持在 22℃左右,当温度达到 20℃时,就可以关闭通风口了,不要让温度过低,夜晚棚内温度最好维持在 16℃左右。而且天气状况不好时,中午同样要开启通风口换气。另外,科学合理地把握种植密度,注重通风,也是防病的良好办法。同时,棚内也要注意用水量,可膜下浇水,增大通风量,降低湿度(柳泰,2004)。

(4)化学防治及抗药性问题

目前,在农业生产上,控制灰霉病的重要措施仍然是化学防治。治理灰霉病的杀菌剂包括保护性杀菌剂、内吸性杀菌剂两种。人类较早地防治灰霉病是在罗马早期时使用的硫黄,到 1793 年,德国开始使用钾和硫。而我国在 20 世纪 50 年代末,主要应用一些传统的保护性杀菌剂,比如百菌(chlorothalonil)和克菌丹(captan)等来治理灰霉病(胡伟群和陈杰,2002;刘彦良等,2007)。到 60 年代末,内吸性杀菌剂出现,且不断改良,到目前为止已经开发出了不同的对 B. cinerea 有较强活性的杀菌剂。与此同时,由于番茄灰霉菌(B. cinerea)具有繁殖快,遗传变异大和适合度高等特点,长时间利用同一药剂很容易产生抗药性。当前,灰葡萄孢霉已经对 N-苯氨基甲酸脂类(N-phenylcarbamates)、苯胺基嘧啶(anilinopyrimidines)和酰胺类(carboxamide)等杀菌剂产生了不同程度的抗性,导致其防治效果下降,甚至失败。啶酰菌胺(boscalid)作为一种新型的烟酰胺类内吸性杀菌剂,其作用机理独特,且不易产生交互抗性,曾在灰霉病抗性管理方面发挥了巨大的作用,但是随着使用频率增加其抗药性问题日渐突出。

5.2.2　番茄灰霉菌对啶酰菌胺抗药机理研究

1. 研究意义

番茄灰霉病是由灰葡萄孢(*B. cinerea*)引起的一种真菌性病害。该病害发生普遍,不仅在植株生长期间发生严重,而且在采后的贮藏、运输过程中也发生严重。啶酰菌胺(Boscalid)对该类病害的防治有良好的效果,但是随着使用次数的增多和剂量的加大,病原菌逐渐对其产生了抗性。因此本项目拟对运城地区番茄灰霉菌啶酰菌胺的抗性进行评价。一方面,本研究评价啶酰菌胺抗药性风险等级和田间对啶酰菌胺抗药性检测奠定了基础,为抗药性标准化测定以及今后开展群体抗药性的测定工作奠定了技术基础;另一方面,本研究对田间啶酰菌胺抗药性发展进行实时监测和治理具有指导意义,同时对于相关杀菌剂的生物测定、抗药性监测,具有较好的应用前景。

2. 研究现状

番茄灰霉病是番茄上危害较重且常见的病害,各菜区都会发生。除危害番茄外,还可危害茄子、辣椒、黄瓜、瓠瓜等 20 多种作物。低温、高湿条件下危害严重。发病严重时造成茎叶枯死和大量的烂花、烂果,直接影响产量。灰霉病具有繁殖快,遗传变异大和适合度高等特点,连续使用同一药剂极易产生抗药性(Brent and Hollomon,1998)。目前灰霉已对苯并咪唑类、二甲酰亚胺类、N-苯胺基甲酸酯类、苯胺基嘧啶类和酰胺类杀菌剂产生了不同程度的抗性(于永学与王英姿,2009)。

啶酰菌胺(Boscalid)是由德国巴斯夫公司于 1992 年开发的吡啶酰胺类杀菌剂,并于 2004 年在英国、德国和瑞士登记(颜范勇等,2008;潘以楼等,2012)。该药剂通过作物叶面渗透在植物中转移,抑制病原菌线粒体电子传递链中琥珀酸酯脱氢酶活性,阻碍三羧酸循环,使氨基酸、糖类缺乏,能量减少,干扰细胞的分裂和生长,具有保护和治疗作用。由于具有独特的抑制病原菌呼吸作用的机制,该药剂杀菌谱广,对灰霉病、白粉病、菌核病和各种腐烂病等非常有效,并且不易产生交互抗性。主要用于各种蔬菜和大田作物等病害的防治(杨敬辉等,2010;陈宏州等,2011;潘以楼等,2012;余玲等,2012)。但是国外已有啶酰菌胺田间抗性的报道,产生抗性的真菌包括马铃薯早疫病（*Alternaria solali*）（Whatron et al.，2012；Gudmestad et al.，2013；Fairchild et al.，2014）；开心果赤星病（*Alternaria alternata*）（Avenot et al.，2008a），黄瓜褐斑菌（*Corynespora cassiicola*）（Avenot et al.，2008b；Miyamoto et al.，2009），西瓜蔓枯菌（*Didymella bryoniae*）（Avenot et al.，2008a），葫芦白粉菌（*Podosphaera xanthii*）（Avenot et al.，2008a）以及多种作物和蔬菜的灰霉菌（Myresiotis et al.，2008；Bardas et al.，2010；Leroch et al.，2011；Yin et al.，2011；Fernández-Ortuño et al.，2014）。国内对啶酰菌胺抗性的研究报道较少，但已有数据显示随着该类农药使用频率的增加，田间已经出现了抗性，并且分离到了部分抗性菌株，包括水稻纹枯病菌（*Rhizoctonia solali*）（陈宏州等，2011），油菜菌核病菌（*Sclerotinia sclerotiorum*）（潘以楼等，2012），桃褐腐病菌（*Monilinia fructicola*）（Chen et al.，2013）以及灰霉菌（*B. cinerea*）（余玲等，2012）等。但是国内学者研究的主要是灰霉菌对啶酰菌胺的敏感性（Zhang et al.，2007；Liu et al.，2009；Wang et al.，2009），在抗性频率及抗性机理的研究上仍是空白。

啶酰菌胺属于琥珀酸脱氢酶抑制剂（SDHIs）类杀菌剂，其作用的靶标位点为病原菌的琥珀酸脱氢酶系统。琥珀酸脱氢酶复合体由四个亚基组成，即黄素蛋白（SdhA），铁硫蛋白（SdhB）及两个膜锚定蛋白（SdhC 和 SdhD），通过覆盖辅酶 Q 位点，阻断电子由铁硫中心向辅酶 Q 传递，从而干扰真菌的呼吸作用，阻碍其能量代谢，抑制病原菌的生长，导致其死亡（Hagerhall 1997；Ito et al.，2004）。国外学者研究发现啶酰菌胺抗性产生是由于 SdhB、SdhC 及 SdhD 亚基上氨基酸点突变引起的（Avenot et al.，2008b；Avenot et al.，2009；Avenot and Michailides，2010）。大多数植物病原菌的 SdhB 亚基第 272 位组氨酸突变为酪氨酸或者精氨酸（H272Y/R），同时第 225 位脯氨酸突变为苏氨酸、苯丙氨酸或者亮氨酸（P225T/F/L）引起了对啶酰菌胺的抗性，比如开心果赤星病（*A. alternata*）对啶酰菌胺的抗性就是由于 SdhB、SdhC 及 SdhD 亚基上氨基酸点突变引起的（Avenot et al.，2008b；Avenot and Michailides，2010）。黄瓜褐斑菌（*C. cassiicola*）SdhC 或 SdhD 基因突变都能导致对啶酰菌胺抗性（Miyamoto et al.，2011）。马铃薯早疫病（*A. solali*）SdhB、SdhC 及 SdhD 基因同时发生突变引起对啶酰菌胺的抗性的产生（Mallik et al.，2014）。此外，灰霉菌 SdhD 基因第 272 位组氨酸突变为亮氨酸（H272L）、第 230 位天冬氨酸突变为亮氨酸（N230I）以及第 132 位组氨酸突变为精氨酸（H132R）也能导致病原菌抗性的产生（Leroux et al.，2010）。Yin 等（2011）在体外对苹果灰霉病的抗性进行了分子鉴定，确立了苹果灰霉菌对啶酰菌胺抗性频率并划分了抗性等级。但是目前的文献资料并未明确灰霉菌基因突变类型与病原菌抗性水平的关系，因此有必要在体外和体内分析 SdhA、SdhB、SdhC 及 SdhD 基因突变类型与抗性表型的关系，系统解析病原物对啶酰菌胺抗性产生的分子机制。

通过对运城地区番茄灰霉菌的抗性进行分子鉴定，明确大田及保护地番茄灰霉病对啶酰菌胺的抗性频率，在体内和体外分别鉴定抗性菌株的 SdhA、SdhB、SdhC 及 SdhD 基因发生点突变类型及产生的抗性表型，评价番茄灰霉菌抗性和敏感性菌株的基因差异，并建立对田间灰霉菌抗性进行实时分子诊断的方法。本研究对于田间抗性发展进行实时监测和治理具有一定的现实意义。为评价啶酰菌胺抗药性风险等级和田间 *B. cinera* 对啶酰菌胺抗药性监测奠定了基础，也为琥珀酸脱氢酶抑制剂（SDHIs）类杀菌剂的抗药性风险等级和抗药性监测提供了理论基础。

3. 研究内容及目标

（1）研究内容

①番茄灰霉菌对啶酰菌胺敏感性分析。采集番茄灰霉菌，分离培养灰霉菌，利用含有不同啶酰菌胺浓度的培养基进行培养，根据各参试菌株 EC_{50} 的不同确定其为啶酰菌胺的敏感性（boscalid-sensitive）或者抗性（boscalid-resistant）。

②番茄灰霉菌对啶酰菌胺抗性频率和抗性水平分析。对所有番茄灰霉菌菌株进行单孢分离培养，计算各菌株的分生孢子萌发抑制率以确定不同采集地点番茄灰霉菌对啶酰菌胺的抗性频率，从而评估运城地区番茄灰霉菌对啶酰菌胺的抗性频率。

③番茄灰霉菌对抗性水平分析。对所有的抗性菌株（boscalid-resistant）在含有不同浓度的啶酰菌胺培养基上进行单孢萌发抑制实验，测定其 EC_{50}，并据此划分为抵抗、中抗或者高抗性菌株。

④灰霉菌 SDH（琥珀酸脱氢酶）基因克隆。根据已报道灰霉菌基因组信息，设计特异性引物分别对敏感性和不同抗性水平菌株的 SDH 的四类基因（SdhA、SdhB、SdhC 和 SdhD）进行 PCR 扩增，并将扩增产物测序。将序列进行比对，分析敏感性和不同抗性菌株 SdhA、SdhB、SdhC 和 SdhD 序列差异，明确发生突变氨基酸种类和位点，阐明突变类型与抗性水平的关系。

⑤啶酰菌胺敏感性菌株和抗性菌株遗传关系分析。根据灰霉菌基因组信息设计微卫星引物，分别对抗性和感性菌株基因组进行微卫星引物 PCR（microsatellite primed-PCR，MP-PCR）扩增；利用软件分析扩增结果阐明对啶酰菌胺抗性和感性菌株的亲缘关系。

（2）研究目标

本研究将明确番茄灰霉菌对啶酰菌胺的敏感性，阐明番茄灰霉菌产生抗性的分子机理，开发啶酰菌胺抗性灰霉菌类群的分子诊断技术，用于田间实时监测和治理。拟达到以下研究目标：

①明确番茄灰霉菌对啶酰菌胺的敏感性，获得敏感性和抗性菌株；

②鉴定番茄灰霉菌抗性菌株的抗性水平，确定抗性等级标准；明确抗性菌株的抗性频率；

③获得抗性菌株和敏感性菌株的 SDH 基因信息，阐明灰霉菌对啶酰菌胺抗性的分子机制；

④分析敏感性菌株和抗性菌株的亲缘关系，构建进化树。

该过程的关键问题：

①目前国内尚无灰霉菌对啶酰菌胺抗性的分子机理研究，本项目首次解析番茄灰霉菌对啶酰菌胺抗性，为解析啶酰菌胺抗性机理提供理论依据。

②通过啶酰菌胺靶标位点基因克隆，深入探索抗性产生的分子机制，开发灰霉菌抗性诊断技术，对啶酰菌胺田间用药监测和治理提供理论依据和技术支持。

4. 研究方法

（1）番茄灰霉菌对啶酰菌胺敏感性测定

①采集番茄灰霉菌菌株。番茄生产大田和保护地采集标本，并且进行分离纯化菌株。将采集标本在病、健交界处剪取 $2\sim3$ mm 长的组织。用 0.1% 升汞溶液消毒 5 min，再用灭菌水漂洗三次，然后直接移至 PDA（马铃薯葡萄糖琼脂）培养基上（为防止细菌污染，在培养基中加入 $2\sim3$ 滴 25% 乳酸），于 20℃ 黑暗培养。待菌落长出后挑取前缘菌丝，回接于 PDA 培养基上，在 20℃ 进行 12 h 光/12 h 暗交替培养利于产孢。产孢后挑取单孢子接于 PDA 培养基上 20℃ 培养，而将菌丝块在装有 15% 甘油的冻存管中于 -80℃ 保存。

②番茄灰霉菌孢子悬浮液制备。将灰霉菌菌株接在 PDA 平板培养基上，于 20℃ 进行 12 h 光/12 h 暗交替培养两周诱导产孢。然后往平板中注入 15 mL 灭菌水，用载玻片在菌落上轻轻刮一下，再用四层灭菌纱布过滤配制孢子悬浮液，并将浓度调节到 2×10^5 个/mL。

③番茄灰霉菌对啶酰菌胺敏感性测定。将啶酰菌胺原粉用 100% 丙酮溶解，配制成 25 mg/mL 备用。配制 2% WA（水琼脂）培养基并加入啶酰菌胺，使其终浓度分别为 0 μg/mL、0.01 μg/mL、0.1 μg/mL、0.25 μg/mL、0.5 μg/mL、1 μg/mL、2.5 μg/mL、5 μg/mL 及 10 μg/mL。每个平皿中加

入 100 μL 孢子悬浮液,封口后于 20℃下孵育 12 h,然后显微镜下观察孢子萌发情况,计算每个菌株孢子萌发抑制率。每个菌株做两个重复,对照平皿中加入 100％丙酮。实验重复两次。所得抑制率数据采用 DPS 软件进行处理,求出毒力回归方程和 EC_{50} 值(mg/L),根据数据区别敏感性菌株和抗性菌株。

(2)番茄灰霉菌对啶酰菌胺抗性频率分析

①番茄灰霉菌的培养:灰霉菌菌株首先接种于 PDA(马铃薯葡萄糖琼脂)平板上,在 20℃生化培养箱内培养 3 d。然后在 20℃进行 12 h 光/12 h 暗交替培养两周诱导产孢。然后往平板中注入 15 mL 灭菌水,用载玻片在菌落上轻轻刮一下,再用四层灭菌纱布过滤配制孢子悬浮液,并将浓度调节到 $2×10^5$ 个/mL。

②番茄灰霉菌对啶酰菌胺的抗性分析:制备 2％WA(水琼脂)培养基平板,加入啶酰菌胺溶液使其终浓度为 5 μg/mL,然后加入 100 μL 孢子悬浮液,封口后于 20℃生化培养箱内培养 12 h。显微镜下观察孢子萌发情况,能够萌发的菌株就定为抗性菌株,否则为敏感性菌株。每个菌株做 3 个重复,对照实验培养基中不加啶酰菌胺,实验重复两次。

③根据实验结果,计算各采集地点番茄灰霉菌对啶酰菌胺的抗性频率,从而评估运城地区番茄灰霉菌对啶酰菌胺的抗性频率。

(3)番茄灰霉菌对啶酰菌胺抗性水平测定

①将啶酰菌胺原粉用 100％丙酮溶解,配制成 25 mg/mL 备用。配制含有不同浓度啶酰菌胺的 WA 培养基(终浓度分别为 0 μg/mL、1 μg/mL、2.5 μg/mL、5 μg/mL、10 μg/mL、20 μg/mL、63.1 μg/mL、189.3 μg/mL、631 μg/mL),对照培养基中加入丙酮。

②将抗性菌株转接在 PDA 平板培养基上,于 20℃进行 12 h 光/12 h 暗交替培养两周诱导产孢,然后往平板中注入 15 mL 灭菌水,用载玻片在菌落上轻轻刮一下,再用四层灭菌纱布过滤配制孢子悬浮液,并将浓度调节到 $2×10^5$ 个/mL。

③每个平皿中加入 100 μL 孢子悬浮液,封口后于 20℃下孵育 12 h,然后显微镜下观察孢子萌发情况,计算每个菌株孢子萌发抑制率。每个菌株做 3 个重复,实验重复两次。

④根据毒力回归方程计算各菌株 EC_{50} 值(mg/L)以及平均 EC_{50} 值(mg/L),根据抗性因子(某菌株的 EC_{50} 值/平均 EC_{50} 值)的高低把番茄灰霉菌分为低抗性、中抗性和高抗性。

(4)灰霉菌 SDH(琥珀酸脱氢酶)基因克隆

设计灰霉菌 SDH 四个亚基的特异性引物,分别以敏感性和抗性的灰霉菌基因组 DNA 为模板，克隆 SDH 四个亚基的基因，分析编码氨基酸差异，综合分析抗性产生的分子机制。

①根据灰霉菌基因组信息设计 SDH 四个亚基的特异性引物。四个亚基（SdhA、SdhB、SdhC 和 SdhD）扩增引物如下：SdhA 为 SdhAF（ATGTCTTCATTTGCTATGCGTAGATTC）和 SdhAR（CTATCCATTTTCATCTTTAGTGACCTTC）；SdhB 为 SdhBF（ATGGCTGCTCTCCG-CAC-AGGTGCCCGC）和 SdhBR（TTAGAAGCC ATTTCCTTCTTA-ATCTC）；SdhC 为 SdhCF（ATGTTTTCACAGAGAGCAACTCAACAAT）和 SdhCR（CTACAAGAAAGCAACCAACGCCAAAGCAC）；SdhD 为 SdhDF（ATGGCTTCATTCATCAAACCATCCGTC）和 SdhDR（TTATGCGCGC CAAATTCTTTTGATACC）。

②番茄灰霉菌基因组 DNA 提取。番茄灰霉菌株首先接种于 PDA 平板上，在 20℃生化培养箱内培养 3 天后，取 3 块直径为 4 mm 的菌块移植于 PDA 液体培养基中于 20℃恒温摇床振荡培养 5 d，过滤菌丝，液氮研磨后 CTAB 法提取 DNA。

③以灰霉菌基因组 DNA 为模板，分别进行 PCR 反应扩增 SdhA、SdhB、SdhC 和 SdhD 基因。反应体系如下：DNA 模板 20 ng，上下游引物各 0.2 μmol/L，dNTP 各 0.2 mol/L（Promega），1.5 mol/L MgCl$_2$，1× Promega Taq polymerase buffer 及 1.5 units Taq polymerase（Promega），反应终体积为 25 μL，进行反应条件如下：95℃预变性 3 min，然后进行 30 个以下循环：94℃变性 40 s，55℃退火 40 s，72℃延伸 1 min，最后 72℃总延伸 10 min，PCR 产物用 1.5％的琼脂糖电泳，回收目的片段并测序。

④抗性菌株氨基酸突变位点分析。测序结果用软件 DNAMAN 6.0 进行序列比对，分析发生突变的氨基酸的数量和位置，明确突变类型与抗性表型关系。

（5）啶酰菌胺敏感性菌株和抗性菌株遗传关系分析

①根据灰霉菌基因组信息，设计微卫星序列扩增引物。具体如下：（AAC）$_5$：（AACAACAACAACAAC）；（GACA）$_4$：（GACAGACAGA-CAGACA）；以及 M13：（GAGGGTGGCGGTTCT）。

②根据上述方法对敏感性菌株和抗性菌株进行培养后提取基因组 DNA。

③进行 PCR 扩增，反应程序如下：95℃预变性 3 min，然后进行 40 个以下循环：94℃变性 1 min，45℃退火 1 min，72℃延伸 1.5 min，最后 72℃总延伸 10 min，PCR 产物用 1.2％的琼脂糖电泳。利用凝胶成像系统（美国 UVP）拍照绘图，分析啶酰菌胺敏感性菌株和抗性菌株亲缘关系。

实验方法路线图如图 5-2-1 所示。

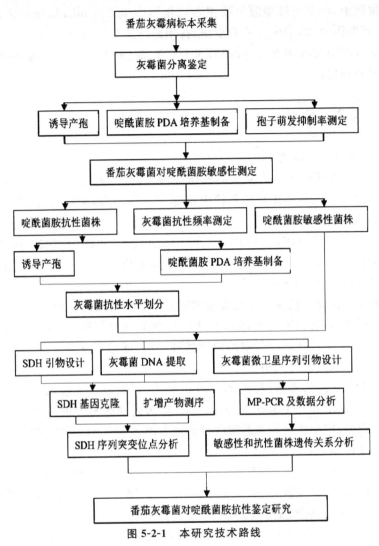

图 5-2-1　本研究技术路线

5.3　番茄灰霉菌对啶酰菌胺敏感性分析

5.3.1　材料与方法

马铃薯葡萄糖琼脂培养基（PDA 培养基），先将马铃薯洗干净，然后削皮，切成小块，加水煮烂（煮沸 25 min 左右，能被玻璃棒戳破即可），用纱布滤去马铃薯,加水补足 3 000 mL,加葡萄糖搅拌充分,将琼脂粉分别装在 15 个三角瓶中,再将马铃薯液分装在各三角瓶中至 200 mL,加棉花塞,置于 121℃灭菌锅中,25 min 左右后取出,备用。

试验所用啶酰菌胺(boscalid)水分散粒剂(96%),由上海源叶生物科技有限公司提供。

5.3.2 方法

(1)病原菌分离纯化

用接种针从所采染病果实的病斑处挑取部分菌丝,接种于 PDA 培养基上,放在 22℃、封闭黑暗培养箱中培养一星期左右,菌丝萌发,覆盖于培养基上,取其边缘部分,进行分离纯化,接种于另一培养基上,最终制得 FQB-5-2、ZFQ-6、FQB-2、FQB-3-2、FQB-7、FQB-5、FQB-4、FQB-10、FQB-4-2、FQB-8 10 个灰霉菌株,置于 22℃黑暗培养箱中培养 4～5 d,备用。

(2)杀菌剂毒力测定方法

菌丝生长速率法是杀菌剂毒力测定方法中最常用的一种。

1)原理:将各浓度梯度的药液分别与热的培养基混合,在混合均匀的情况下,将分离纯化好所打取的菌饼接种之后,通过观察菌丝的生长情况,进而测定药剂的毒力大小。

2)制备含药培养基:药液倒入培养基时,要平放在无菌操作台上充分摇匀,以确保培养基中的药剂分布均匀,当遇到受热易分解或者是挥发性较强的药剂,应把握培养基的温度冷却到差不多50℃时再加入药液。其具体制备过程如下:

①称取浓度为 96% 的啶酰菌胺原药 166.67 mg,溶解于 5 mL 的丙酮溶液中,再加入少量乳化剂(吐温 80),使其溶解更充分,最终制得浓度为 32 mg/mL 的啶酰菌胺母液。

②在无菌操作台上,用无菌水稀释啶酰菌胺母液,分别制得浓度为 2 mg/mL、1 mg/mL、0.5 mg/mL、0.25 mg/mL、0.125 mg/mL 的啶酰菌胺药液各 1 000 μL(可冷藏于冰箱中备用)。

③用量程为 200 μL 的移液枪取浓度为 0.125 mg/mL 的啶酰菌胺药液 100 μL 于含有 50 mLPDA 培养基的锥形瓶中,再用移液枪吸打,使其与培养基充分混匀,倒入培养皿中,最后可制得浓度为 0.25 μg/mL 的含药平板 8 个,用同样的方法依次进行配制,须最终制得该浓度的含药平板 40 个。按上述方法,以此类推,最终需制得浓度分别为 0.25 μg/mL、0.5 μg/mL、1 μg/mL、2 μg/mL、4 μg/mL 的含药平板各 40 个,且须制得无药平板(以

下简称 CK)40 个作为对照。

　　3)制备菌饼:用直径为 8 mm 的打孔器在已经分离纯化好的培养皿边缘,依次打取菌饼,因为边缘部分的菌饼在接种到新的培养皿上时,生长差异较小。

　　4)接种菌饼:用接种针挑取(尽量选取厚薄程度相同的)菌饼,将菌丝朝下接触新的培养皿,这样做的目的是再进一步地减少因为所选菌饼厚薄不一样所造成的误差。接种完成后,将其放置在 22℃ 的恒温培养箱中,培养 5 d 左右,等到培养皿内菌丝生长到大约培养皿大小的四分之三时,可测量其菌落直径。其部分生长结果如图 5-3-1 所示。

图 5-3-1　采集的番茄灰霉病果实

　　5)测量菌落直径:准备笔记本及直尺,用于测量菌落直径及进行记录,利用十字交叉法分别测量每个培养皿中的菌落直径,如果遇到椭圆形的或者形状不规则的要分别测量它们的最短直径和最长直径,然后分别求其平均值,利用 DPS 软件分别求其菌丝生长抑制率及试验菌株的 EC_{50} 值。

5.3.3　结果与分析

1. 菌株的分离纯化

　　从山西省运城市蔬菜农业大棚随机采集刚染病的果实作为试验所用灰霉菌株,然后分别装进干净的标本袋中带回实验室,所采部分病果如图 5-3-1 所示。将病样分别放置在密闭的环境中,25℃光照恒温培养箱培育 1～2 d,促进病原菌产孢。显微镜检(镜检结果如图 5-3-2 所示),根据其病原菌生物学特性,鉴定确认后,移取孢子于 PDA 培养基上培养、纯化,最终得到灰霉菌株,共获得 106 个菌株。

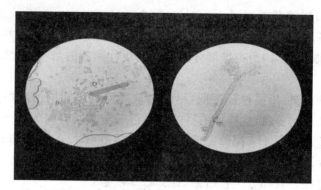

图 5-3-2　分离纯化灰葡萄孢菌镜检

2. 番茄灰霉菌在各含药平板上生长情况

番茄灰霉菌在各浓度梯度的含药平板上生长状况良好,均未被污染。且随着含药浓度的增大,生长的菌落逐渐减小(部分结果如图 5-3-3 所示)。

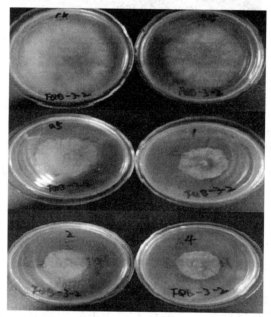

图 5-3-3　菌株在无药平板及各浓度梯度的含药平板的生长状况

CK 为空白对照;其余分别为含 0.25 $\mu g/mL$、0.5 $\mu g/mL$、1 $\mu g/mL$、2 $\mu g/mL$、4 $\mu g/mL$ 啶酰菌胺的平板。

3. 试验菌株的 EC_{50} 值及其抗性表型

通过十字交叉法分别测得十个试验菌株的菌落直径,然后计算其平均值,带入抑菌率计算方程求其抑菌率,然后利用 DPS 软件进行处理,进而求得其毒力回归方程及所试验菌株的 EC$_{50}$值。如图 5-3-4 所示,参试菌株的 EC$_{50}$范围为 0.064～50.148 $\mu g/mL$。

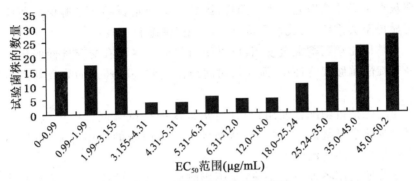

图 5-3-4　测试菌株的 EC$_{50}$范围

依据张传清等(2007)报道的我国蔬菜灰霉菌对啶酰菌胺的敏感基线以及赵建江等(2017)报道的番茄灰霉病菌对啶酰菌胺敏感性测定抗性水平划分的方法:R<10 为敏感(S);10≤R<50 为低抗(LR);50≤R<100 为中抗(MR);R≥100 为高抗(HR),将菌株划分为不同的抗性类型。如图 5-3-5 所示。其中敏感性菌株占 25%,抗性频率达到 75%,而且低抗和中抗菌株分布达到 30% 和 40%,说明北相镇温室蔬菜灰霉菌已经对啶酰菌胺产生了普遍抗药性。

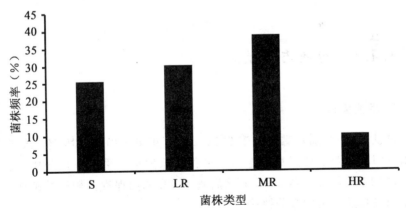

图 5-3-5　参试灰霉菌株对啶酰菌胺的敏感性分布

5.3.4　结论

根据上述试验结果可知,该地区所测 106 株菌株均为敏感菌株,未出现抗性菌株,既运城市北相镇地区啶酰菌胺对灰霉菌的毒力仍然较高,表明该药剂仍有一定的使用价值。

但由于啶酰菌胺已被认定具有中度抗性风险,故随着它的不断使用,番茄灰霉菌必然会对它产生抗药性,因此尽量地延缓甚至是避免抗药性的出现显得至关重要,对此可采取下面的一些措施和手段:

与其他化学药剂混合使用:可以使用其他一些没有交互抗性的化学药剂来和啶酰菌胺混合使用,避免长时间地使用同一种药剂而导致其产生抗药性。

与生化拮抗菌配合使用:与针对灰霉菌的拮抗菌混合使用,这样不仅可以减少化学试剂的使用次数,从而延长啶酰菌胺的使用寿命,而且还可以增强拮抗菌的防治能力。

充分地利用各种防治手段:在不影响防治效果的前提下,尽量地减少啶酰菌胺的使用次数;注意大棚温度和湿度的控制,尽量保持高温低湿的环境,及时地通风换气;尽可能地选用产量高的抗性品种,同时还可以用无菌土培育番茄。

将啶酰菌胺作为保护性杀菌剂使用:尽量在番茄发病前使用,要对其田间抗性发展进行实时的监测以及及时的治理。

5.4 番茄灰霉菌啶酰菌胺抗性菌株生物学特征分析

5.4.1 材料与方法

1. 供试菌株

供试60个番茄灰霉菌株于2012—2016年采于山东潍坊、泰安、济南、河南三门峡以及山西运城等地的番茄种植保护地。采用单孢分离法获得菌株,在PDA斜面培养5～7 d,然后置于4℃冰箱保存。敏感性菌株采自未使用过啶酰菌胺的番茄植株。

2. 供试药剂

试验所用啶酰菌胺(boscalid)水分散粒剂(96%),由上海源叶生物科技有限公司提供。96%丙酮(分析纯),由莱阳市康德化工有限公司生产。

3. 番茄灰霉菌抗性水平测定

参照前人研究,利用菌丝生长速率法测定番茄灰霉菌对啶酰菌胺的敏感性(Yin et al.,2011)。

(1)含药培养基制备

称取浓度为 96% 的啶酰菌胺原药 166.67 mg,溶解于 5 mL 的丙酮溶液中,再加入少量乳化剂(吐温 80),使其溶解更充分,最终制得浓度为 32 g/L 的啶酰菌胺母液。在无菌操作台上,用移液枪取一定量的啶酰菌胺药液于含有 50 mL PDA 培养基的锥形瓶中,再用移液枪吸打,使其与培养基充分混匀,乘热,倒入培养皿中,制备含药培养基。按上述方法,制备含药培养基终浓度分别为 0(CK) μg/mL、5 μg/mL、10 μg/mL、20 μg/mL、30 μg/mL。

(2)抗性水平测定

然后将直径 5 mm 菌饼接种于上述培养基内,而后置于 22℃ 的恒温培养箱中,培养 5 d 左右,等到培养皿内菌丝生长到大约培养皿大小的四分之三时,测量其菌落直径。利用十字交叉法分别测量每个培养皿中的菌落直径,如果遇到椭圆形的或者形状不规则的要分别测量它们的最短直径和最长直径,然后分别求其平均值,利用 DPS 软件分别求其菌丝生长抑制率及试验菌株的 EC_{50} 值。啶酰菌胺抗药性水平标准参照 Veloukas 等(2011)的方法。

4. 酶活性分析

(1)菌丝制备

选取抗性菌株 R1 和敏感菌株 S1 进行 PAL 和 POD 酶活性分析。先将这两个菌株在 PDA 培养基上于 22℃ 黑暗培养 3 d,于菌落边缘打取直径 5 mm 的菌饼。分别接入含有质量浓度为 1.0 μg/mL、5.0 μg/mL、25.0 μg/mL 的啶酰菌胺的 PDA 液体培养基中,每瓶接入 20 块菌饼,然后于 22℃ 恒温、120 r/min 下分别振荡培养。并于 0 μg/mL、1.5 μg/mL、6 μg/mL 和 24 h 取样。菌丝体经四层纱布过滤,再用无菌水冲洗 3 次,吸水纸吸干水分后,放在 −80℃ 备用。以 0.1 μg/mL 丙酮溶剂稀释液为对照,每个处理重复 3 次。

(2)PAL 活性分析

称取 1 g 样品,液氮研磨后转移至 2 mL 离心管,加入无菌水制备粗酶液。参照前人研究方法(Southerton and Deverall,1990),分别配制反应液:pH 8.7 硼酸缓冲液和 0.02 mol·L^{-1} 的 L-苯丙氨酸。试管中分别加入

2.0 mL 硼酸缓冲液、1 mL L-苯丙氨酸以及 0.5 mL 粗酶液,然后置于 40℃ 水浴中反应 60 min,后用 0.5 mL 6 mol·L^{-1} 的盐酸终止反应。对照用 0.5 mL 硼酸缓冲液代替粗酶液。用紫外分光光度计测定 290 nm 处吸光度 A_{290} 的变化。以每 1 min 内 A_{290} 变化 0.01 为 1 个酶活力单位(μmol/min),实验重复 3 次。

(3)POD 活性分析

根据付丽等(2016)的研究方法采用愈创木酚法,并略加改进。反应体系为:pH 5.8 磷酸缓冲液 2.0 mL、3% H_2O_2 1 mL、0.05 mol/L 1 mL、粗酶液 1.0 mL。37℃ 水浴,反应 15 min 后迅速转入冰浴中,对照以磷酸缓冲液代替酶液。用紫外分光光度计在 470 nm 处测定反应 3 min 时的吸光度(A)。每隔 30 s 记录 1 次,共记 6 次,以每 1 min 内 A_{470} 变化 0.01 为 1 个酶活力单位(μmol·min^{-1}),实验重复 3 次。

5. 适应性评价

(1)菌丝生长速率测定

采用生长速率法对抗性菌株与敏感性菌株的生长情况进行了比较(Liu et al. ,2016)。取直径 5 mm 的菌饼接种到 PDA 培养基上于 22℃ 黑暗培养 3 d,然后十字交叉法测定菌落直径大小。每个菌株做四个平板,实验重复两次。

(2)产孢量测定

取直径 5 mm 的菌饼接种到 PDA 培养基上于 22℃ 黑暗培养 12 d,然后加入 5 mL 无菌水,两层纱布过滤后得到分生孢子悬浮液。然后在显微镜下计数,检测孢子数量。

(3)菌株干重测定

根据 liu 等(2016)的方法对抗性菌株与敏感性菌株干重进行了测定。取 10 块直径 5 mm 的菌饼接种到 250 mL 三角瓶 PDA 液体培养基中,然后于 22℃ 恒温、120 r/min 下分别振荡培养 3 d。菌丝体经四层纱布过滤,再用无菌水冲洗 3 次,吸水纸吸干水分后,放在烘箱内 80℃ 处理 8 h,然后称重。每个菌株培养 3 瓶,实验重复 2 次。

6. 致病性测定

将直径 5 mm 的菌饼接种番茄果实,于 22℃ 黑暗培养,分别在 1 d,3 d,5 d 测量病斑大小。每个菌株接种 3 个健康番茄果实,实验重复 2 次。

5.4.2　结果与分析

1. 啶酰菌胺抗性菌株与敏感性菌株 PAL 活性比较

如图 5-4-1 所示为抗性菌株 R1 和敏感性菌株 S1 在不同浓度(1 μg/mL、5 μg/mL、25 μg/mL)啶酰菌胺处理后体内 PAL 酶活性测定结果。在处理后 24 h 内,两菌株 PAL 活性变化趋势基本一致,均呈现为先上升后下降的趋势,并且随着药物浓度增高酶活性也相应升高。两菌株均在处理后 1.5 h 时 PAL 酶活性达到峰值,而后逐渐降低。很明显在各处理浓度下,抗性菌株 R1 的 PAL 活性均高于敏感菌株 S1。当啶酰菌胺浓度 25 μg/mL 时,抗性菌株 R1 PAL 酶活达到 118.75 μmol/min,为同条件下敏感性菌株 S1 PAL(76.29 μmol/min)的 1.56 倍。

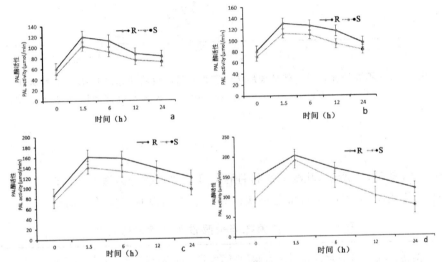

图 5-4-1　不同浓度啶酰菌胺处理后抗性菌株和敏感性菌株体内 PAL 活性分析
a:0 μg·mL^{-1};b:1 μg·mL^{-1};c:5 μg·mL^{-1};d:25 μg·mL^{-1};R 表示抗性菌株,
S 表示敏感性菌株。

2. 啶酰菌胺抗性菌株与敏感性菌株 POD 活性比较

不同浓度啶酰菌胺处理后,抗性菌株 R1 和敏感性菌株 S1 体内过氧化物酶(POD)的酶活力变化如图 5-4-2 所示。两菌株 POD 活力变化趋势基本一致,在 24 h 内酶活性不断升高,并且在 24 h 达到峰值。在各处理条件下,R1 体内 POD 活力明显高于 S1。在处理后 24 h,抗性菌株酶活力增幅明显大于敏感性菌株。

并且随着处理啶酰菌胺浓度增加(1 μg/mL、5 μg/mL、25 μg/mL),所检测的两个菌株体内 POD 活力也变大。当啶酰菌胺浓度为 25 μg/mL 时,抗性菌株 R1 POD 酶活达到 175.26 μmol/min,为同条件下敏感性菌株 S1 POD(68.43 μmol/min)的 2.56 倍。

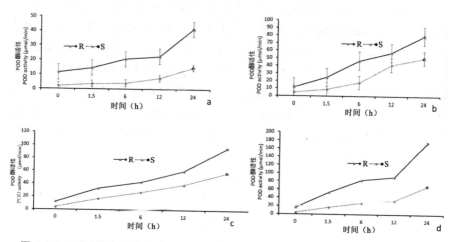

图 5-4-2 不同浓度啶酰菌胺处理后抗性菌株和敏感性菌株体内 POD 酶活性分析
a:0 μg/mL;b:1 μg/mL;c:5 μg/mL;d:25 μg/mL;R 表示抗性菌株,S 表示敏感性菌株。

3. 适应性评价

如表 5-4-1 所示,啶酰菌胺抗性菌株 R1 和敏感性菌株 S1 在菌丝生长、产孢量、菌丝干重以及对番茄果实的致病性方面没有明显的区别。

表 5-4-1 抗性菌株与敏感性菌株适应性评价

菌株 Isolate	菌落直径(cm) Diameter	产孢量($10^6 \cdot mL^{-1}$) Amount of conidia	菌株干重(g) Dry weight	病斑大小(cm) Lesion diameter
抗性菌株	5.15	6.81	0.523	1.57
敏感菌株	5.20	6.78	0.527	1.56

5.4.3 结论与讨论

灰霉病一直都是世界范围内蔬菜生产上的重要病害,因其寄主范围广、繁殖快、易变异等特点,给防治工作带来困难。本实验检测了啶酰菌胺抗性菌株 R1 和敏感性菌株 S1 的苯丙氨酸解氨酶(PAL)、过氧化物酶(PDD)的酶活力,并对两菌株适应性和致病性进行了分析。实验结果发现经不同浓度啶酰菌胺处理后,抗性与敏感性菌株 0~24 h 内两种类型菌株PAL 和 POD 活性都有升高趋势,但是抗性突菌株 PAL 和 POD 活性上升幅度较敏感菌株高。适应性评价显示啶酰菌胺抗性菌株和敏感性菌株在菌丝生长速率、产孢量、菌丝干重以及对寄主植物的致病性方面没有明显的区别。本研究将为啶酰菌胺抗性菌株的抗药机理分析和田间科学用药提供理论依据。

苯丙氨酸解氨酶(PAL)是一类疏水蛋白,分子量一般在 300~340 kDa,在生物体内普遍存在,在生物生长发育过程中及逆境条件下都会发生变化 (Hyun et al. ,2011;Gao et al. ,2012;Payyavula et al. ,2012)。PAL与植物抗病性密切相关,受到病原物侵染后植物体内 PAL 活性明显升高(Hyun et al. ,2011)。已有研究报道称抗药性真菌的菌株中也发现了类似现象,比如葡萄白腐病菌多菌灵抗性菌株体内 PAL 活性一直高于敏感菌株(陈彦等,2007);草莓枯萎病菌戊唑醇抗性菌株体内 PAL 活性明显高于敏感性菌株(姜莉莉等,2012);苹果轮纹病的抗戊唑醇菌株在药剂处理后 1.5 h 内酶活性最高(付丽等,2016)。本研究发现啶酰菌胺处理后,抗性菌株及敏感菌株体内 PAL 活性均先升高后下降,但是抗性菌株活性一直高于敏感菌株,这与前人研究结果类似。这说明 PAL 对真菌逆境条件下生存具有调节作用。

过氧化物酶(PDD)是一类同工酶,能够催化过氧化氢和有机过氧化物对各种有机物和无机物的氧化作用。POD 广泛存在于动物、植物、真菌及细菌内,依据来源可分为胞内型、胞外型及分泌型,参与机体多种生理代谢功能(Hemetsberger et al. ,2012)。POD 参与真菌在逆境条件的生理代谢调节,保护细胞膜免受损伤(Gostinčar et al. ,2018)。本实验中,啶酰菌胺处理后 24h 内,灰霉菌抗性菌株及敏感性菌株的 POD 活性呈升高趋势,并且明显比后者要高。这与前人研究结果一致,苹果轮纹病菌抗性菌株及敏感性菌株药剂处理后体内 POD 活性一直升高(Brent et al. ,1998)。这说明 POD 活力大小与真菌抗药性的强弱有紧密关系,但是能否作为衡量抗性强弱的指征还需要更多的研究工作来证明。

生物适应性参数是影响一种病原菌抗药性形成的重要因子,通常包括菌丝生长速率、干重、产孢量以及致病性(Brent et al. ,1998)。本研究发现啶酰菌胺抗性菌株的适应性参数值与敏感性菌株无明显差异。这与前人研究结果一致,有学者发现具有多种农药交叉抗性的灰霉菌株其适应性与敏感性无明显差别(Sun et al.,2010)。而研究者分析了来源不同寄主的灰霉菌对农药 SYP-1620 的抗性和敏感性菌株的生物适应性发现,抗性菌株的适应性参数较低,但是差别不太明显(Zhang et al.,2014)。这可能与菌株采集的背景有一定关系。

综上所述,啶酰菌胺处理后,番茄灰霉菌抗性菌株及敏感性菌体的生理生化特征都能发生显著变化,PAL 及 POD 活力大幅升高,但是抗性菌株变化幅度更大。而适应性评价显示两类菌株无明显差异,这需要进一步地研究来阐述其原因。番茄灰霉菌是具有抗性风险的病原菌,容易对啶酰菌胺产生抗药性。新型化学农药的使用需要科学指导,否则防治效果会下降。

5.5 番茄灰霉菌对啶酰菌胺抗药机理分析

灰霉病是由灰葡萄孢(*Botrytis cinerea*)引起的一类病害,其寄主范围广泛,能够引起多种水果蔬菜生长期及储存期腐烂,造成严重损失。在作物生长季节,防治灰霉病主要依赖杀菌剂,但是由于灰霉菌变异快,生活史短暂,繁殖迅速,经常出现抗药性现象(Jarvis,1977)。琥珀酸脱氢酶抑制剂类(SDHI)杀菌剂啶酰菌胺,2004 年首次在英国、德国和瑞士登记,到 2007 年该药已经取得 50 个国家用于 100 种作物防治 80 种病害的登记(Olanya et al.,2009)。琥珀酸脱氢酶广泛存在于细菌细胞及真核生物线粒体内膜中,是唯一一种既能参与柠檬酸循环又负责电子传递的酶。SDHs 蛋白由四个亚基组成,黄素蛋白 SdhA 和铁硫蛋白 SdhB 为亲水亚基,SdhC 和 SdhD 则为疏水亚基(Oyedotun and Lemire,2004)。啶酰菌胺能够抑制 SDH 活性直接阻止了线粒体呼吸链电子传递及 ATP 合成,导致真菌细胞分裂和生长的能量不足,最终导致真菌死亡(Tomitsuka et al.,2003)。自灰霉病对奎宁体外抑制剂类杀菌剂产生抗性以来,啶酰菌胺成为防治的主要杀菌剂。

由于啶酰菌胺对孢子萌发及菌丝生长的作用效果明显,其杀菌谱很广泛,对很多病害都有良好的防治效果,如早疫病、灰霉病、白粉病、核盘菌、褐腐病等(Stammler and Speakman,2006)。但是长期化学防治,导致了病原菌抗药性的产生。研究表明,抗药性的产生源于病原菌基因发生了点突变,但是各种病原菌点突变的位置和类型各不相同。如研究发现 *Corynespora cassiicola*（Miyamotoet al.，2011）对啶酰菌胺抗性是由于 SdhB 亚基发生点突变（H278Y/R）；而 *Alternaria* spp.（Avenot et al.，2008）和 *A. solani*（Malliket al.，2014）抗性产生的原因则是 SdhB（H278Y/R）、SdhC（H132R）及 SdhD（H132R）均发生了点突变。而也有学者研究发现病原菌 *Monilinia fructicola* 对啶酰菌胺抗药性产生与基因突变没有明确的关系（Chen et al.，2013）。国外学者研究发现灰霉菌对啶酰菌胺抗药性产生由于 SdhB 基因 225（P225F/L/T）和 272（H272Y/R）发生点突变（De Miccolis Angelini et al.，2010；Leroux et al.，2010；Leroch et al.，2011；Yin et al.，2011）。

为明确运城地区番茄灰霉菌对啶酰菌胺敏感性现状及抗药性类型。利用单孢分离法获得灰霉菌株,检测其对啶酰菌胺的敏感性。分析不同抗性水平的菌株的 SDH 基因,明确其抗性机理。并对抗性水平的菌株进行适应性评价,为灰霉菌抗药研究防治提供理论依据。

5.5.1　材料与方法

1. 菌株

供试 105 个番茄灰霉菌株于 2014—2017 年采于山西运城地区番茄种植保护地。采用单孢分离法获得菌株,在 PDA 斜面培养 5～7 d,然后置于 4℃冰箱保存。

2. 试剂及培养基

试验所用啶酰菌胺（boscalid）水分散粒剂（96％）,由上海源叶生物科技有限公司提供。菌株分离培养用马铃薯葡萄糖琼脂培养基（PDA 培养基）。

3. 番茄灰霉菌抗性水平测定

利用抑制分生孢子萌发法以及菌丝生长速率法测定所有番茄灰霉菌株对啶酰菌胺的敏感性,具体方法参见文献文献（李培谦和冯宝珍,2018）。

（1）含药培养基的制备

将啶酰菌胺原药加入丙酮溶液中,再加入少量乳化剂（吐温 80）,使其溶解更充分,具体方法参见文献（李培谦和冯宝珍,2018）。在无菌操作台上,将一定量的啶酰菌胺药液置于含有 PDA 培养基的锥形瓶中,充分混匀后,制备含药培养基。制备含药培养基终浓度分别为 0(CK) $\mu g \cdot mL^{-1}$、5 $\mu g \cdot mL^{-1}$、10 $\mu g \cdot mL^{-1}$、20 $\mu g \cdot mL^{-1}$、30 $\mu g \cdot mL^{-1}$。

（2）抗性水平测定

将直径 5 mm 菌饼接种于上述培养基内,而后置于 22 ℃的恒温培养箱中,培养 5 d 左右,利用十字交叉法分别测量每个培养皿中的菌落直径,然后计算其平均值。再利用 DPS 软件计算各菌株的菌丝生长抑制率及 EC_{50} 值。啶酰菌胺抗药性水平标准参照 Zhang 等（2007）报道的我国浙江及江苏省黄瓜、番茄等温室蔬菜啶酰菌胺的灰霉菌群体的敏感性基线 $EC_{50}=$ 1.07 $\mu g/mL$ 作为参照标准。菌株抗性水平计算依据赵建江等（2017）报道的番茄灰霉病菌对啶酰菌胺敏感性测定抗性水平划分的方法：R<10 为敏感（S）；10≤R<50 为低抗（LR）；50≤R<100 为中抗（MR）；R≥100 为高抗（HR）。

4. 抗性机理分析

（1）DNA 提取

分别选择不同抗性水平的菌株各 10 株,在 PDA 液体培养基于 22℃摇瓶培养 3 d,收集菌丝,液氮研磨。利用真菌基因组提取试剂盒（上海生工）抽提基因组 DNA。

（2）SDH 基因扩增测序

根据 Broad Institute（http://www.broadinstitute.org）公布的灰霉菌株（*B. fuckeliana* B05.10）基因组数据,设计 *SdhA*、*SdhB*、*SdhC* 及 *SdhD* 的扩增引物。引物序列如下所示：SdhA 为 SdhAF（ATGTCTTCATTT-GCTATGCGTAGATTC）和 SdhAR（CTATCCATTTTCATCTTTAGT-GACCTTC）；SdhB 为 SdhBF（ATGGCTGCTCTCCGCACAGGTGCCCGC）和 SdhBR（TTAGAAAGCC ATTTCCTTCTTAATCTC）；SdhC 为 Sdh-CF（ATGTTTTCACAGAGAGCAACTCAACAAT）和 SdhCR（CTACA-AGAAAGCAACCAACGCCAAAGCAC）；SdhD 为 SdhDF（ATGGCT-TCATTCATCAAACCATCCGTC）和 SdhDR（TTATGCGCGC CAAAT-TCTTTTGATACC）。扩增产物回收后测序分析。

（3）SDH 基因比对分析

测序结果用软件 DNAMAN6.0 进行序列比对,分析发生突变的氨基酸的数量和位置,以明确突变类型与抗性表型关系。

5. 适应性评估

为了进行适应性评估,分别选择不同抗性水平菌株各 10 株,对其菌丝生长速率,分生孢子萌发率以及致病性进行分析。具体方法参照前人报道(Veloukas et al.,2014)。

(1)菌丝生长速率测定

将直径 5 mm 菌饼接种于新的 PDA 平板上置于 22℃的恒温培养箱中,培养 3 d 左右,利用十字交叉法分别测量每个菌落直径,然后计算其平均值。每个菌株做三个重复,实验重复三次。

(2)分生孢子萌发率测定

PDA 平板上培养的菌株置于 22℃黑暗培养 15 d。然后每个平板加入 10 mL 无菌水,用玻片轻轻刮起制备分生孢子悬浮液。经过无菌纱布过滤后,调节分生孢子悬浮液浓度至 1×10^6 孢子/mL 备用。然后取 20 μL 分生孢子悬浮液置于含有不同浓度啶酰菌胺的平皿内,于 22℃黑暗放置 16 h 后,镜检芽管萌发情况(Veloukas et al.,2014)。每个菌株做三个重复,实验重复三次。

(3)致病性测定

取 20 μL 分生孢子悬浮液接种番茄果实,发病后测量病斑大小,计算病情指数。每个菌株接种 3 个健康番茄果实,实验重复 2 次。具体方法参照文献(李培谦和冯宝珍,2018)。

5.5.2　结果与分析

1. 番茄灰霉菌株对啶酰菌胺敏感性

总共分离了 105 个番茄灰霉菌株并进行了敏感性测定。菌丝生长速率实验显示运城地区番茄灰霉菌 EC_{50} 范围为 0.4～132 μg/mL,根据敏感基线数据 1.07 μg/mL(Zhang et al.,2017),81 个菌株产生了抗性,EC_{50} 范围为 4.36～90.28 μg/mL,而敏感菌株有 24 个 EC_{50} 范围为 0.08～4.28 μg/mL,抗性频率达到 77.14%(表 5-5-1),根据抗性水平划分依据(赵建江等,2017),81 个菌株可以划分为不同的抗性水平,17 个菌株为高抗 EC_{50} 均 >115 μg/mL;中抗 36 个 EC_{50} 范围为 53.6～103.2 μg/mL;低抗 28 个 EC_{50} 范围为 10.92～52.8 μg/mL(图 5-5-1)。对运城市各地区番茄灰霉菌对啶酰菌胺抗性情况分析发现,盐湖区抗性频率为 82%,夏县为 65.2%,临猗为 65%,永济为 81%,万荣为 81.3%(图 5-5-2),其中高抗菌株频率最高的为永济达到 25.4%。各地结果表明运城地区番茄灰霉菌已经出现了明显的抗药性。

表 5-5-1　105 个番茄灰霉菌株对啶酰菌胺抗性分析

（单位：µg/mL）

来源 (Source)	数量 (Num- ber)	敏感菌株 (Sensitivity Strains)		抗性菌株（Resistance strains)					
				低抗(Low Resistance)		中抗(Moderate Resistance)		高抗(High Resistance)	
		EC$_{50}$	频率	EC$_{50}$	频率	EC$_{50}$	频率	EC$_{50}$	频率
盐湖区	25	0.40～6.75	8.0%	17.23～46.52	32%	56.6～96.1	44%	>115	16%
夏县	23	0.181～8.987	34.8%	12.63～40.8	34.8%	57.3～103.2	17.4%	>115	13%
临漪	20	0.56～8.76	35%	10.92～47.83	15%	53.6～102.2	30%	>115	20%
永济	21	0.81～2.937	19.5%	11.3～52.62	23.8%	63.5～76.2	38.1%	>115	19.5%
万荣	16	0.53～9.94	18.75%	12.73～52.8	25%	63.7～101.7	43.75%	>115	12.5%

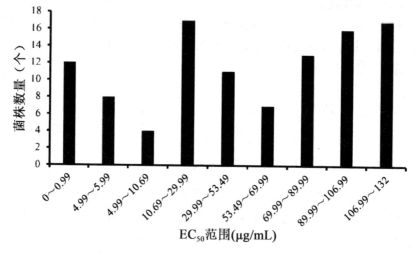

图 5-5-1　番茄灰霉菌株对啶酰菌胺 EC$_{50}$ 范围

2. 番茄灰霉菌 SDH 基因比对分析

选择不同抗性水平的菌株进行 SdhA、SdhB、SdhC 及 SdhD 克隆测序及比对分析。结果显示所选的 10 株敏感性菌株的 SdhA、SdhB、SdhC 及 SdhD 基因均与野生型灰霉菌株（*B. fuckeliana* B05.10) SDH 基因序列一致，没有发生突变。而 30 株抗性菌株的测序结果显示，SdhA、SdhC 及 SdhD 均未发生突变，仅在 SdhB 基因发生点突变，272 位组氨酸（H）突变为精氨酸（R），而且突变类型与菌株抗性水平没有明显的相关性（图 5-5-3）。

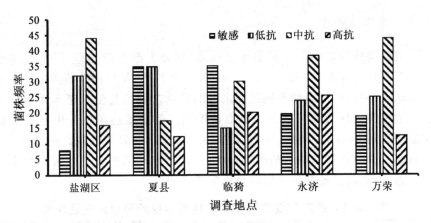

图 5-5-2　不同地区番茄灰霉菌对啶酰菌胺抗性频率

272

A
AY726619	GGATAACAGCATGAGTTTGTACAGATGTCACACTATTCTCAACTGCTCGAGGACATGTCC
KT254306	GGATAACAGCATGAGTTTGTACAGATGTCACACTATTCTCAACTGCTCGAGGACATGTCC
FQBC10	GGATAACAGCATGAGTTTGTACAGATGTCACACTATTCTCAACTGCTCGAGGACATGTCC

H272R

B
FQBC15	GGATAACAGCATGAGTTTGTACAGATGTCGCACTATTCTCAACTGCTCGAGGACATGTCC
FQBC23	GGATAACAGCATGAGTTTGTACAGATGTCGCACTATTCTCAACTGCTCGAGGACATGTCC
FQBC54	GGATAACAGCATGAGTTTGTACAGATGTCGCACTATTCTCAACTGCTCGAGGACATGTCC
FQBC79	GGATAACAGCATGAGTTTGTACAGATGTCGCACTATTCTCAACTGCTCGAGGACATGTCC
FQBC92	GGATAACAGCATGAGTTTGTACAGATGTCGCACTATTCTCAACTGCTCGAGGACATGTCC

H272R

C
FQBC25	GGATAACAGCATGAGTTTGTACAGATGTCGCACTATTCTCAACTGCTCGAGGACATGTCC
FQBC52	GGATAACAGCATGAGTTTGTACAGATGTCGCACTATTCTCAACTGCTCGAGGACATGTCC
FQBC58	GGATAACAGCATGAGTTTGTACAGATGTCGCACTATTCTCAACTGCTCGAGGACATGTCC
FQBC70	GGATAACAGCATGAGTTTGTACAGATGTCGCACTATTCTCAACTGCTCGAGGACATGTCC
FQBC81	GGATAACAGCATGAGTTTGTACAGATGTCGCACTATTCTCAACTGCTCGAGGACATGTCC

H272R

D
FQBC16	GGATAACAGCATGAGTTTGTACAGATGTCGCACTATTCTCAACTGCTCGAGGACATGTCC
FQBC38	GGATAACAGCATGAGTTTGTACAGATGTCGCACTATTCTCAACTGCTCGAGGACATGTCC
FQBC42	GGATAACAGCATGAGTTTGTACAGATGTCGCACTATTCTCAACTGCTCGAGGACATGTCC
FQBC71	GGATAACAGCATGAGTTTGTACAGATGTCGCACTATTCTCAACTGCTCGAGGACATGTCC
FQBC97	GGATAACAGCATGAGTTTGTACAGATGTCGCACTATTCTCAACTGCTCGAGGACATGTCC

图 5-5-3　啶酰菌胺不同抗性番茄灰霉菌株的 SdhB 比对分析

将参试菌株 SdhB 基因扩增测序后与标准菌株进行比对分析。A：AY72669 及 KT254306 源于 NCBI Genbank 为野生型菌株，FQBC10 为参试的敏感性菌株；B：参试菌株均为低抗型，突变位点为 272 氨基酸，CAC 突变为 CGC；C：参试菌株均为中抗型，突变为点为 272 氨基酸，CAC 突变为 CGC；D：参试菌株均为高抗型，突变为点为 272 氨基酸，CAC 突变为 CGC。

3. 适应性评估

抗性菌株与敏感菌株的菌丝生长速率,分生孢子萌发率,以及致病性方面都存在明显差异(表 5-5-2)。相同培养条件下,抗性菌株菌丝生长速率明显比敏感菌株要高,而不同抗性水平的菌株之间菌丝生长速率无明显差异。敏感性菌株与突变型菌株产孢量不同。但是敏感菌株分生孢子萌发率最高达到 94.72%(表 5-5-2),而突变菌株孢子萌发率也较高超过 91%。所有的入选菌株都能使番茄果实发病,并且敏感性菌株与抗性菌株致病性存在差异,引起的番茄果实病斑大小显著不同。

表 5-5-2　番茄灰霉菌敏感型及抗性菌株间菌丝适应性比较

表型 Phenotype	菌丝直径 Hyphal diameter(cm)	产孢 Sporulation (10^6 mL^{-1})	萌发率 Germinability (%)	致病性 pathogenicity (cm)
sensitive	6.05±0.36a	6.73±0.47a	94.72±0.83a	1.62±0.06a
HR	6.81±0.41b	6.16±0.65b	92.64±1.05bc	1.65±0.08a
MR	6.90±0.34b	6.93±0.32a	91.32±2.43b	1.54±0.15bc
LR	7.07±0.27b	6.15±0.89b	93.05±2.06c	1.55±0.12c

注:平均值后附有相同字母表示差异不明显(P=0.05)。

5.5.3　讨论

番茄灰霉病是温室番茄栽培中常见病害,特别冬春季节低温高湿环境更利于本病的发生流行。目前,番茄灰霉病防治主要依赖于化学药剂,啶酰菌胺因其杀菌普广,作用效果强,被作为推荐用药之一(Olanya et al.,2009)。良好的防治效果使得啶酰菌胺的使用次数和使用量不断增加,导致灰霉菌对其产生了不同程度的抗药性。已有欧美多个国家报道田间 *B. cinerea* 对啶酰菌胺抗性的产生(De Miccolis et al.,2010;Leroux et al.,2010;Leroch et al.,2011;Yin et al.,2011)。目前已有部分学者报道国内蔬菜水果对啶酰菌胺的抗性发生。石延霞等(2016)报道华北地区蔬菜作物灰葡萄孢对啶酰菌胺产生了较高水平的抗药性,抗性频数达到 65.88%。刘欣等(2018)对上海地区草莓灰霉病菌对啶酰菌胺的抗性水平及抗性频率较高,高抗菌株频率达到 20.51%,本研究对运城地区番茄灰霉菌抗性进行测定,表明对啶酰菌胺抗性的菌株达到 77.14%,说明运城地区番茄灰霉病对啶酰菌胺抗药性已经很普遍。

运城不同地区的番茄灰霉菌株对啶酰菌胺抗性频率差异较大,这与温室耕作及作物连作培管理有关。采样过程中,笔者了解到盐湖区部分温室夏季种植番茄,秋冬仍然栽培番茄,连作为灰霉菌提供了休眠繁衍的场所,也增加了农药使用频率,灰霉菌更易产生抗药性。而临猗夏县的温室大多夏季栽培西瓜,秋冬种植番茄黄瓜,在一定程度上减少了灰霉菌发生次数。因此,病害防治应该坚持以加强栽培管理为主综合防治策略。

国外学者研究发现抗药性产生源于病原菌基因发生了点突变,主要是琥珀酸脱氢酶 SdhB 亚基 272 位组氨酸(H)突变为精氨酸(R),酪氨酸(Y)或酪氨酸(L),但 H272R 常见(Yin et al.,2011)。也有研究发现该基因的 225 位脯基酸发生突变 P225L/F/T (Leroch et al.,2011)。国内学者刘欣等(2018)也报道上海地区草莓灰霉病菌株抗性与琥珀酸脱氢酶 SdhB 亚基发生 H272R 或 P225F 突变有关。本研究发现番茄灰霉菌抗性菌株 SdhB 亚基发生 H272R 突变,未见其他类型突变。并且基因突变与菌株抗性水平没有明确的关系,这与前人研究结果一致(Yin et al.,2011)。

适应性可以被定义为等位基因、个体或群体的存活和繁殖成功(Pringle and Taylor,2002)。抗性菌株的适应性是影响抗性产生、进化或衰退风险的重要因素。真菌种群中抗药性的进化在很大程度上取决于菌株的适应性,分析适应性对病害管理有重要意义(Parnell et al.,2005)。前人曾报道,对 QoIs 类杀菌剂具有单一抗性的灰霉菌株未产生任何适应性变化(Banno et al.,2009;Kim and Xiao,2011)。而 Veloukas 等(2014)认为啶酰菌胺抗性灰霉菌株产生的适应性变化是由于 SdhB 亚基突变引起的。Laleve 等(2013)也报道了具有多个 sdhB 基因发生 H272R 及 P225L 突变的灰霉菌株产生了适应性变化。本研究中发现抗性菌株 sdhB 基因发生 H272R 突变,与野生型和敏感型菌株相比在菌丝生长速率、产孢量、孢子萌发率以及致病性方面都发生了明显变化,这与前人研究结果一致(Veloukas et al.,2014;Laleve et al.,2013)。

5.5.4　结论

本研究分析了运城地区番茄灰霉菌对啶酰菌胺抗药性,发现该地区番茄灰霉菌株普遍产生了抗药性,抗性频率达到 77.14%。对抗性菌株进行靶标位点基因测序分析发现抗性产生主要是由于琥珀酸脱氢酶 SdhB 亚基发生 H272R 突变引起的,未发现 SdhA,SdhC 或 SdhD 突变。并且不同抗性水平的菌株 SdhB 亚基突变类型一致。适应性分析发现,敏感菌株与抗性菌株在菌丝生长速率,产孢量,孢子萌发率以及致病性方面存在明显差异。抗耐药策略旨在通过降低使用属于不同化学类别的杀菌剂的抗性基因的速率来减缓耐药频率。不同杀菌剂与 SDHI 交替应用有助于降低抗性频率。生产中不同的 SDHIs 的交替可能增加交叉抗性基因型的频率,因此需要强调正确的用药方案和使用适当的农药混配的重要性。本研究对于分析灰霉菌抗药性机理及 SDHI 类杀菌剂抗药性分析提供理论支持,为农药抗性分子生物学分析提供了重要理论依据。同时对于科学使用农药及进一步抗药性监测提供方法。

参考文献

[1] Jarvis W R. Botryotinia and Botrytis Species:Taxonomy,Physiology and Pathogenicity[J]. Monograph 15. Research Branch Canada,Department of Agriculture,Ottawa,Ontario,Canada. ,1977.

[2] Olanya O M,Honeycutt C W,Larkin R P,et al. The effect of cropping systems and irrigation management on development of potato early blight[J]. *Journal of General Plant Pathology*,2009,7:267-275.

[3] Oyedotun K S,Lemire B D. The quaternary structure of the Saccharomyces cerevisiae succinate dehydrogenase:homology modeling,cofactor docking,and molecular dynamics simulation studies[J]. *Journal of Biology Chemistry*,2004,279:9424-9431.

[4] Tomitsuka E,Hirawake H,Goto Y,et al. Direct evidence for two distinct forms of the flavoprotein subunit of human mitochondrial complex II (succinate-ubiquinone reductase)[J]. *Journal of Biochemistry*,2003,134:191-195.

[5] Stamm Ler G,Speakman J. Microtiter method to test the sensitivity of *Botrytis cinerea* to boscalid[J]. *Journal of Phytopathology*,2006,154:508-510.

[6] Miyamoto T,Ishii G,StammLer A,et al. Distribution and molecular characterization of *Corynespora cassiicola* isolates resistant to boscalid[J]. *Plant Pathology*,2011,59 :873-881.

[7] Avenot H,Sellam A,Karaoglanidis G,et al. Characterization of mutations in the iron-sulphur subunit of succinate dehydrogenase correlating with boscalid resistance in *Alternaria alternate* from California pista-

chio[J]. *Phytopathology*,2008,98:736-742.

[8] Mallik I,Arabiat S,Pasche J S,et al. Molecular characterization and detection of mutations associated with resistance to succinate dehydrogenase-inhibiting fungicides in *Alternaria solani* [J]. *Phytopathology*, 2014,104:40-49.

[9] Chen F,Liu X,Chen S,et al. Characterization of *Monilinia fructicola* strains resistant to both propiconazole and boscalid[J]. *Plant Disease*,2013,97:645-651.

[10] De Miccolis Angelini R M,Habia W,Rotolo C,et al. Selection, characterization and genetic analysis of laboratory mutants of *Botryotinia fuckeliana* (*Botrytis cinerea*) resistant to the fungicide boscalid[J]. *European Journal of Plant Pathology*,2010,128:185-199.

[11] Leroux P,Gredt M,Leroch M,et al. Exploring mechanisms of resistance to respiratory inhibitors in field strains of *Botrytis cinerea*,the causal agent of gray mold[J]. *Applied Environmental Microbiology*, 2010,76:6615-6630.

[12] Leroch M,Kretschmer M,Hahn M. Fungicide resistance phenotypes of *Botrytis cinerea* isolates from commercial vineyards in South West Germany[J]. *Journal of Phytopathology*,2011,159:63-65.

[13] Yin Y N,Kim Y K,Xiao C L. Molecular characterization of boscalid resistance in field isolates of *Botrytis cinerea* from apple[J]. *Phytopathology*,2011,101:986-995.

[14] 李培谦,冯宝珍. 番茄灰霉菌啶酰菌胺抗性菌株生理特性初探[J]. 山西农业大学学报(自然科学版),2018,38(9):031.

[15] Zhang C Q,Yuan S K,Sun H Y,et al. Sensitivity of *Botrytis cinerea* from vegetable greenhouses to boscalid[J]. *Plant Pathology*,2007, 56(4):646-653.

[16] 赵建江,路粉,吴杰,等. 河北省设施番茄灰霉病菌对啶酰菌胺和咯菌腈的敏感性[J]. 植物病理学报,2017,doi:10.13926/j.cnki.apps.

[17] Veloukas T,Kalogeropoulou P,Markoglou A N,et al. Fitness and competitive ability of Botrytis cinerea field isolates with dual resistance to SDHI and QoI fungicides,associated with several sdhB and the cytb G143A mutations[J]. *Phytopathology*,2014,104:347-56.

[18]石延霞,唐明,晋知文,等. 蔬菜作物灰葡萄孢菌对不同类型杀菌剂的抗性评价[J]. 中国蔬菜,2016,3:60-65.

[19]刘欣,吴雁,成玮,等.上海地区草莓灰霉病菌对啶酰菌胺的敏感性检测及抗性机制分析[J].农药学学报,2018,20(4):452-458.

[20] Pringle A,Taylor J W. The fitness of filamentous fungi[J]. *Trends in Microbiology*,2002,10:474-481.

[21] Parnell S,Gilligan C A,Van den Bosch F. Small-scale fungicide spray heterogeneity and the coexistence of resistant and sensitive pathogen strains[J]. *Phytopathology*,2005,95:632-639.

[22] Banno S,Yamashita K,Fukumori F,et al. Characterization of QoI resistance in *Botrytis cinerea* and identification of two types of mitochondrial cytochrome b gene[J]. Plant Pathology,2009,58:120-129.

[23] Kim Y K,Xiao C L. Stability and fitness of pyraclostrobin- and boscalid-resistant phenotypes in field isolates of Botrytis cinerea from apple[J]. *Phytopathology*,2011,101:1385-1391.

[24] Laleve A,Walker A S,Gamer S,et al. From enzyme to fungal development or how SdhB mutations impact respiration,fungicide resistance and fitness in the grey mold agent *Botrytis cinerea*. Page 80 in:(Abstr.) Modern Fungicides and Antifungal Compounds-17th Int. Reinhardsbrunn Symp[J]. Friedricroda,Germany. ,2013.

[25]陈宏州,狄华涛,吉沐祥,等.水稻纹枯病菌对啶酰菌胺的敏感性测定[J].江西农业学报,2011,23(5):97-99.

[26]陈利锋,徐敬友.农业植物病理学(南方本)[M].北京:中国农业出版社,2001.

[27]董金皋.农业植物病理学(北方本)[M].北京:中国农业出版社,2001.

[28]胡伟群,陈杰.灰霉病的化学防治进展[J].现代农药,2002,1(4):8-11.

[29]李良孔,袁善奎,潘洪玉,等.琥珀酸脱氢酶抑制剂类(SDHIs)杀菌剂及其抗性研究进展[J].农药,2011,50(3):165-169.

[30]刘彦良,慕卫,刘峰.霜霉威对黄瓜苗期猝倒病的控制作用研究[J].现代农药,2007,(1):47.

[31]柳泰.日光温室番茄灰霉病发生于防治技术[J].安徽农学通报,2004,10(4):47.

[32]鲁素云.植物病害生物防治学[M].北京:北京农业大学出版社,1993.

[33]潘以楼,朱桂梅,郭建,等.油菜菌核病菌对啶酰菌胺的敏感性及对不同杀菌剂敏感性的相关分析[J].西南农业学报,2012,25:507-512.

[34]沈寅初.农用抗生素研究开发新进展[J].植保技术与推广,1997,17(6):35-37.

[35]童蕴慧,徐敬友,陈夕军,等.灰葡萄孢拮抗细菌的筛选[J].中国生物防治,2000,16(3):123-126.

[36]王芊.番茄灰霉病菌抗药性及抗药性控制研究[J].黑龙江农业科学,2001,1:41-43.

[37]魏海建,郑晓梅.草坪腐霉菌病害的综合防治[J].河南农业科学,2005,(6):35.

[38]熊小妹.菌剂新品种——啶酰菌胺制剂的特性研究[J].农药研究与应用,2006,10(4):21-23.

[39]许志刚.普通植物病理学[M].北京:中国农业出版社,2003:23-146.

[40]颜范勇,刘冬青,司马利锋.新型烟酰胺类杀菌剂——啶酰菌胺[J].农药研究与应用,2008,47(2):132-135.

[41]于永学,王英姿.灰霉病菌抗药性发生概况及机理研究进展[J].现代农业科技,2009,11:117-118.

[42]余玲,刘慧平,韩巨才,等.山西省灰霉菌对啶酰菌胺的敏感性测定[J].山西农业大学学报,2012,32:232-234.

[43]张玉勋,李光,张光明.拮抗细菌在大棚温室番茄叶片定植及对灰霉病害的控制效果[J].病理学报,2000,30(1):91.

[44]张玉勋,王翠花,陈发炜,等.保护地蔬菜灰霉病发生规律及防治[J].山东农业科学学报,1995,6:42-43.

[45]Avenot H F,Michailides T J. Progress in understanding molecular mechanisms and evolution of resistance to succinate dehydrogenase inhibiting (SDHI) fungicides in phytopathogenic fungi[J]. Crop Protection,2010,29:643-651.

[46]Avenot H F,Michailides T J. Resistance to boscalid fungicide in *Alternaria alternata* isolates from pistachio in California[J]. Plant Disease,2007,91:1345-1350.

[47]Avenot H F,Morgan D P,Michailides T J. Resistance to pyraclostrobin,boscalid and multiple resistance to Pristine? (pyraclostrobin+boscalid) fungicide in *Alternaria alternata* causing Alternaria late blight of pistachios in California[J]. Plant Pathology,2008a,57:135-140.

[48]Avenot H F,Sellam A,Michailides T J. Characterization of mutations in the membrane-anchored subunits of AaSDHC and AaSDHD of

succinate dehydrogenase from *Alternaria alternata* isolates conferring field resistance to the fungicide boscalid[J]. Plant Pathology,2009,58: 1134-1143.

[49]Avenot H F,Sellam A,Karaoglanidis G,et al. Characterization of mutations in the iron-sulphur subunit of succinate dehydrogenase correlating with boscalid resistance in *Alternaria alternata* from California pistachio[J]. Phytopathology,2008b,98:736-742.

[50]Bardas G A,Veloukas T,Koutita O,et al. Multiple resistance of *Botrytis cinerea* from kiwifruit to SDHIs,QoIs and fungicides of other chemical groups[J]. Pest Management Science,2010,66:967-973.

[51]Brent K J,Hollomon D W. Fungicide resistance:the assessment of risk. FRAC Monograph No. 2. Global Crop Protection Federation,Brussels,Belgium,1998:pp. 1-48.

[52]Chen F,Liu X,Chen S,et al. Characterization of *Monilinia fructicola* strains resistant to both propiconazole and boscalid[J]. Plant Disease,2013,97:645-651.

[53]Fairchild K L,Miles L A,Miles T D,et al. Detection and characterization of boscalid resistance in *Alternaria solani* causing early blight on potatoes in Idaho[J]. (Abstr.) Phytopathology,2012,102(suppl.): S4. 36.

[54]Fernández-Ortuno D,Grabke A,Bryson P K,et al. Fungicide resistance profiles in *Botrytis cinerea* from strawberry fields of seven southern US states[J]. Plant Disease,2014,98 (6):825-833.

[55]Gudmestad N C,Arabiat S,Pasche J S,et al. Prevalence and impact of SDHI fungicide resistance in *Alternaria solani*[J]. Plant Disease, 2013,97:952-960.

[56]Hagerhall C. Succinate:quinone oxidoreductases variations on a conserved theme[J]. Biochimica et Biophysica Acta,1997,1320:107-141.

[57]Ishii H,Miyamoto T,Ushio S,et al. Lack of cross-resistance to a novel succinate dehydrogenase inhibitor,fluopyram,in highly boscalid-resistant isolates of *Corynespora cassiicola* and *Podosphaera xanthii*[J]. Pest Management Science,2011,67:474-482.

[58]Ito Y,Muraguchi H,Seshime Y,et al. Flutolanil and carboxin resistance in Coprinus cinereus conferred by a mutation in the cytochrome b560 subunit of succinate dehydrogenase complex (complex II)[J]. Molec-

ular Genetics and Genomics,2004,272:328-335.

[59]Leroch M,Kretschmer M,Hahn M. Fungicide resistance pheno-
types of *Botrytis cinerea* isolates from commercial vineyards in South
West Germany[J]. Journal of Phytopathology,2011,159:63-65.

[60]Leroux P,Gredt M,Leroch M,et al. Exploring mechanisms of re-
sistance to respiratory inhibitors in field strains of Botrytis cinerea,the
causal agent of gray mold[J]. Applied Environment Microbiology,2010,
76:6615-6630.

[61]Liu X,Yin Y,Yan L,et al. Sensitivity to iprodione and boscalid
of *Sclerotinia sclerotiorum* isolates collected from rapeseed in China[J].
Pesticide biochemistry and physiology,2009,95(2):106-112.

[62]Mallik I,Arabiat S,Pasche J S,et al. Molecular Characterization
and detection of mutations associated with resistance to succinate dehydro-
genase-inhibiting fungicides in *Alternaria solani* [J]. Phytopathology,
2014,104 (1):40-49.

[63]Miyamoto T,Ishii H,Seko T,et al. Occurrence of *Corynespora
cassiicola* isolates resistant to boscalid on cucumber in Ibaraki Prefecture,
Japan[J]. Plant Pathology,2009,58(6):1144-1151.

[64]Miyamoto T,Ishii H,StammLer G,et al. Distribution and molec-
ular characterization of *Corynespora cassiicola* isolates resistant to
boscalid[J]. Plant Pathology,2011,59:873-881.

[65]Myresiotis C K,Bardas G A,Karaglanidis G S. Baseline sensitivi-
ty of *Botrytis cinerea* to pyraclostrobin and boscalid and control of anili-
nopyrimdine- and benzimidazole-resistant strains by these fungicides[J].
Plant Disease,2008,92:1427-1431.

[66]Shima Y,Ito Y,Kaneko S,et al. Identification of three mutant lo-
ci conferring carboxin-resistance and development of a novel transforma-
tion system in *Aspergillus oryzae*[J]. Fungal Genetics Biology,2009,46:
67-76.

[67]Wang J X,Ma H X,Chen Y,et al. Sensitivity of *Sclerotinia scle-
rotiorum* from oilseed crops to boscalid in Jiangsu Province of China[J].
Crop Protection,2009,28(10):882-886.

[68]Wharton P,Fairchild K,Belcher A,et al. First report of in-vitro
boscalid-resistant isolates of *Alternaria solani* causing early blight of po-
tato in Idaho[J]. Plant Disease,2012,96:454.

[69]Yin Y N, Kim Y K, Xiao C L. Molecular characterization of boscalid resistance in field isolates of *Botrytis cinerea* from apple[J]. Phytopathology,2011,101:986-995.

[70]Zhang C Q, Yuan S K, Sun H Y, et al. Sensitivity of *Botrytis cinera* from vegetable greenhouses to boscalid[J]. Plant Pathology,2007,56: 646-653.

[71]Rupp S, Plesken C, Rumsey S, et al. *Botrytis fragariae*, a new species causing gray mold on strawberries, shows high frequencies of specific and efflux-based fungicide resistance [J]. Applied and Environmental Microbiology,2017,83:e0026917.

[72]Latorre B A, Torres R. Prevalence of isolates of *Botrytis cinerea* resistant to multiple fungicides in Chilean vineyards [J]. Crop Protection, 2012,40(5):49-52.

[73]颜范勇,刘东青,司马利锋,等.新型烟酰胺类杀菌剂——啶酰菌胺[J].农药,2008,47(2):131-135.

[74]杨敬辉,陈宏州,吴琴燕,等.啶酰菌胺对草莓灰霉病菌的独立测定及田间防效[J].江西农业学报,2010,22(9):94-95.

[75]余玲,刘慧平,韩巨才,等.山西省灰霉菌对啶酰菌胺的敏感性测定[J].山西农业大学学报(自然科学版),2012,32(03):232-234.

[76]Zhang X, Wu D, Duan Y, et al. Biological characteristics and resistance analysis of the novel fungicide SYP-1620 against *Botrytis cinereal* [J]. Pesticide Biochemistry and Physiology,2014,114:72-78.

[77]Shao W, Zhang Y, Ren W, et al. Physiological and biochemical characteristics of laboratory induced mutants of *Botrytis cinerea* with resistance to fluazinam [J]. Pesticide Biochemistry and Physiology,2014, 117:19-23.

[78]Yin Y N, Kim Y K, Xiao C L. Molecular characterization of boscalid resistance in field isolates of *Botrytis cinerea* from apple [J]. Phytopathology, 2011,101:986-995.

[79]Veloukas T, Leroch M, Hahn M, et al. Detection and molecular characterization of boscalid-resistant *Botrytis cinerea* isolates from strawberry [J]. Plant Disease,2011,95 (10):1302-1307.

[80]Southerton S G, Deverall B J. Changes in phenylalanine ammonia-lyase and peroxidase activities in whcat cultivars expressing resistance to the leaf rust fungus [J]. Plant Pathology,1990,39(2):223-230.

［81］付丽,曲健禄,武海斌,等.苹果轮纹病菌抗戊唑醇突变体 uv-ts1-10 的生理生化特性[J].植物保护,2016,42(6):51-57.

［82］Liu S,Che Z,Chen G. Multiple-fungicide resistance to carbendazim,diethofencarb,procymidone,and pyrimethanil in field isolates of *Botrytis cinerea* from tomato in Henan Province,China [J]. Crop Protection,2016,84:56-61.

［83］Hyun M W,Yun Y H,Kim J Y,et al. Fungal and plant phenylalanine ammonia-lyase[J]. Microbiology,2011,39(4):257-65.

［84］Gao Z M,Wang X C,Peng Z H,et al. Characterization and primary functional analysis of phenylalanine ammonia-lyase gene from *Phyllostachys edulis*[J]. Plant Cell Reports,2012,31,1345-1356.

［85］Payyavula R S,Navarre D A,Kuhl J C,et al. Differential effects of environment on potato phenylpropanoid and carotenoid expression[J]. BMC Plant Biology,2012,12:39.

［86］陈彦,刘长远,赵奎华,等.葡萄白腐病菌对多菌灵不同抗性菌株生理生化特性研究[J].辽宁农业科学,2007,(2):63-64.

［87］姜莉莉,王红艳,夏晓明,等.草莓枯萎病菌抗戊唑醇突变体 ZY-W 的生理生化特性[J].农药学学报,2012,14(1):42-50.

［88］Hemetsberger C,Herrberger C,Zechmann B,et al. The *Ustilago maydis* effector Pep1 suppresses plant immunity by inhibition of host peroxidase activity[J]. PLoS Pathogens,2012,8(5):e100268.

［89］Gostincar C,Gunde-Cimerman N. Overview of oxidative stress response genes in selected halophilic fungi[J]. Genes,2018,9:143.

［90］Brent K J,Hollomon D W. Fungicide Resistance:The Assessment of Risk,FRAC Monograph,Global Crop Protection Federation,Brussels,Belgium,1998. pp. 1-48.

［91］Sun H Y,Wang H C,Chen Y,et al. Multiple resistance of *Botrytis cinerea* from vegetable crops to carbendazim,diethofencarb,procymidone,and pyrimethanil in China [J]. Plant Disease,2010,94:551e556.

第6章 抗药性治理

随着内吸性杀菌剂的发展,病原菌对杀菌剂的抗药性在农业生产上已经成为一个日趋严重的问题。因此,监测不同病原菌对每一种杀菌剂抗药性发展状况(monitoring the resistance)以及治理这些令人棘手的抗药性问题(management of the resistance)已经成为植物病害化学防治和综合治理中不可或缺的工作之一。这里所要监测与治理的是指生产实际中的抗药性问题。所谓监测就是对田间不同植物病原菌对杀菌剂抗性发展动态的监视与测定,其主要目的是要尽早了解田间抗药性的发展状况,特别是抗药性达到了什么水平。从而使我们能够对它进行最及时最恰当的治理。这项工作要在充分了解抗药性产生的原因和抗性机制的基础上进行,从而减少盲目性,提高工作效率。

在准确掌握实际生产中抗药性发展状况的前提下,制定符合实际的治理方案。

对抗药性问题进行治理的方法有很多,有些是预防性的,如轮换使用不同药剂等;有些是强制性的,如停止使用某药剂一定的时间等;有些则是兼而有之的,如混合用药等。要根据具体情况,科学地综合使用各种方法以达到防止或延缓抗药性产生的目的。

在治理抗药性的方法中,综合防治是最重要的方法,是体现标本兼治特点的有效途径。同时,随着分子生物学的迅速发展,利用基因工程方法在分子水平上推动综合防治的推广应用也显示出了强大的生命力。

6.1 抗药性监测

对抗药性发展状况进行监测是有效地治理抗药性问题的重要基础。此外,它对了解抗药性发展形成过程,揭示抗药性发展的影响因素也具有重要意义。对抗药性发展状况的监测包括对生产实际中病原菌群体对化学药剂反应的监视和室内对所监视菌株的各种测定(即生物测定)。对不同病原菌的监测在具体方法手段上有所不同。

6.1.1　抗药性监测的主要内容

对抗药性发展状况进行监测的主要内容包括下列几个方面。

首先,密切注意药剂的防治效果,认真了解各个地区的变化动态,建立健全监测网络,在全国各主要用药区设立监测站。这是准确监测抗药性的发展状况,及时了解抗性水平的组织保证。在建立健全监测网络的同时,要及时制定出切实可行的管理制度,以保证监测网络的高效运转。随着信息技术的飞速发展,运用信息技术进行抗药性发展动态监测和监测结果的传递和共享,可以大大提高工作效率,及时了解田间抗药性发展的最新动态。同时也有利于监测资料的长期积累,进行抗药性发展规律的分析研究。

其次,一旦发现某药剂在防治某病原菌过程中出现药效降低的现象,即使极为轻微,也要及时按规定程序对该病原菌进行各种方法的测定。以明确是否确实产生了抗药性。这项工作进行得越早越好,越快越好。

再次,要根据实际正常情况下,药剂的常规使用浓度,制定出浓度阈值,从而规范、规定药剂/病菌/植物(或药剂/病菌)体系的标准测定方法。然后在监测过程中贯彻使用。要使每一个参加监测工作的人都了解并掌握这一标准测定方法。

最后,制订监测工作的实施计划。该计划包括取样地点、时间、样本的大小和取样方法。地点的选择应以发病严重、再次侵染多、长期大量用药的地区为目标。取样时间要根据病菌的发生规律来确定。样本的大小和取样方法也要根据具体病菌的发生规律、分布类型来具体确定。

对抗药性进行监测的具体做法目前还是采用 1982 年 FAO 所颁布的方法(FAO "Plant Protection Bulletin", Vol. 30 No. 24)。一般的抗性菌的收集,抗药性的生物测定方法均可按照上述的和一般常规的方法进行。FAO 方法的要点是,要按病原菌/杀菌剂的组合定出"敏感基线"(baseline sensitivity),即最低有效浓度标准,超过该浓度才能对该菌有效的,则意味着抗性菌系的出现。

敏感基线的判定一般有两种方法。第一,是通过具体的菌/药组合中野生敏感菌菌系与其抗性突变体进行比较。一般来说,抗性突变体的抑菌浓度要比敏感菌高 5~10 倍。真正具体的浓度还应根据具体组合而定,如果病原菌对个别药剂的抗性程度特别大,则抗性菌敏感性基线比野生菌高 10 倍以上,常常达到 20~30 倍甚至更高。例如,甜菜叶斑病菌/苯并咪唑类杀菌剂的组合,抗性突变体的抑菌浓度比敏感菌高 25~250 倍。第二,是参考已有的研究文献。但此法不如上述方法理想,应当尽量避免使用。应当注意的是,抗性突变体与野生菌对杀菌剂敏感性的测定,许多时候不一定同时进行,在此情况下应注意各种有关的试验条件的控制,从而保证与测定野生菌时各种条件的一致性。这是由于众所周知的病原菌对药剂的敏感度与环境因素有密切关系。关于浓度的表达,一般有两种方法:一种方法是用 EC_{50} 或 ED_{50} 作为标准;另一种方法是用最小抑制浓度(minimal inhibitory concentration,MIC)作为标准。

通常人们使用 EC_{50} 或 ED_{50} 作为标准,其测定方法主要是根据生物学方法,具体如下所述:

第一,含有杀菌剂的平板和空白对照培养,以菌落直径增长速率作为标准。

第二,含有杀菌剂的液体培养,度量干重的增长率。

第三,孢子或其他繁殖体在含有能完全抑制野生菌系生长的杀菌剂浓度的培养基上培养。需要指出的是,有些化合物对孢子萌发并没有抑制作用,但会改变芽管的形态或抑制芽管的伸长。

第四,对影响已知细胞代谢过程的杀菌剂,如对呼吸或蛋白质合成有明显作用的杀菌剂,不同菌系的敏感性可由不同毒物浓度对这个过程的影响来度量。即在体内用完整的细胞或体外用亚细胞制剂进行。

6.1.2 监测方法

对病原菌进行抗性监测的具体方法包括采样和室内生物测定两部分。室内生物测定包括分离和纯化菌株、药剂的准备、处理供试菌株、处理菌株的培养、结果的观察和记录、结果分析和评价等步骤。

1. 采样

采样(sampling)一般要根据不同病原菌的生长规律、分布类型,具体设计方法。例如,专性寄生菌和非专性寄生菌的采样方法就各不相同。专性寄生菌需要和活的寄主组织一起采回,而非专性寄生菌则不一定和活的寄主组织一起采回。

采样还要注意样本的大小适当。样本的大小取决于具体的采样目的。如果要对一个是否产生抗性未知的种群进行定性分析时,为了提高准确性,及时发现新出现的抗性菌株,样本大些为好;另外,当采样目的是了解已经产生抗性种群中抗性菌株所占的比例时,样本也是大些为好。然而样本的大小还要考虑实际的工作量与所能承担能力,二者需要兼顾。

采样后还要注意采样的保存。为了保证所采样品的新鲜、不在运送过程中受到损害,要进行适当的包装,例如,采取一些保湿措施等。当然根据具体样品的特点还有许多在保存样品时应注意的问题,要视实际情况而定。

2. 分离和纯化菌株

一旦样品运抵实验室,要立即进行菌株的分离(isolation)与纯化。分离与纯化的具体方法因病菌的种类不同而异。如果暂不能进行分离和纯化,要将样品妥善保管,例如,采取冷藏的措施,但时间不可过长。分离纯化的第一步是进行表面消毒。然后是在无菌条件下进行接种,接种时要根据不同病原菌的具体要求选择合适的培养基,同时要对接种物进行系列浓度稀释,然后接种于选定的培养基上。接种后要置于温箱或摇床中进行培养。经过一定时间的培养要在培养基上挑取目的病原菌的单菌落菌株以获得纯培养。

3. 药剂的准备

供试药剂要保证质量。要尽量使用纯品。如果不能使用纯品,要对药剂有效成分以外助剂的成分和含量准确掌握。药剂的浓度要配制适当,不能过高,也不可过低,要包括毒力曲线所分布的范围。用药方法要科学准确。药液需要现用现配。

4. 处理供试菌株

处理供试菌株(treating the isolate)的具体方法也要根据菌株种类的不同而具体选定。例如,对核盘菌(*Sclerotinia sclerotiorum*)来说,一般是将不同浓度的药剂均匀地混入培养基中,然后将一定量的菌丝(一般是直径 4~6 cm 的菌丝块)接种在培养基上。当然也可以将该菌菌核接种在培养基上。

5. 培养

处理菌株的培养(culturing)条件包括适当的温度、湿度、光照等。具体的要求要视具体的菌株而定。对核盘菌来说,温度在 22℃,而对湿度和光照并没有要求。

6. 结果记录

观察和记录试验结果(recording the result)要选择适当的时间。因为不同病菌的生长速度是不同的。最好对试验结果进行多次（大约三次）观察，以利于找出最佳记录时间。具体观察时间除了因菌种不同而异以外，还因处理方法不同而不同。例如，处理核盘菌的菌丝和菌核所要求的观察时间就有很大的差别，因为菌丝往往较菌核长得快些。

7. 抗性水平评价

一般来说都要根据处理浓度与病菌生长受抑制程度的关系，作出二者关系曲线。随着电子计算机的发展和各种专业软件的出现，如 spass 软件，目前越来越多的人倾向于使用计算机来完成此项工作。得到曲线后，就可以找出所测药剂对该病菌的有效中量（ED_{50}）或有效中浓度（EC_{50}），从而按照规定标准比较出该菌对药剂的反应是否属于抗性以及其抗性水平的高低。

6.2　抗性治理的方法

对于抗药性进行治理的手段主要包括以下几个方面：首先应该搞好病害的预测预报和综合防治；其次要改进杀菌剂的施用方法，例如要实行药剂的混用、轮换使用、新药的及时更换；再次要注意开发利用增效剂；最后要运用分子生物学方法推进抗药性的治理，提高抗药性治理的水平。

6.2.1　病害的预测预报和综合防治

为了预防抗药性的产生，要努力降低杀菌剂对病原菌的选择压力。在不影响防治效果的前提下，尽量减少杀菌剂的用量和使用频率。要达到这一目的，就要搞好病害的预测预报，充分利用综合防治的原则和手段，例如调动和协调耕作栽培手段、生物防治措施、抗病育种方法、化学防治措施等，使它们有机地结合在一起。从而正确掌握施药次数和用药量。

在病害防治中，长期存在着单独依靠化学防治措施的倾向。这种想法和做法一定要改变。要尽最大的可能，调动各种可能被利用的方法和手段于病害防治的体系之中。要尽最大的可能，减小每一种具体的方法、手段在病害防治体系中所承担任务的比重，特别是化学防治措施在防治体系中的比重。这是综合防治思想的新发展，也是减少杀菌剂的用量和使用频率、减轻杀菌剂对病原菌的选择压力，从而预防或延缓抗药性产生的重要途径。

此外,搞好病害的综合防治预测预报是一个关键环节。在病害的预测预报过程中,其准确性非常重要。然而病害预测预报的准确与否,又很大程度上取决于对病害发生规律认识的深度。因此,要提高病害预测预报的准确性。要使从事病害防治工作的人们掌握准确预测预报病害的本领,就要在学习、认识、熟悉病害的发生规律上下功夫。有些时候,由于各种方法的综合运用,由于气候条件对病害发生的不利影响,病害很可能在不使用杀菌剂的情况下就能得到有效的控制。但是,如果对病害的发生规律认识不够,知之甚少,上述情况即使发生,也不能被发现,更谈不上利用。结果,只能是盲目用药,既浪费了钱财,又增加了病菌发展其对杀菌剂抗药性的机会。因此,要通过提高病害预测预报水平来杜绝此类事情的发生。

6.2.2 改进杀菌剂的施用方法

杀菌剂的施用方法有多种。这些不同的方法对病原菌抗药性的发展有着不同的影响。有些方法会使病原菌抗药性的发展加快;而有些方法会有助于病原菌抗药性的预防或延缓。下面就着重介绍一些有助于病原菌抗药性的预防或延缓的方法。

1. 药剂的混用

药剂的混用是预防病原菌抗药性产生的有效方法之一。它的优点很多。例如:它可以数病兼治,扩大防治范围;可以增强药效,减少药剂用量;可以降低成本,节省人力物力。因此,这种方法已被越来越多的人所接受。

药剂的混用后会出现如下几种情况。第一种情况是不相关联合作用,即两种或两种以上药剂分别独立地作用于病原菌的不同作用位点,它们的作用机理各不相同,它们之间互不发生毒理学上的影响。第二种情况是相加联合作用,即所混合各种药剂的作用机制相同,但它们之间也互不发生影响,它们的杀菌作用是相加或相互代替。第三种情况是协合作用,所混用的药剂之间互相发生影响,或者是增效作用,或者是拮抗作用。

从生物测定的实验结果来看,药剂混用后不外乎这样三种情况:药效相加;相互增效;相互拮抗。药效相加就是混合后,其药效等于各混剂药效之和。相互增效就是混合后,其药效大于各混剂药效之和。相互拮抗就是混合后,其药效小于各混剂药效之和。那么混合用药的理论根据就在于药剂之间的增效作用。当然药效相加在一定条件下也可以利用。

药剂混用后之所以会发生上述不同的情况,原因在于混用后药剂间会发生各种物理或化学变化。药剂混用后的物理变化主要是指粉剂的粉粒细度、比重、分散性,可湿性粉剂的悬浮率、湿润性、展着性,乳油的乳化性、分散性、湿润性、展着性等发生了变化。如果这些性质受到破坏,则混合不能进行。

药剂混用后的化学变化更为复杂。首先是对碱性敏感的药剂,在碱性条件下会迅速分解失效,因此它们不能与碱性药剂混合。杀菌剂中的碱性药剂主要有波尔多液和石硫合剂,石硫合剂的碱性更强些。而有些含硫的有机杀菌剂对碱性是很敏感的。所以波尔多液和石硫合剂这样的杀菌剂就不能与上述含硫的有机杀菌剂混用。其次是对酸性敏感的药剂,杀菌剂对酸性的敏感虽不像对碱性敏感那样突出,但也有些杀菌剂在酸性条件下会降低药效。例如有机硫杀菌剂中就有很多对酸性敏感,多菌灵、萎锈灵以及福美双系统的多种杀菌剂都对酸性不稳定。因此,它们都不能与酸性药剂混用。另外,杀菌剂之间还可能发生复分解反应。在离子型药剂之间就容易发生这类反应,从而使药剂失效甚至造成药害。例如波尔多液和石硫合剂虽然都是碱性药剂,但却不能混用。因为硫化物与波尔多液中的铜会发生复分解反应,形成硫化铜而失效,而且硫化铜还会引起药害。在药剂混用中复分解反应是较为常见的,例如石硫合剂与代森锌、代森锰等混用会使后者转变成溶解度较大的钙盐,容易引起药害。这两种杀菌剂若与铜制剂混用,则会使活性较大的铜素杀菌剂转变成活性较差的代森铜盐,从而降低药效。

综上所述,药剂混用后会发生的物理和化学变化,特别是化学变化是很复杂的。有些反应甚至无法预测,因此在药剂混用前一定要测定其毒力和药害,进而做田间药效试验。只有在这些方面合格的基础上,这种混用才能进行。药剂混用的方式一般有两种:一种是使用现成的混合制剂;另一种是现场混用,它又包括自行设计的混用和罐混制剂两种。

在实践中人们发现,内吸性治疗剂与非内吸性保护剂的混用是最适合、最有效的。有人认为,当病原菌对内吸性治疗剂产生了抗性以后,后一种化合物可以减少突变体孢子的产生和扩散。例如,瑞毒霉加代森锰锌,可以消除瑞毒霉单剂容易引致各种作物霜霉病菌的抗药性。此外,两类药剂的混用还必须实施于抗性菌系成为显著因子之前。例如,花生叶斑病菌对苯来特的抗性在该药剂使用三年后就产生了,但如果苯来特一开始就与代森锰混用,至少能控制80%的抗性菌系,则田间的抗药性可以无限期地延缓。若在苯来特单独使用一年或两年后再与代森锰混用,延缓期会缩短,但仍会有一段显著的时期。

在进行杀菌剂混用的时候还要注意以下几点:①作用机制相同的杀菌剂不宜混用。因为作用机制相同杀菌剂间的混用非但不能延缓抗药性的出现,反而会引起交互抗性的产生。②尽可能增加混合配方的数量。③尽可能增加混合配方中的药剂数目。

2. 轮换用药

长期的实践表明,连续使用单一的杀菌剂品种很容易导致病原菌产生抗性问题。因此在病害防治中,要避免长期使用单一的药剂品种,以防止抗药性的产生。交替用药也要注意选择那些作用对象相似而作用机制不同的药剂。要用尽可能多的药剂品种参加轮换,延长轮换周期。

3. 及时更换新药剂

在了解现有已经出现抗药性问题杀菌剂的作用机理的基础上,研制与它们作用机制不同的新药,以代替被抗药性困扰着的旧杀菌剂,是预防和治理抗药性问题的又一重要途径。然而这种方法的局限性很大。因为一个新药剂品种的出现并非易事,要经过长期的研究试验,要消耗大量的资金,因而这个办法只能在有了新药剂品种的前提下使用。

4. 开发利用增效剂

增效剂(synergist)就是本身没有杀菌作用,但是一经混入杀菌剂就能使杀菌效果明显提高的一类化合物。目前杀虫剂增效剂的应用已经成功,而杀菌剂增效剂的开发利用还很落后。因此,要借鉴杀虫剂在这方面成功的经验,加强研究,力开发杀菌剂增效剂。通过增效剂的使用来减少杀菌剂的用量,延缓抗药性的产生。

5. 改进施药技术

施药技术对抗药性产生的影响也是不容忽视的。越来越多的观察表明,施药浓度的不同对抗药性的产生有很大影响。例如:在一般情况下,施药浓度高会减少抗性突变体出现的比率;但对抗性水平较高的抗性突变体来说,高浓度又会加快抗性菌系的形成。因此,通过改进施药技术准确控制施药浓度对于延缓和防止抗药性的产生是十分必要的。

另外,不同的施药方法也对抗药性的产生有着不同的影响。例如,观察表明,药剂的土壤处理与其他方法比较,更容易引起抗药性的产生和发展。虽然对它的具体机制尚不十分了解,这种现象提醒我们在使用杀菌剂的过程中,应在可能的条件下尽量避免土壤处理。

此外,在新杀菌剂研究的过程中,对一种有前途的化合物,在实际应用之前,必须了解病原菌对它产生抗药性的潜在可能,即在室内试验中出现抗性的频率。出现抗性频率高的化合物不宜推广。在杀菌剂的使用技术上也要有所注意。因为在某些具体情况下，有的使用技术也会加快抗性的出现。例如，种子处理在某些病害的防治中就有利于病原菌抗药性的发展。

6.2.3 植物病原菌抗性基因利用

目前对抗性资源的利用主要集中在负交互抗性和抗性基因的利用上。1987年法国首先生产出 N-苯基氨基甲酸酯类防治苯并咪唑抗性菌的制剂，即 diethofencarb 和多菌灵混合剂，就是利用了负交互抗性用于防治葡萄灰霉（*Botrytis cinerea*）。Ishii 等在研究 V. nushacolu 的苯并咪唑抗性菌中，发现高抗性对 N-苯基氨基甲酸酯类杀菌剂和 N-phenylformamid-oximes 化合物有负交互抗性，可以加以利用，而中低抗的利用应谨慎。

充分利用病原菌的抗性基因，利用分子生物学技术改造生防菌，通过抗性基因在生物防治菌中转化，使化学防治与生物防治结合使用成为可能。如杨谦等已经完成了 *Succhuromyces cerevasaue* 对多菌灵抗性基因在木霉菌（*Trachoderma hurzaunum*）中的转化，转化后的木霉菌能在含 150 μg/mL 多菌灵的培养基上正常生长，且其抗药性在非选择性培养基上连续培养 10 代保持不变。夏森玉等采用原生质体融合的方法将抗性盾壳霉菌（*Coniothyrium minitans*）进行分生孢子的原生质体融合，筛选到同时对四种化学杀菌剂具有稳定抗性的融合子，该菌株在生长繁殖能力、酶学活性和致腐能力方面要明显强于野生型菌株，具有良好的应用前景。

植物病原真菌杀菌剂抗药性研究要充分利用生物化学、遗传学、群体生物学等各学科的综合知识，进一步加强交叉学科的分析研究，来全面研究抗药性发生与流行、抗药性机制、抗性利用等，最终为抗药性治理提供充分的依据。加强培育抗病品种、预测预报等综合防治措施，对延缓抗药性的形成也是十分重要的。此外随着生物技术的发展，对植物病原菌抗药性基因的利用已取得了初步的进展。我们要持续推动化学防治与生物防治的结合，加速综合防治的发展。

6.3 抗药性治理的分子生物学原理

随着现代生物技术的飞速发展，在抗药性治理的实践中应用分子生物学原理，已经形成了一个崭新的研究领域。人们通过研究抗药性的分子生物学基础,利用对抗药性基因的认识,开展了在植物病害生物防治菌中运用抗药性基因的探索。

生物防治在植物病害综合防治中具有重要的作用,而综合防治又是治理抗药性的最有效方法。由于植物病害生物防治菌多数对化学杀菌剂非常敏感,无法与化学农药共同使用,致使植物病害生物防治菌难以在植物病害综合防治中发挥其标本兼治的防病作用,也就使得综合防治本身无法得以实施,它在治理抗药性中的重要作用也就无从谈起了。因此,培育抗药性生防菌株与杀菌剂联用,既能改善杀菌剂的负面作用,又能有效控制病原菌的初侵染,充分实现病害"防治"。

生防菌对杀菌剂的抗性主要有两方面的应用:①与低剂量杀菌剂联用提高防治植物病虫害的效果;②利用基因标记技术可对抗药性基因进行标记,研究生防菌的生态学规律。

研究表明,生防菌与低剂量的化学杀菌剂联用,既能提高防病效果,改善生防菌防效不稳定的状况,又能减少杀菌剂的使用量,降低其对病原菌的诱变压力。杀菌剂可间接地调控生防菌的防治作用。比如单独使用盾壳霉制剂在一定程度上会对菌核病的防治有显著效果,但在菌核病严重发生的地区防治效果却经常不稳定,原因是核盘菌的生长速度远快于盾壳霉,从而使盾壳霉很难有效地抑制核盘菌的初侵染,所以盾壳霉在防治菌核病的过程中往往起到"防"的作用。而单独使用杀菌剂防治菌核病往往只能起到"治",因此,将盾壳霉和杀菌剂联用,既能改善杀菌剂的各种负面作用,又能有效地控制核盘菌的初侵染,达到充分"防治"菌核病的目的。

生防菌与化学杀菌剂联用的重要前提是其对杀菌剂具有稳定的抗性。在研究过程中,可通过微生物育种技术改良菌种,使其具有抗药性。育种技术的手段主要有两种,一种是自然选育,另一种是人工选育。

自然选育是利用菌种的自发突变筛选所需性状的方法,由于微生物自发突变的频率非常低($10^{-8} \sim 10^{-6}$),且正突变的概率更低,使得在实际应用过程中自然选育的效果并不明显,故通常采用人工育种的方法筛选菌种。

1. 诱变育种方法

人工选育包括诱变育种和杂交育种,诱变育种又分为物理诱变、化学诱变和基因工程诱变等方法。物理诱变的诱变剂主要包括紫外诱变、电离辐射、微波、离子注入、激光和航天育种等。其中紫外诱变由于具有诱变效率高、设备简单、操作安全简便等特点成为诱变和筛选优良菌种最常规的育种方法之一,被广泛运用。化学诱变的诱变剂主要包括烷化剂(常用的有亚硝基胍、甲基磺酸乙酯、硫酸二乙酯和乙烯亚胺等)、碱基类似物(5-溴尿嘧啶、5-氟尿嘧啶和 6-氯嘌呤等)、无机化合物(主要为 LiCl 和 HNO_2)以及其他一些试剂。由于在实际应用中,一种诱变育种方法很难筛选到理想的菌株,因此往往可通过多轮复合诱变的育种方法筛选菌株。传统的物理化学诱变方法具有耗时、费力、工作量大以及诱变结果不具定向性等缺点,随着生命科学技术的发展以及学科交叉的深入,基因工程、原生质体融合和生物信息学等的应用日益广泛,使得菌种选育技术得到了不断的发展和创新,从而为筛选得到更多优质、高效菌种提供了技术上的可能和便利。现将微生物菌种诱变新技术以及新的筛选方法进行概述。

(1)离子注入(Ion beam irradiation)诱变

从碰撞和能量交换的经典理论出发阐明离子注入诱变育种机理,初步结论认为,注入离子与生物体内靶分子、原子碰撞、级联碰撞和反冲,不仅发生能量沉积过程,而且发生质量沉积过程。能量沉积使染色体倒位、易位、重复和缺失,引起遗传变异,质量沉积使 DNA 大分子一部分被取代或补充,阻碍了辐照损伤的修复。因而,离子注入诱变育种表现出高的突变率和突变频谱,而且这种高的突变率和突变频谱并不是以增大生理损伤为代价的,同时具有设备简单、成本低廉、运行和维修方便、对人体和环境无害等优点。在相对存活率达 89% 时取得了 8.49% 的总突变率,可见该技术是有很大应用潜力的。近些年来,低能离子用于微生物诱变育种研究取得了可喜成绩。目前,利用离子注入进行微生物菌种选育时,所选用的离子大多为气体单质离子,并且均为正离子,其中以 N^+ 为最多,也有报道使用其他离子的,如 H^+,Ar^+,O^{6+} 以及 C^{6+}。辐射能量大多集中在低能量辐射区。

(2)微波诱变

所有地球上的生命都生活在自然低频电磁场的海洋中,地磁环境存在于生命活动之前。电磁场作用于生物体的研究,有两个不同的方向阴:①主要研究电磁波与生物体相互作用,即所谓热效应。热效应是指一定频率和功率的电磁辐射照射在生物体上,引起局部温度上升,从而引起一些生理生化反应,甚至死亡。②生物体非热效应,即在电磁波的作用下,特别是在低强度、长时间的弱电磁场的作用下,生物体不产生明显的温升,或产生的温升是在生物体自身温度自然起伏的范围内,可以忽略其变化,但却可以产生强烈的生物响应,使生物体内产生各种生理、生化功能的变化,并表现出频率和功率的选择性。实际上,电磁波对生物体这两种效应同时存在。微波的生物效应同样包括热效应和非热效应,从而可以引起生物体产生一系列的正突变效应或负突变效应。微波辐射属于一种低能电磁辐射,

其量子能量为 $1\times10^{-28}\sim1\times10^{-25}$ J,具有较强生物效应的频率范围为 300 MHz～300 GHz。它对样品的作用机理是场力和转化能的协同作用,场力即非热效应,转化能即热效应。有关微波生物效应及其作用机理的研究已经在世界各地被广泛进行,早在 1978 年,Grundler 等在东京大学的同步发射装置上进行了噬菌体、病毒孢子和低等真核生物酵母的突变效应的研究。此后,不断出现有关微波诱变微生物的报道,包括曲霉、沙门氏菌和酵母等,且各方面都取得了一定的成果。

(3)激光诱变

激光是一种与自然光不同的辐射光,具有高光亮性、高单色性、高方向性和高相干性。激光诱变作为物理诱变的一种方式,其生物学效应直接来源于其产生的光、电、热、压力和磁效应的综合作用。上述效应累积,使细胞 DNA 分子吸收、聚积能量并进行能量再分配,使细胞 DNA 处于一种易于突变的状态,继而发生一系列的诸如断键、聚合、交联等物理变化和化学变化,导致 DNA 分子结构的改变,即 DNA 分子的损伤和突变,最终引起突变株生物学属性变化。如果是控制某种代谢途径的酶系基因水平上的改变,则有可能增加某一特定代谢产物的积累。相对于传统的紫外诱变手段,激光诱变具有高效、稳定、高选择性、回复突变率低、定向变异率高、辐射损伤轻、当代变异、无污染等优点,逐渐受到研究人员的关注。大剂量辐射可杀死或抑制细菌和病毒,而用弱激光(小剂量)辐射可刺激某些菌类的生长和繁殖,从而逐渐形成了一种独立的技术——激光诱变微生物技术。

呼吸缺陷型酵母菌株是一类线粒体 DNA 发生突变的菌株,其糖酵解酶系和醇脱氢酶系的高活性是提高酒精发酵能力的有效因素之一。利用 266 nm 激光作为诱变手段,对酿酒酵母 YEO 进行辐照诱变,通过 TTC(2,3,5-氯化三苯基四氮唑)筛选和气相色谱法酒精浓度测定,最终得到一株高葡萄糖转化率呼吸缺陷型酵母 JB7。对该突变株进行鉴定和发酵条件优化,结果表明,当接种量 15%,发酵温度 32℃,葡萄糖初始质量分数为 25% 时,发酵 72 h,酒精体积分数可达 12.3%,葡萄糖转化率达到 52.9%,分别比出发菌株的酒精产量(12.0%)和葡萄糖转化率(49.6%)有所提高。呼吸缺陷型酵母,有着自身不同于正常酵母的特点和作为工业菌株的优良特性,经进一步的筛选和发酵条件优化,将拥有良好的应用前景。

(4)超高压(UHP)诱变

高压、超高压(ultra high pressure,UHP)是一个相对的概念,一般认为 100 MPa 以上的压力为超高压,也称为高静水压(high hydrostatic pressure,HHP)或静水高压。通常认为,超高压对微生物的作用是破坏性的,因此在食品科学领域开展超高压灭菌的研究较多。超高压不仅可使微生物细胞体积形态、细胞组分发生变化，还可使微生物的基因表达和核酸结构及其生物学功能发生改变。由于一切生物的遗传物质基础都是核酸，尤其是 DNA，所以任何能改变核酸结构的因素都可能引起核酸生物学功能的改变，而凡是能引起核酸功能改变的因素，一般也能引起突变，这是"生物化学统一性"法则的一个具体例证。影响微生物高压诱变的因素主要有压力、加压时间、温度、pH 值、种株差异、菌龄、培养基成分及其他辅助影响因子等，这些都需要研究和优化。大量的实验证明，处于对数生长期的微生物比稳定期和衰亡期的微生物对高压敏感，因此应选取对数生长期的菌株进行高压诱变。培养基营养成分丰富可保护微生物免于高压损伤或有利于损伤后修复，使存活率提高。与食品微生物灭菌不同，高压诱变育种不是为了杀死全部微生物，应把微生物置于营养较为丰富的培养基中，在最佳的生长温度和 pH 值附近进行高压处理。此外，建立起拟合性高的存活率（失活率）与压力之间的关系式也是十分必要的。

（5）空间诱变

空间诱变育种，就是将航天高技术与传统的物理化学诱变及分子技术等相结合的综合的新的育种技术。利用卫星或高空气球携带、搭载微生物等生物体样品，经特殊的空间环境条件（强宇宙射线、高真空、微重力等）作用，引起生物体的染色体畸变，进而导致生物体遗传变异，经地面选育试验后，能快速而有效地育成生物的新品种（系），供生产和研究使用。空间环境的主要特征为微重力、空间辐射、超真空和超净环境等，这也是空间诱变的主要因素。太空环境中的高能粒子辐射、微重力、宇宙磁场、高真空等特殊条件，使物种发生了地面上不可模拟的变化，可以有效地应用于生物育种中，因此空间诱变育种将成为育种工作的一个新途径。

（6）复合诱变

某一菌株长期使用诱变剂之后，除产生诱变剂"疲劳效应"外，还会引起菌种生长周期延长、孢子量减少、代谢减慢等，这对发酵工艺的控制不利，在实际生产中多采用几种诱变剂复合处理、交叉使用的方法进行菌株诱变。复合诱变包括：两种或多种诱变剂的先后使用，同一种诱变剂的重复作用和两种或多种诱变剂的同时使用。普遍认为，复合诱变具有协同效应。如果两种或两种以上诱变剂合理搭配使用，复合诱变较单一诱变效果好。

复合因子较单一因子诱变效果有很大优势，但因目前大多微生物，尤其是抗生素产生菌的遗传背景不清楚，往往对诱变剂，特别是复合诱变剂的选择使用，带有很大的盲目性。自 1953 年 Weibull 首次提出原生质体概念，并用溶菌酶处理巨大芽孢杆菌（*Bacillus megateriam*）成功获得原生质体以来,微生物原生质体技术取得了极大的发展,目前已成为工业微生物育种的一种重要手段因。但原生质融合由于亲本遗传标记费时又费力,受到一定程度的限制。对原生质体进行物理、化学因子诱变可以极大地提高产物的产生水平。实践证明该法是一种操作简便、能显著提高酶活力的途径。

(7)原生质体融合

原生质体育种是在生防菌中使用较多的杂交育种方法。原生质体基本保持了原细胞的结构、功能和活性,具有细胞全能性,并在合适的条件下再生成细胞壁,回复成完整的细胞。霉菌丝或孢子的原生质体一般比较难获得,其制备通常采用纤维素酶、蜗牛酶和溶菌酶三种酶的混合酶液处理。原生质体育种技术包括原生质体的融合、诱变和转化。

原生质体融合是利用物理、化学或生物的方法,将两亲本的原生质体进行融合,达到两者染色体交换、重组杂交的目的,获得两亲本优良性状兼有的融合子。原生质体融合有 3 个特点:①重组频率高,原生质体没有细胞壁的障碍,融合过程中又加入了促融剂 PEG,使得其重组频率要明显高于其他杂交育种方式,霉菌的重组频率能达到 $10^{-3} \sim 10^{-1}$。②重组的亲本范围扩大,消除了种间、属间甚至门间等远缘亲本不亲和的障碍,使两株以上亲本同时参加融合形成融合子的可能性得以存在。③遗传物质传递更完整,原生质体融合使两亲本整套染色体和细胞质发生完全融合,融合子集中两亲本优良性状较其他杂交育种方式的整合率高。

原生质体诱变技术是利用诱变育种的方法对原生质体进行诱变得到目的菌株。作为单个脱壁的细胞,原生质体对诱变剂更加敏感,直接对原生质体进行诱变可提高诱变频率,增加筛选到优良性状菌株的概率。由于丝状真菌具有较为复杂的细胞壁结构,使得外源基因很难进入丝状真菌内部。传统的转化还必须将受体细胞制备成感受态,这大大降低了转化在丝状真菌育种中的运用。而原生质体转化可以解决这一难题,它不需要制备感受态;去除细胞壁后,外源基因进入原生质体也变得容易,使得原生质体转化在丝状真菌育种中能有一定的作用。

(8)基因工程诱变育种

基因工程育种是在分子水平上对基因进行操作,人为将所需的某一供体生物的遗传物质提取出来,在离体条件下用适当的工具酶进行切割后,与载体连接,然后导入另一细胞,使外源遗传物质在其中进行正常复制和表达,从而获得新物种的一种崭新技术。该技术克服了传统育种技术的随机性和盲目性,可以完全突破物种间的障碍,进行定向变异和育种,在微生物菌种改良方面具有广阔的应用前景。近年来,随着基因工程和现代分子生物技术的快速发展与突破,基因组改组技术、基因敲除技术等新方法的应用也日益广泛。

基因组改组技术又叫基因组重排(genome shuffling)是新发展起来的一种新型微生物体内分子育种方法,其通过传统微生物诱变育种与原生质体融合技术的有效结合,使得不同菌株的全基因组进行随机重组,进而极大提高菌种的正突变频率,使得人们能够在短时间内选育到理想菌株。该技术应用时无须事先了解亲本菌株详细的遗传背景即可实现微生物的定向进化,使之成为一种极其高效的微生物育种手段。

基因敲除(gene knockout)是 20 世纪 80 年代发展起来的一项重要的分子生物学技术,其利用 DNA 转化技术,将含有目的基因和靶基因同源片段的重组载体导入靶细胞,通过载体与靶细胞染色体上同源序列间的重组,将外源基因整合入内源基因组内,使外源基因得以表达。随着对微生物代谢机理认识的不断加深,利用基因敲除技术可阻断微生物细胞的代谢旁路,进行微生物基因的结构和功能相关研究,或通过引入突变位点降低或阻断副产物的合成,提高产物的纯度,从而改变目的产物的产量或质量,改良工业生产菌株,达到微生物育种的目的。

(9)其他诱变技术

自研究者发现热对微生物的诱变效应以来,热效应广泛应用于微生物的诱变育种实践中,包括热诱变效应和热筛选效应。目前,可以得知有关热诱变机理研究的成果主要是以大肠埃希氏菌(*Escherichia coli*) T4 噬菌体为材料获得的,一般认为,热对微生物的诱变作用是通过热引起 DNA 中 G-C 碱基对的置换实现的,但关于置换的具体机制研究却有不同的结果。

在微生物的诱变育种工作中,热不仅具有诱变效应,而且在其他诱变剂诱变处理后作为筛选条件,可提高诱变正变率和筛选效率,增强诱变育种中对正向突变率的可控性。相对于其他方法,热诱变方法具有设备简单、操作方便安全、热效应明显、可控性好等特点,因而在微生物的诱变育种工作中具有广阔的前景。当然,目前有关热诱变的机理及其影响因素还有待于进一步的研究。

利用等离子体对微生物进行诱变育种也取得了一定成果。以中性活性粒子为作用粒子的等离子体射流辐照待诱变微生物,得到突变的微生物。该方法中起主要诱变作用的等离子体射流中的中性活性粒子具有以下优点:①得到的正向突变菌株活性更高,生产目标产物的能力更强,遗传稳定性高;②诱变周期短、诱变效率高;③可诱变微生物种类丰富,如原核微生物、真核微生物、古细菌等,既可以是微生物菌落,也可以是菌悬液或者孢子悬浮液;④处理后的微生物不需要避光培养,进一步简化了实验操作;⑤整个操作简单、安全、无污染,设备和实验成本低等。因此,该方法将在微生物诱变育种领域中发挥更大的作用。

目前,国内微生物诱变育种具有速度快、收效大、方法简单等优点,它是菌种选育的一个重要途径,迄今为止,国内外发酵工业中所使用的生产菌种绝大部分是人工诱变选育出来的。在微生物育种工作中,诱变育种以其操作简便,诱变手段多样,且收效明显而成为实验室及生产上最为常用的目的菌株选育方式,特别是对遗传背景不很清楚的对象,诱变育种更是育种方法的首选。近年来,随着新诱变因子的不断发现和筛选体系的进一步完善,微生物诱变育种有了长足的发展。所以可以看出,在未来的微生物育种方面,除了传统的物理诱变方法,还有更大的空间可以探索出诱变率更高、操作更方便、效果更好的方法。

2. 筛选

筛选得到目标微生物菌种是微生物育种的最终目的。通过各种诱变手段改变菌体的遗传性状后,如何从数量庞大的菌体族群中筛选特异性目标菌种,是育种上最关键也最耗时费力的工作,筛选在一定程度上是决定菌种选育效率的关键步骤。

(1)抗性筛选法

微生物的某些抗生素抗性突变会直接影响其产物的代谢调控系统,从而改变突变株代谢产物的产量,因此抗性筛选法可用于有用产物生产菌优良菌株的选育和改良。抗生素抗性筛选是基于微生物对抗生素产生耐药性发展起来的菌株选育技术,因其实验操作简便、效果显著而在有用微生物菌株选育中得到广泛应用。而筛选方法一般包括单一抗性筛选如链霉素抗性筛选,多种抗生素的多重抗性筛选,以及与其他诱变技术相结合的抗性筛选。

(2)荧光筛选法

荧光标记技术是一种非放射性的标记技术,是指利用一些能发荧光的物质共价结合或物理吸附在所要研究分子的某个基团上,利用它的荧光特性来提供被研究对象的信息。近年来,荧光标记技术取得了迅速的发展,广泛应用于原生质体融合子的筛选、微生物菌株筛选、细胞内外物质检测等方面,在微生物学研究领域里发挥了很大的作用。荧光染色标记是一种非人工遗传标记,其可用于标记原生质体来筛选融合子菌株。在制备原生质体时,使双亲株原生质体带上不同的荧光色素,原生质体融合后,直接筛选出带有两色荧光的融合子即可。利用荧光染料进行标记分析,操作简便、高稳定性、高灵敏度、高选择性,而且还可以大大缩短融合的工序和时间,提高筛选融合子的效率,是一种快捷、高效的筛选方法,现已被众多研究者广泛使用。

荧光素酶是生物组织体内由于代谢活动催化荧光素或脂肪醛氧化发光的一类酶的总称,其可用于标记基因、细胞和活体动物。标记方法是通过分子生物学克隆技术,将荧光素酶基因插到预期分析的细胞染色体内,通过单克隆细胞技术的筛选,培养出能稳定表达荧光素酶的细胞株。利用细菌的荧光素酶基因克隆到金黄色葡萄球菌,大肠杆菌和沙门氏菌等指示菌中,使得指示菌具有荧光酶基因 luxAB 和负责合成长链脂肪醛的 luxC-DE 基因,用于产生荧光,可以快速检测并筛选出具有抗菌作用的菌株,且该方法已经用于快速筛选具有抗菌活性的乳酸菌。该方法具有快速、准确等优点,可以在 1~2 h 内得到结果,是一种快捷、高效的筛选方法。

(3)基于 PCR 的快速筛选法

PCR 即聚合酶链式反应(Polymerase Chain Reaction,PCR),是美国 PECetus 公司的科学家 Kary Banks Mulis 于 1985 年发明的一种可在体外快速扩增特定基因或 DNA 序列,并在短时间内可获得大量特异 DNA 序列拷贝的新技术。由于 PCR 技术可快速特异地扩增任何期望的 DNA 片段或目的基因且操作简便、特异性和灵敏度高、结果可靠,所以其自 1985 年问世以来至今得到了迅速发展,该技术已经广泛用于微生物学、分子生物学、生物工程和生物分类学等领域中。随着现代分子生物技术、基因组测序和生物信息学等的快速发展与广泛应用,使得基于 PCR 方法的快速筛选可以作为微生物菌种筛选研究中的有效手段,可以快速筛选出所需的目标菌种。

比如根据细菌 16SrDNA 和 23S rDNA 两侧高度保守区域设计通用引物,提取菌落基因组 DNA,扩增 165-23SrDNA 间区序列,并测序。通过 3 轮 PCR 及序列同源性比对分析鉴定,从人体定向筛选到长双歧杆菌。传统筛种方法具有随机性、盲目性,而 PCR 筛菌增加了目的性和效率,给筛菌工作带来了很大的便利。

虽然 PCR 技术的筛选方法具有灵敏、快速、简单等优点,但是在实际操作过程中所利用的特异性引物的特异性上很难把控,需要在其特异性靶点上下功夫,才能保证较高的扩增产物浓度。

微生物育种中的诱变和筛选环节极为繁杂,尤其是筛选工作量很大,寻找快速、有效的高通量筛选平台至关重要。在微生物菌种选育生产实践中可根据不同菌种的特点及生产需求,选择不同的诱变技术和筛选方法。随着遗传学和分子生物学领域的飞速发展,基因组学、蛋白质组学及生物信息学的应用日益广泛,相信许多新型高效的技术将被应用于菌种诱变筛选,创造出更多有利于发酵工业生产的微生物新品种,大大推动工业微生物菌种改良筛选技术的发展,为微生物育种带来新的希望。

参考文献

[1]陈复生.食品超高压加工技术[M].北京:化学工业出版社,2005.

[2]陈中举,张燕玲,黄金瑛.荧光标记生物大分子及其应用[J].国外医学生物医学工程分册,2004,27(6):348-352.

[3]杜彦艳,单保恩.报告基因荧光素酶在科研中的应用[J].中华肿瘤防治杂志,2009,16:715-718.

[4]冯光文,成浩,徐辉,等.激光诱变技术在生物育种中的应用[J].激光生物学,2007.44(5):56-60.

[5]冯志华,孙启玲.低能离子注入微生物育种及其机制研究进展[J].四川食品与发酵,2002,113(2):6-8.

[6]侯亚文,易华西,杨艳艳,等.产细菌素乳酸菌筛选方法的研究进展[J].食品与发酵工业,2013,39(3):129-132.

[7]贾红华,周华,韦萍,等.微波诱变育种研究及应用进展[J].工业微生物,2003,33(2):46-50.

[8]金志华,林建平,梅乐和.工业微生物遗传育种学原理与应用[M].北京:化学工业出版社,2005:136-138.

[9]龙建友,唐世荣,吴文君.原生质体融合技术对秦岭霉素产量提高的影响[J].中国农业科学,2007,40(7):1416-1421.

[10]萨姆布鲁克,EF弗里奇.分子克隆实验指南[M].金东雁,黎孟枫,译.北京:科学出版社,1992.

[11]邵淑娟,李铁柱,李悼林,等.产凝乳酶黑曲霉 JG 的微波诱变育种研究[J].中国酿造,2010,(7):47-49.

[12]施巧琴,吴松刚.工业微生物育种学[M].2版.北京:科学出版社,2003.

[13]孙玉雯,崔承彬.抗生素抗性筛选在微生物菌株选育中的作用[J].国际药学研究杂志,2008,(3):213-217.

[14]田兴山,张玲华,郭勇,等.空间诱变在微生物菌种选育上的研究进展[J].生物技术通讯,2005,16(1):105-108.

[15]王华,杨帆,崔航,等.高压对米曲霉理化性质影响及诱变的研究[J].高压物理学报,2008,22(3):260-264.

[16]王岁楼,王海翔.利用超高压诱变选育食品与发酵微生物的研究进展[J].食品科学,2011,32(3):277-280.

[17]王岁楼,吴晓宗,郝莉花,等.(超)高压对微生物的影响及其诱变效应探讨[J].微生物学报,2005,45(6):971-973.

[18]王雅君,陈力力,廖杰琼,等.微生物物理诱变育种方法的研究进展[J].农产品加工,2013,307:25-33.

[19]吴明霞,邓静,吴华昌,等.温度诱变选育透明质酸产生菌[J].农产品加工(学刊),2008(1):14-15.

[20]夏森玉,雷楗勇,金坚,等.生防菌盾壳霉抗药性突变菌株的选育[J].工业微生物,2013,5:57-62.

[21]向洋.激光诱变及生物学作用机制研究[J].光电子·激光,1994,5(2):87-90.

[22]谢承佳,何冰芳,李霜.基因敲除技术及其在微生物代谢工程方面的应用[J].生物加工过程,2007,5(3):10-14.

[23]徐伟,王鹏,张兴,等.微波诱变高产 L-乳酸细菌的选育与表征[J].天津大学学报,2009,42(6):545-548.

[24]薛正莲,王洲,张相美,等.紫外-激光复合诱变原生质体选育林可霉素高产菌株[J].激光生物学报,2010,19(6):839-842.

[25]余增亮,何建军,邓建国,等.离子注入水稻诱变育种机理初探[J].安徽农业科学,1989,39(1):12-16.

[26]张红岩,申乃坤,周兴.基因敲除技术及其在微生物育种中的应用[J].酿造科技,2010,(4):21-25.

[27]祝子坪,马海乐,曲文娟.激光诱变桑黄菌原生质体的研究[J].激光杂志,2008,29(3):70-71.

[28]佐一含,朱旭东,陈叶福,等.LEUZ 基因敲除对工业啤酒酵母高级醇生成量的影响[J].中国酿造,2011,30:27-30.

[29]Hu H,Zhang Q,Ochi K. Activation of antibiotic biosynthesis by specified mutations in the rpoB gene encoding the RNA polymerase (3subunit) of Strvpt,tycvs lividans [J]. J Bacteriol,2002,184:3984-3991.

[30]Powell A,Ramer S W,Cardayre S B. Directed evolution and bio-catalysis [J]. Angew Chem,2001,40:3948-3959.

[31]Steen E J,Kang Y,Bokinsky U,et al. Microbial production of fatty-acid derived fuels and chemicals from plant biomass [J]. Nature,2010,463:559-562.

[32]Stemmer W P. Molecular breeding of genes,pathways and ge-

nomes by DNA shuffling [J]. Journal of Molecular Catalysis B:Enzymatic,2003,20:3-12.

[33]Vesterlund S,Paltta J,Laukova A,et al. Rapid screening method for the detection of antimicrc)-bial substances [J]. J Microbiological Methods,2004,7:23-31.

[34]Wieckowicz M,Schmidt M,Sip A,et al. Development oI a PCR-based assay for rapid detection oI class IIa bacteriocin genes [J]. Letters in Applied Microbiology,2011,2:281-289.